Matrizenrechnung für Ingenieure

W. Bachmann · R. Haacke

Anwendungen und Programme

Mit 54 Abbildungen

Springer-Verlag Berlin Heidelberg New York 1982

Professor Dr. Walter Bachmann
Fachhochschule Giessen-Friedberg
FB MND
Wiesenstraße 14
6300 Gießen

Professor Dipl.-Ing. Rudolf Haacke
Technische Fachhochschule Berlin
FB 2 Mathematik/Physik
Luxemburger Str. 10
1000 Berlin 65

CIP-Kurztitelaufnahme der Deutschen Bibliothek
Bachmann, Walter:
Matrizenrechnung für Ingenieure : Anwendungen u. Programme /
W. Bachmann ; R. Haacke. – Berlin ; Heidelberg ; New York : Springer, 1982.
NE: Haacke, Rudolf :

ISBN-13: 978-3-540-11527-4   e-ISBN-13: 978-3-642-93215-1
DOI: 10.1007/978-3-642-93215-1

2060/3020 - 5 4 3 2 1 0

Vorwort

Mit diesem Buch versuchen wir, möglichst vielfältige Anwendungen der
Matrizenrechnung darzustellen. Um dabei aber den Buchumfang gering zu
halten und es einem großen Leserkreis zugänglich zu machen, haben wir auf
elementarem Niveau aufgebaut, ohne dabei auf die Darstellung substantieller
Sätze der linearen Algebra einzugehen. Durch die Möglichkeiten elektro-
nischer Rechner werden die Matrizen heute zunehmend in vielen technischen
Gebieten, der Mathematik, Mechanik, theoretischen Physik, Elektrotechnik
usw. bei umfangreichen Anwendungen eingesetzt.

In diesem Buch wird eine verständliche und einfache Darlegung des Stoffes angestrebt. Tiefergehende Vorkenntnisse des Lesers werden nicht
vorausgesetzt. Dadurch sollte dieses Buch auch dem Praktiker leicht
zugänglich sein. Anderseits sind dem Theoretiker Anwendungsfelder zur
Erprobung seiner theoretischen Vorstellungen aufgezeigt. Durch die An-
wendungsvielfalt und breite Themenstreuung werden neben der Mathematik
viele benachbarte Disziplinen berührt und angesprochen. Obwohl die einzelnen Kapitel in einer aufbauenden Reihenfolge stehen, kann jedes Kapitel unabhängig von einem anderen gelesen werden. Außerdem wurde versucht
auf Querverweise in andere Kapitel zu verzichten.

Dem Hochschulrechenzentrum der Justus-Liebig-Universität, insbesondere
Herrn Partosch, ist für die Hilfe bei der Handhabung des Textverarbei-
tungssystems und dem Springer-Verlag Berlin für die stete Hilfsbereit-
schaft zu danken.

Gießen, Berlin im Mai 1982   W. Bachmann
                                                       R. Haacke

Inhaltsverzeichnis

1 Einleitung

Obwohl bereits 1926 der Ausschuß für Einheiten und Formelgrößen eine Emp-
fehlung für die Schreibweise von Vektoren, Matrizen usw. herausgegeben
hat, werden bis heute unterschiedliche Darstellungen für mathematische
Zeichen (DIN 1302), für Skalare, Vektoren, Tensoren (DIN 1303) und für
Matrizen (DIN 5486) benutzt. Wir werden im gesamten Buch die Matrizen
und Vektoren einheitlich durch Großbuchstaben, skalare Größen, Komponenten usw. mit Kleinbuchstaben bezeichnen. Zur Beibehaltung dieser
Systematik ist es sinnvoll, die Computerprogramme in Kleinschreibung wie-
derzugeben. Schwierigkeiten bei der konkreten Codierung der Programme
entstehen dadurch nicht. Solche Computer-Programme werden zu den meisten
Anwendungen extrahiert und angegeben. Die Anwendung von komplizierten
Matrizenverfahren ist ohne Hilfe der elektronischen Datenverarbeitung
(EDV) heute nicht mehr vorstellbar. Wegen der Einfachheit der Programmiersprache BASIC sind die Programme auch für einen EDV-Laien ohne
Schwierigkeiten verständlich. Weil der benutzte Sprachumfang bewußt auf
wenige Befehle beschränkt wurde, ist ein Umschreiben der Programme in
andere Programmiersprachen (FORTRAN, ALGOL, PASCAL, PL1 usw.) ohne
Schwierigkeiten möglich. Hinweisen möchten wir auf die Elementindi-
zierung von Feldern (arrays), die in vielen Programmiersprachen ab 0
möglich ist. Davon wurde im Programm zum Simplex-Algorithmus Gebrauch
gemacht.

Die einzelnen Abschnitte dieses Buches sind so abgefaßt, daß Querverweise in andere Kapitel weitgehend vermieden werden. Ausgehend von der
Schreibweise für lineare Gleichungssysteme werden im Kapitel 2 grund-
legende Matrizenoperationen und einige spezielle Matrizen eingeführt.
Dann folgen im Kapitel 3 einfache Anwendungen von einspaltigen Matrizen

(Vektoren), wie z. B. das Drehmoment (Vektorprodukt) und die Arbeit
(Skalarprodukt). Weitere Anwendungen (z. B. die Rotationsmatrix oder
die Zentralprojektion) werden im Kapitel 4 behandelt. Der Abschnitt 5
enthält neben der Lösbarkeit linearer Gleichungssysteme (lineare Abhängigkeit von Vektoren, Rang einer Matrix, Lösbarkeit des homogenen und
inhomogenen Systems, inverse Matrix) auch Determinanten und Anwendungen
(Leontief-Modell, Black Box). Die numerische Behandlung von Elementen
der Differentialrechnung (Gradient, Differenzenoperator, Laplace-Operator,
Doppelintegrale) mit Hilfe von Matrizen erfolgt in den Kapiteln 6 und 7.
Hypermatrizen (Kapitel 8) treten bei der Behandlung von Vierpolen und
n-Polen, tridiagonale Matrizen (Kapitel 9) bei der Behandlung von Splines
auf. Im Kapitel 10 werden überbestimmte Gleichungssysteme und Lösungsver-
fahren (Relaxation, konjugierte Gradienten) eingeführt. Eigenwerte und
Eigenvektoren von Matrizen sowie Matrizenfunktionen werden im Kapitel 11
behandelt. Das Kapitel 12 enthält Anwendungen der Matrizenrechnung in
verschiedenen Wissenschaftsgebieten (Steifigkeitsmatrix, finite Elemente,
Simplex-Algorithmus, Graphentheorie).

2 Grundlagen der Matrizenrechnung

2.1 Lineare Gleichungssysteme und Matrizenschreibweise

Obwohl wir zunächst nur 3 Gleichungen betrachten wollen, ist eine Verallgemeinerung der folgenden Betrachtungen leicht möglich. Kommen die gesuchten Werte x_1, x_2, x_3 nur in 1. Potenz additiv in einer Gleichung wie z.B.

$$1 \cdot x_1 - 1 \cdot x_2 - 2 \cdot x_3 = -7$$

vor, so sprechen wir von einer <u>linearen Gleichung</u>. Mehrere Gleichungen dieser Art bilden ein <u>lineares Gleichungssystem</u>. Wir wollen von einem Beispiel mit 3 Gleichungen ausgehen, wie z.B.

	x_1-Spalte	x_2-Spalte	x_3-Spalte
1.Gleichung	$1 \cdot x_1$	$- 1 \cdot x_2$	$- 2 \cdot x_3 = -7$
2.Gleichung	$2 \cdot x_1$	$- 3 \cdot x_2$	$+ 4 \cdot x_3 = 8$
3.Gleichung	$3 \cdot x_1$	$- 2 \cdot x_2$	$- 1 \cdot x_3 = -4$.

Anstelle von Zahlen als Koeffizienten ist es für weitergehende Betrachtungen oft sinnvoll, Buchstaben oder Variable zu verwenden. Für große Gleichungssysteme ist die Darstellungsart

$$a \cdot x_1 + b \cdot x_2 + c \cdot x_3 = u$$
$$d \cdot x_1 + e \cdot x_2 + f \cdot x_3 = v$$
$$g \cdot x_1 + h \cdot x_2 + i \cdot x_3 = w$$

4

wegen der geringen Anzahl verfügbarer Buchstaben a, b, c, ... ungeeig-
net. Günstiger ist es, alle Koeffizienten von x_i mit natürlichen Zahlen
zu indizieren. Wir kennzeichnen alle Koeffizienten von x_i mit Hilfe des
Buchstabens a. Diese Koeffizienten nennen wir später auch Elemente. Um
die Koeffizienten untereinander zu unterscheiden, verwenden wir 2 Posi-
tionsindizes.

Der 1. Index hinter a

gibt die Nummer der Gleichung an,

der 2. Index markiert

die Nummer der zugehörigen Unbekannten.

1.Gleichung $\qquad a_{11} \cdot x_1 + a_{12} \cdot x_2 + a_{13} \cdot x_3 = y_1$

2.Gleichung $\qquad a_{21} \cdot x_1 + a_{22} \cdot x_2 + a_{23} \cdot x_3 = y_2$

3.Gleichung $\qquad a_{31} \cdot x_1 + a_{32} \cdot x_2 + a_{33} \cdot x_3 = y_3$

Der Koeffizient a_{32} (gelesen 'a-drei-zwei') befindet sich in der 3.
Gleichung in der 2. Spalte.

Wir können dies auch wie folgt ausdrücken:

Der erste Index gibt die Zeile und

der zweite Index die Spalte an.

Auf der rechten Seite der Gleichungen verwenden wir den Buchstaben y. In
der 1. Gleichung schreiben wir y_1, in der 2. Gleichung y_2 usw. Der y-In-
dex ist durch die Nummer der jeweiligen Gleichung gegeben. Wir wollen
nun weiter abstrahieren. Bekanntlich heißt eine geordnete Zahlenfolge
ein Paar, Tripel, Quadrupel, ..., n-Tupel, wenn es sich um 2, 3, 4, ..., n
geordnete Elemente handelt. Allen Elementen des Zahlentripels

$$x_1, \ x_2, \ x_3$$

ist nun z.B. gemeinsam, daß sie gesuchte Lösungen des oben angegebenen

Gleichungssystems sind. Entsprechend ist

$$a_{11}, \ a_{12}, \ a_{13}, \ a_{21}, \ a_{22}, \ \ldots, \ a_{33}$$

gemeinsam, daß sie Koeffizienten und

$$y_1, \ y_2, \ y_3$$

gemeinsam, daß sie Zahlen auf den rechten Gleichungsseiten sind. An dieser Stelle wollen wir gleich darauf hinweisen, daß es völlig belanglos ist, ob die y_1, y_2, y_3 der rechten Gleichungsseite als Konstanten oder Variablen aufgefaßt werden. Im ersten Fall hat dann das Gleichungssystem unter später zu behandelnden Voraussetzungen für die a_{11}, a_{12}, a_{13}, $\ldots$, a_{33} eine Lösung, d.h. x_1, x_2, x_3 ist i.a. ein wohlbestimmtes Wertetripel, im anderen Fall sind die y_1, y_2, y_3 Funktionswerte des linearen Gleichungssystems in Abhängigkeit von x_1, x_2, x_3; in formelmässiger Kurzfassung:

$$y_1 = f_1(x_1, x_2, x_3)$$
$$y_2 = f_2(x_1, x_2, x_3)$$
$$y_3 = f_3(x_1, x_2, x_3) \ .$$

Wiederum unter bestimmten Voraussetzungen für die a_{11}, a_{12}, a_{13}, $\ldots$, a_{33} kann das Gleichungssystem auch umgekehrt - invertiert - werden, so daß gilt:

$$x_1 = g_1(y_1, y_2, y_3)$$
$$x_2 = g_2(y_1, y_2, y_3)$$
$$x_3 = g_3(y_1, y_2, y_3) \ .$$

Wir fassen nun alle y-Elemente (dies sind die Zahlen y_i, mit i = 1, 2, 3), alle x-Elemente (dies sind die Zahlen x_i, mit i = 1, 2, 3) und alle Koeffizienten des Gleichungssystems zusammen. Um das jeweilig Gemeinsame zu beto-

6

nen und sichtbar zu machen, verwenden wir für die Schreibweise

$$a_{11} \cdot x_1 + a_{12} \cdot x_2 + a_{13} \cdot x_3 = y_1$$

$$a_{21} \cdot x_1 + a_{22} \cdot x_2 + a_{23} \cdot x_3 = y_2$$

$$a_{31} \cdot x_1 + a_{32} \cdot x_2 + a_{33} \cdot x_3 = y_3$$

große runde Klammern (Matrizenschreibweise des Gleichungssystems)

$$\begin{pmatrix} a_{11} & a_{12} & a_{13} \\ a_{21} & a_{22} & a_{23} \\ a_{31} & a_{32} & a_{33} \end{pmatrix} * \begin{pmatrix} x_1 \\ x_2 \\ x_3 \end{pmatrix} = \begin{pmatrix} y_1 \\ y_2 \\ y_3 \end{pmatrix}$$

und verwenden die Kurzbezeichnung

$$A * X = Y .$$

Mit Hilfe der runden Klammern haben wir das Gleichungssystem in eine
neue Form gebracht. Diese Form $A * X = Y$ stellt lediglich eine _andere_
Schreibweise für das ursprüngliche Gleichungssystem dar. Diese Schreibweise nennen wir _Matrizenschreibweise_ des linearen Gleichungssystems.
Die kompakte Schreibweise $A * X = Y$ erhalten wir, wenn wir

    das Zahlentripel x_1, x_2, x_3 mit dem Großbuchstaben X ,

    das Zahlentripel y_1, y_2, y_3 mit dem Großbuchstaben Y , und

    die Matrix-Koeffizienten $a_{11}, a_{12}, a_{13}, \ldots, a_{33}$ mit dem

Großbuchstaben A kennzeichnen.

Diese Großbuchstaben stellen eine Zusammenfassung von Elementen dar.
Jedes Element besetzt eine bestimmte Position.

Die mit X, Y, A bezeichneten Zusammenfassungen von Elementen heißen
Matrizen. Die Position eines Elementes wird durch die Indizes festgelegt. Weil z.B. X nur eine Spalte darstellt, nennen wir X eine einspaltige Matrix oder einen (Spalten-) Vektor. Ebenso ist Y ein Spaltenvektor.

Durch die Einführung der Matrizen X, Y, A ist es möglich, das
ursprüngliche Gleichungssystem, bestehend aus 3 Gleichungen, in der Kurzform

$$A * X = Y$$

darzustellen. Mit dieser Matrizenschreibweise können mehrere und auch
große Gleichungssysteme übersichtlich behandelt werden

Ein Gleichungssystem der Form Y = A * X nennt man auch eine Transformation,
denn der X-Vektor bestimmt einen neuen Y-Vektor, der gegenüber dem X-
Vektor eine andere Länge oder Lage oder beides aufweist. Hierbei gehen
wir noch immer von der Vorstellung aus, daß die Vektoren dreidimensional
sind, sie also einem dreidimensionalen Vektorraum entnommen sind. Ein
zweidimensionaler Vektorraum ist z.B. die x,y-Ebene. Auch existieren
höherdimensionale Vektorräume, die sich unserer unmittelbaren Anschauung
entziehen.

Weiter unten werden wir noch sehen, daß die Dimensionen der X- und Y-
Vektoren sogar verschieden sein können. Wir sprechen dann besser von Abbildung (des m-dimensionalen Vektorraumes in den n-dimensionalen Vektorraum) statt von Transformation, wenn in Y = A * X der X-Vektor aus m Elementen und der Y-Vektor aus n Elementen besteht.

Natürlich ist es auch möglich, ausgehend von den Matrizen

$$A = \begin{pmatrix} a_{11} & a_{12} & a_{13} \\ a_{21} & a_{22} & a_{23} \\ a_{31} & a_{32} & a_{33} \end{pmatrix} , \quad X = \begin{pmatrix} x_1 \\ x_2 \\ x_3 \end{pmatrix} , \quad Y = \begin{pmatrix} y_1 \\ y_2 \\ y_3 \end{pmatrix}$$

wieder die einzelnen Gleichungen des Systems A * X = Y zu erhalten. Hierzu
können wir in der folgenden Art vorgehen: Die rechts neben der Matrix A
stehende X-Spalte wird quer über die davor angeordnete A-Matrix gelegt,
die aufeinanderfallenden Zahlen werden multipliziert und die <u>Produkte</u>
<u>addiert</u>. Wir sagen kürzer

> Die Zahl y_1 ergibt sich durch <u>Falten</u>
>
> der 1. Zeile von A mit der X-Spalte.
>
> Entsprechendes gilt für y_2 und y_3.

Durch diese Faltung bilden wir formal das <u>Matrizenprodukt A * X</u>. Dieses
Vorgehen bei der Faltung ist charakteristisch für die noch zu behandeln-
de Multiplikation von Matrizen:

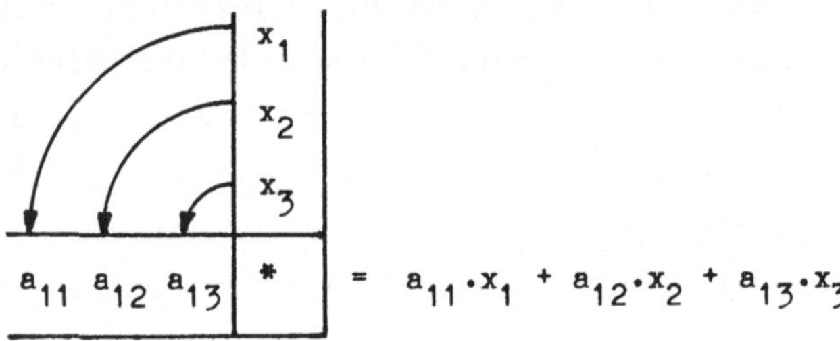

$$a_{11} \cdot x_1 + a_{12} \cdot x_2 + a_{13} \cdot x_3$$

Wir wollen noch eine Abkürzung für diese Faltung einführen. Mit Hilfe
des Summensymbols schreiben wir

$$y_1 = a_{11} \cdot x_1 + a_{12} \cdot x_2 + a_{13} \cdot x_3 = \sum_{j=1}^{3} a_{1j} \cdot x_j$$

Hierbei durchläuft j die Werte 1, 2 und 3. Die dabei gebildeten Produkte
werden summiert. Allgemeiner können wir für y_h schreiben:

$$y_h = \sum_{j=1}^{3} a_{hj} \cdot x_j \qquad\qquad (\, h = 1, \, 2, \, 3 \,) \, .$$

Ist die Anzahl der X- und Y- Komponenten nicht konkret mit 3 vorgegeben, sondern besteht der X-Vektor aus n Elementen (Komponenten) und der Y-Vektor aus p Elementen (Komponenten), so schreiben wir allgemein

$$y_h = \sum_{j=1}^{n} a_{hj} \cdot x_j \qquad (h = 1, 2, 3, \ldots, p) \; .$$

Die unterschiedlichen Schreibweisen für lineare Gleichungssysteme haben spezifische Vorteile und werden deshalb nebeneinander verwendet.

Nun wollen wir uns einige Ergänzungen und Erweiterungen überlegen. In unserem Beispiel gingen wir von 3 Gleichungen mit 3 Unbekannten x_1, x_2, x_3 aus. Es kann aber auch vorkommen, daß z.B. <u>2 Gleichungen mit 3 Unbekannten</u> vorliegen. Wenn wir uns die 3. Gleichung des obigen Beispiels wegdenken:

$$a_{11} \cdot x_1 + a_{12} \cdot x_2 + a_{13} \cdot x_3 = y_1$$

$$a_{21} \cdot x_1 + a_{22} \cdot x_2 + a_{23} \cdot x_3 = y_2$$

und zur Matrizenschreibweise des Gleichungssystems übergehen,

$$\begin{pmatrix} a_{11} & a_{12} & a_{13} \\ a_{21} & a_{22} & a_{23} \end{pmatrix} * \begin{pmatrix} x_1 \\ x_2 \end{pmatrix} = \begin{pmatrix} y_1 \\ y_2 \end{pmatrix}$$

so sehen wir nun, daß die Matrix A jetzt <u>rechteckig</u> ist:

$$A = \begin{pmatrix} a_{11} & a_{12} & a_{13} \\ a_{21} & a_{22} & a_{23} \end{pmatrix}$$

Aus der Matrizenschreibweise A * X = Y allein können wir <u>nicht</u> die Größe des Gleichungssystems erkennen. Hat z.B. die Matrix A zwei Zeilen, so ergeben sich zwei Gleichungen; hat die Matrix A drei Spalten, so muß der Vektor X drei Elemente enthalten, da sonst keine Faltung möglich ist. Um auszudrücken, daß die Matrix A zwei Zeilen und drei Spalten enthält, sagen wir, A ist eine Matrix vom Typ (2,3) und verwenden die Schreibweise Typ(A) = (2,3).

Unter einer Matrix A vom Typ(A) = (m,n) verstehen wir ein

geordnetes, rechteckiges Zahlenfeld, das aus

m Zeilen und n Spalten besteht.

In der i-ten Zeile und j-ten Spalte der Matrix $A = (a_{ij})$ steht das Element a_{ij}. Die Indizes i, j können die Werte i = 1, 2, 3, ..., m und j = 1, 2, 3, ..., n annehmen.

2.2 Spezielle Matrizen

2.2.1 Einheitsmatrix und Diagonalmatrix

Eine spezielle Matrix ist die Einheitsmatrix E. Diese stets quadratische Matrix $E = (e_{ij})$ hat die Elemente $e_{ij} = 1$, falls i=j ist und $e_{ij} = 0$, falls i verschieden von j ist. Ist E vom Typ(E) = (3,3), so hat die Einheitsmatrix folgende Darstellung:

$$E = \begin{pmatrix} 1 & 0 & 0 \\ 0 & 1 & 0 \\ 0 & 0 & 1 \end{pmatrix}$$

In einer Einheitsmatrix sind die Elemente auf der Hauptdiagonalen gleich 1; alle anderen Elemente sind gleich 0.

In mancher Hinsicht hat die Einheitsmatrix ähnliche Eigenschaften wie die Zahl 1. Zum Beispiel gilt

$$A * E = E * A = A$$

Das lineare Gleichungssystem $E * X = Y$ besteht aus den 3 Identitäten $x_1 = y_1$, $x_2 = y_2$, $x_3 = y_3$.

Zu dem Gleichungssystem

$$
\begin{array}{ccc}
d_1 \cdot x_1 = y_1 \\
d_2 \cdot x_2 = y_2 \;, \\
d_3 \cdot x_3 = y_3
\end{array}
\qquad
\begin{pmatrix} d_1 & 0 & 0 \\ 0 & d_2 & 0 \\ 0 & 0 & d_3 \end{pmatrix}
*
\begin{pmatrix} x_1 \\ x_2 \\ x_3 \end{pmatrix}
=
\begin{pmatrix} y_1 \\ y_2 \\ y_3 \end{pmatrix} ,
\qquad D * X = Y
$$

gehört die Koeffizientenmatrix D, die lediglich in der <u>Hauptdiagonalen</u> von Null verschiedenen Elemente hat. Wir bezeichnen D als <u>Diagonal-matrix</u>.

2.2.2 Transponierte Matrix

Aus der (m,n)-Matrix $A = (a_{ij})$ erhalten wir die <u>transponierte Matrix</u> $A' = (a_{ji})$, indem wir i mit j vertauschen. Bei der Transposition wird die 1. Zeile von A zur 1. Spalte von A', die 2. Zeile zur 2. Spalte usw. Dieses Vertauschen von Zeilen und Spalten erklärt die Verwendung des Be-griffes <u>gestürzte Matrix</u> anstelle des Begriffes transponierte Matrix. Z.B. ist

$$
A = \begin{pmatrix} a_{11} & a_{12} & a_{13} \\ a_{21} & a_{22} & a_{23} \end{pmatrix} ,
\qquad
A' = \begin{pmatrix} a_{11} & a_{21} \\ a_{12} & a_{22} \\ a_{13} & a_{23} \end{pmatrix} .
$$

Ist A vom $\mathrm{Typ}(A) = (m,n)$, so ist offensichtlich die transponierte Matrix A' vom $\mathrm{Typ}(A') = (n,m)$, und es gilt

$$(A')' = A .$$

12

Wir dürfen das Zeichen " ' " für die Transposition <u>keinesfalls als Differentiationszeichen</u> auffassen. Differentiationen werden wir später mit Hilfe von Differentialen, wie z.B. dy/dx schreiben. Eine Verwechselungsgefahr besteht deshalb nicht.

Statt der Schreibweise A' für die transponierte Matrix wird in der Literatur auch die Schreibweise

$$A^T$$

verwendet. Besteht eine Matrix X aus einer einzigen Spalte, so nennen wir X eine einspaltige Matrix oder einen Spaltenvektor. Das Beispiel

$$X = \begin{pmatrix} x_1 \\ x_2 \\ x_3 \end{pmatrix}, \qquad X' = (x_1 \; x_2 \; x_3)$$

zeigt, daß X' eine einzeilige Matrix oder einen Zeilenvektor darstellt. Für einen Spaltenvektor werden wir oft wegen X = (X')' die platzsparende Schreibweise

$$X = (x_1 \; x_2 \; x_3)'$$

verwenden.

Als Zahlenbeispiel geben wir die Matrix A und die transponierte Matrix A' an:

$$A = \begin{pmatrix} 8 & -2 & 1 \\ -1 & 4 & -6 \\ 3 & 5 & -7 \end{pmatrix} \qquad A' = \begin{pmatrix} 8 & -1 & 3 \\ -2 & 4 & 5 \\ 1 & -6 & -7 \end{pmatrix}.$$

Ein Beispiel für eine <u>symmetrische</u> Matrix ist die Tafel von Pompeji, die bei Ausgrabungen gefunden wurde und den Spruch: "SATOR AREPO TENET OPERA ROTAS" (übersetzt: "Der Sämann Arepo hält mit Mühe die Räder") enthält. Interessant ist die Matrix-Anordnung der Zeichen:

$$A \;=\; \begin{pmatrix} S & A & T & O & R \\ A & R & E & P & O \\ T & E & N & E & T \\ O & P & E & R & A \\ R & O & T & A & S \end{pmatrix},$$

die in transponierter Form wieder die gleiche Anordnung der Buchstaben ergibt. Wir nennen Matrizen <u>symmetrisch</u>, wenn

$$A' \;=\; A$$

gilt.

2.3 Gleichheit von Matrizen

Wir betrachten zwei Gleichungssysteme. Zu dem 1. Gleichungssystem

$$A * X \;=\; Y$$

gehöre die Koeffizientenmatrix A, zu dem 2. Gleichungssystem

$$B * X \;=\; Y$$

die Matrix B. Bei näherer Betrachtung der einzelnen Gleichungen stellen
wir fest, daß die 1. Gleichung des 1. Systems mit der 1. Gleichung
des 2. Systems identisch sei. Auch alle weiteren Gleichungen sollen
"zufällig" übereinstimmen. In diesem Falle sagen wir, die Koeffizienten-
matrizen A und B sind gleich.

Zwei Matrizen $A = (a_{ij})$ und $B = (b_{ij})$

des gleichen Typs sind gleich,

wenn alle gleichangeordneten Elemente übereinstimmen, d.h.

wenn für alle i und j gilt $a_{ij} = b_{ij}$.

14

Ist z.B.

$$A = \begin{pmatrix} 3 & -1 \\ 5 & 2 \\ 4 & 6 \end{pmatrix}, \quad B = \begin{pmatrix} 5 & 2 \\ 3 & -1 \\ 4 & 6 \end{pmatrix}, \quad C = \begin{pmatrix} 3 & -1 & 0 \\ 5 & 2 & 0 \\ 4 & 6 & 0 \end{pmatrix}, \quad D = \begin{pmatrix} 3 & -1 \\ 5 & 2 \\ 4 & 6 \end{pmatrix},$$

so sind von den obigen Matrizen nur A und D gleich, d.h. A = D, alle anderen Matrizen sind verschieden.

2.4 Addition von Matrizen

Wir betrachten nun die <u>Abbildung</u> A * X = Y und B * X = Z mit Typ(A) = Typ(B). Addieren wir die 1. Gleichung von A * X = Y zur 1. Gleichung von B * X = Z, so erhalten wir eine neue lineare Gleichung. Entsprechend verfahren wir mit den anderen Gleichungen. Indem wir $w_1 = y_1 + z_1$, $w_2 = y_2 + z_2$ usw. berechnen, erhalten wir das neue Gleichungssystem W = C * X :

$$Y = A * X \ , \qquad y_1 = a_{11} \cdot x_1 + a_{12} \cdot x_2 + a_{13} \cdot x_3$$

$$y_2 = a_{21} \cdot x_1 + a_{22} \cdot x_2 + a_{23} \cdot x_3$$

$$Z = B * X \ , \qquad z_1 = b_{11} \cdot x_1 + b_{12} \cdot x_2 + b_{13} \cdot x_3$$

$$z_2 = b_{21} \cdot x_1 + b_{22} \cdot x_2 + b_{23} \cdot x_3$$

Die Addition $w_1 = y_1 + z_1$, $w_2 = y_2 + z_2$ ergibt in Matrizenschreibweise

$$W = (A + B) * X \ ,$$

und explizit ausgeschrieben:

$$w_1 = y_1 + z_1 = (a_{11} + b_{11}) \cdot x_1 + (a_{12} + b_{12}) \cdot x_2 + (a_{13} + b_{13}) \cdot x_3$$

$$w_2 = y_2 + z_2 = (a_{21} + b_{21}) \cdot x_1 + (a_{22} + b_{22}) \cdot x_2 + (a_{23} + b_{23}) \cdot x_3$$

Mit diesem Gleichungssystem $W = C * X$ können wir leicht das Bildungsgesetz
für die Matrizenaddition $C = A + B$ erkennen.

Zwei Matrizen $A = (a_{ij})$ und $B = (b_{ij})$

des gleichen Typs werden addiert

und ergeben $C = A + B$, indem die gleichangeordneten

Elemente aus A und B addiert werden, d.h. die Elemente der

Summenmatrix C ergeben sich gemäß $c_{ij} = a_{ij} + b_{ij}$.

Entsprechendes gilt für die Subtraktion von Matrizen. Hier ein Zahlenbeispiel für die Subtraktion von Matrizen

$$\begin{pmatrix} 3 & -1 \\ 5 & 2 \\ 4 & 6 \end{pmatrix} - \begin{pmatrix} 0 & 6 \\ -4 & 6 \\ 3 & -3 \end{pmatrix} = \begin{pmatrix} 3 & -7 \\ 9 & -4 \\ 1 & 9 \end{pmatrix} .$$

2.4.1 Programm für die Addition von Matrizen

Wir wollen nun ein Programm für die Addition der Matrizen A und B angeben. Die Matrizenaddition A + B ist nur möglich, wenn Typ(A) = Typ(B) ist.
Um den Matrizentyp variabel zu halten, nehmen wir an, daß Typ(A) = (m,n)
ist. Die Matrix A enthält somit m Zeilen und n Spalten. Die Variablen
m, n werden bei jedem Programmlauf jeweils mit aktuellen Werten besetzt.
Damit lediglich ein Teil des verfügbaren Speicherplatzes eines Computers
belegt wird, müssen im Programm zum Abspeichern der numerischen Werte
für die n·m Matrixelemente Speicherplätze reserviert werden. Für die
Reservierung verwenden wir im Programmtext die Anweisung

$$140 \text{ dim } A(10,12) .$$

Dadurch wird der Computer veranlaßt, 10 Zeilen mit je 12 Elementen (d.h.
120 Speicherplätze) für uns zur Verfügung zu halten und zu verwalten.
Ein Speicherplatz a(i,j) wird durch die Indizes i, j angesprochen. Auf

dem Speicherplatz a(i,j) wird der Wert des Matrixelementes a_{ij} gespeichert. Jedes Element dieses A-Feldes (Matrix A) wird vor der Programmausführung zunächst mit Null initialisiert. Weil wir die Matrizenaddition C = A + B ausführen wollen, sind für A, B und C Speicherungsmöglichkeiten im notwendigen Umfang vorzusehen. Dies geschieht durch

```
140 dim A(10,12), B(10,12), C(10,12) .
```

Die Erhöhung des j-Speichers um jeweils 1 wird durch die <u>Schleifenanweisung</u>

```
for j=1 to n
... ... ...
next j
```

ausgeführt. Beim Programmlauf wird der Speicher j zunächst mit 1 besetzt. Mit diesem Speicherinhalt j=1 werden die durch "... ... ..." angedeuteten Anweisungen ausgeführt. Der Befehl <u>next j</u> veranlaßt die Erhöhung des j-Speichers um 1 und den Rücksprung zum Schleifenanfang. Ist z.B. i = 2, so besetzt das Programmstück

```
230 for j=1 to 3
350 c(i,j) = a(i,j) + b(i,j)
360 next j
```

die Speicherplätze c(2,1), c(2,2), c(2,3) nacheinander mit den Werten $a_{21} + b_{21}$, $a_{22} + b_{22}$, $a_{23} + b_{23}$. Der <u>read-Befehl</u>

```
270 read a(i,j)
```

holt sich die nächste anstehende Zahl aus dem <u>data</u>-Bereich und legt diese in dem Speicherplatz a(i,j) ab. Ein Programm zur Matrizenaddition soll nun angegeben werden. Die Kommentarzeilen erklären das Programm. Diese Zeilen sind an dem "rem" als Abkürzung von remark erkennbar. Bei der Programmausführung bleiben die rem-Zeilen unberücksichtigt. Der Computer ignoriert die rem-Statements und übergeht die rem-Zeilen bei der Programmausführung.

```
100 rem !-----------------------------------------------------------------!
110 rem ! Programm für die Matrizenaddition   C = A + B   !
120 rem ! mit Typ(A) = Typ(B) = Typ(C) = (m,n)            !
130 rem !-----------------------------------------------------------------!
140 dim  A(10,12), B(10,12), C(10,12)
150 rem !-----------------------------------------------------------------!
160 rem ! Besetzen der Speicherplätze m und n             !
170 rem ! -----------------------------------------------------------------!
180 read m, n
190 rem !-----------------------------------------------------------------!
200 rem ! Besetzen der Matrizen  A und B                  !
210 rem !-----------------------------------------------------------------!
220 for i=1 to m
230 for j=1 to n
240 rem !-----------------------------------------------------------------!
250 rem ! Lesen der unter "data" abgelegten Werte         !
260 rem !-----------------------------------------------------------------!
270 read a(i,j)
310 read b(i,j)
320 rem !-----------------------------------------------------------------!
330 rem ! Besetzen des Speichers c(i,j)                   !
340 rem !-----------------------------------------------------------------!
350 c(i,j) = a(i,j) + b(i,j)
360 next j
370 next i
380 rem !-----------------------------------------------------------------!
390 rem ! Ausgeben der Matrix A                           !
400 rem !-----------------------------------------------------------------!
410 for i=1 to m
420 for j=1 to n
430 print a(i,j),
440 next j
450 print
460 next i
470 rem !-----------------------------------------------------------------!
480 rem ! Ausgeben der Matrix B                           !
490 rem !-----------------------------------------------------------------!
500 for i=1 to m
510 for j=1 to n
520 print b(i,j),
530 next j
540 print
550 next i
560 rem !-----------------------------------------------------------------!
570 rem ! Ausgeben der Matrix  C = A + B                  !
580 rem !-----------------------------------------------------------------!
590 print "Die Matrix  C = A + B  ist:"
600 for i=1 to m
610 for j=1 to n
620 print c(i,j),
630 next j
640 print
650 next i
```

```
660 rem !--------------------------------------------------------------!
670 rem ! Anzahl der Zeilen und Spalten von A, B, C           !
680 rem !--------------------------------------------------------------!
690 data  2, 2
700 rem !--------------------------------------------------------------!
710 rem ! Elemente von  A und B  nacheinander ablegen          !
720 rem !--------------------------------------------------------------!
730 data 3, -1
740 data 5,  2
780 data 6, -4
790 data 1,  7
800 end
```

Mit den unter "data" abgelegten Werten berechnet dieses Programm die Addition der Matrizen

$$A = \begin{pmatrix} 3 & 5 \\ 6 & 1 \end{pmatrix} \qquad B = \begin{pmatrix} -1 & 2 \\ -4 & 7 \end{pmatrix} \; .$$

Die Ausgabe des Programms sieht wie folgt aus

```
          3  5

          6  1


         -1  2

         -4  7


      Die Matrix  C = A + B  ist:


          2  7

          2  8  .
```

Als Ergänzung wollen wir ein Programm zur Addition von Matrizen angeben und sogenannte mat-Statements verwenden. Mit diesen mat-Statements ist es möglich, Matrizenoperationen, wie z.B. Addition, Multiplikation, Invertierung usw. durch eine Anweisung ausführen zu lassen. Diese Matrizen-Anweisungen entsprechen einem Unterprogrammaufruf.

Sind die Speicher (Variablen) m, n besetzt, so wird durch

$$\text{mat } A = \text{zer}(m,n)$$

der Rechner veranlaßt, die Elemente von m Zeilen mit jeweils n Spalten
mit 0 zu initialisieren, und das System wird mit dem aktuellen Typ(A)
bekanntgemacht.

Mit Hilfe des Statements

$$\text{mat read } A(m,n)$$

wird der Rechner veranlaßt, nacheinander m.n Zahlen aus dem data-Bereich
zu holen und in den Speichern a(i,j) abzulegen. Entsprechend führt

$$\text{mat } C = A + B$$

die elementweise Addition für alle Matrixelemente aus.

```
1010 rem !------------------------------------------------!
1020 rem ! Programm für Matrizenaddition mit Matrizen-    !
1030 rem ! statements                                     !
1040 rem !------------------------------------------------!
1050 dim A(10,12), B(10,12), C(10,12)
1060 rem !------------------------------------------------!
1070 rem ! Lesen des Matrizentyps (m,n) für  A, B, C      !
1080 rem !------------------------------------------------!
1090 read  m, n
1100 mat A = zer(m,n)
1110 mat B = zer(m,n)
1120 mat C = zer(m,n)
1130 rem !------------------------------------------------!
1140 rem ! zeilenweises Lesen der Matrix A               !
1150 rem !------------------------------------------------!
1160 mat read A(m,n)
1170 rem !------------------------------------------------!
1180 rem ! zeilenweises Lesen der Matrix B               !
1190 rem !------------------------------------------------!
1200 mat read B(m,n)
1210 rem !------------------------------------------------!
1220 rem ! Addieren der Matrizen  A  und B               !
1230 rem !------------------------------------------------!
1240 mat  C = A + B
1250 rem !------------------------------------------------!
1260 rem ! Ausgeben der Matrizen A, B, C                 !
1270 rem !------------------------------------------------!
1280 mat print A
1290 mat print B
1300 mat print C
```

```
1310 rem !-----------------------------------------------!
1320 rem ! Ablegen des Matrizentyps (m,n)                !
1330 rem !-----------------------------------------------!
1340 data  2, 3
1350 rem !-----------------------------------------------!
1360 rem ! zeilenweises Ablegen der Matrix A             !
1370 rem !-----------------------------------------------!
1380 data  1, 2, 3, 4
1390 data  5, 6
1400 rem !-----------------------------------------------!
1410 rem ! zeilenweises Ablegen der Matrix B             !
1420 rem !-----------------------------------------------!
1430 data  5, 6, 7
1440 data -1,-2,-3
1450 end
```

Beim Programmlauf werden die Matrizen A und B gemäß

$$A = \begin{pmatrix} 1 & 2 & 3 \\ 4 & 5 & 6 \end{pmatrix}, \qquad B = \begin{pmatrix} 5 & 6 & 7 \\ -1 & -2 & -3 \end{pmatrix}$$

besetzt. Das Programm berechnet die Summenmatrix

$$C = A + B = \begin{pmatrix} 6 & 8 & 9 \\ 3 & 3 & 3 \end{pmatrix}$$

und gibt die Matrizen A, B und C aus.

2.4.2 Addition von Kräften

Wir betrachten zwei Kräfte A und B, die in der x,y-Ebene eines kartesischen Koordinatensystems liegen. Mit Hilfe eines Kräfteparallelogramms
können wir die Kräfte graphisch zur resultierenden Kraft S (Resultierende S) addieren. Sind die Komponenten der Kräfte bekannt, so ergibt
sich die Resultierende durch komponentenweise Addition. Als Beispiel betrachten wir die Vektoren A und B, die wir als gerichtete Größen in der

x,y-Ebene graphisch darstellen wollen (Abb. 1). Die Komponenten des Vektors $A = (a_1\ a_2)'$ sind durch die x-Komponente a_1 und die y-Komponente a_2 gegeben. Die Schreibweise

$$A = (\ a_1\ a_2\ )' = \begin{pmatrix} a_1 \\ a_2 \end{pmatrix}$$

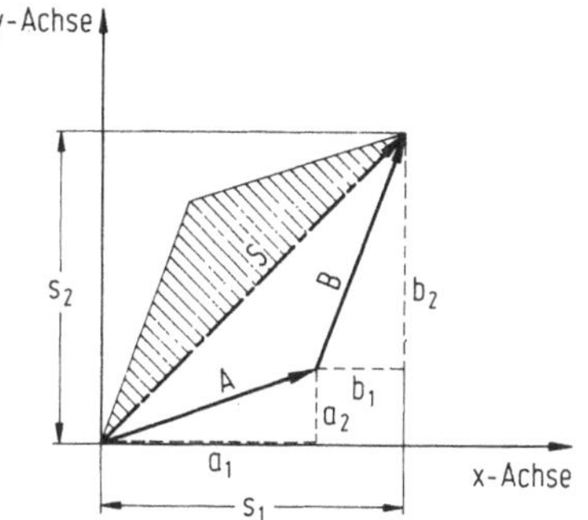

Abb. 1: Graphische Addition der Kräfte A und B zur Resultierenden S = A + B.

von A mit Hilfe des Transpositionszeichens " ' " ermöglicht die platzsparende Schreibweise $A = (a_1\ a_2)'$ für Vektoren. Der graphischen Vektoraddition entspricht die Addition der beiden einspaltigen Matrizen $A = (a_1\ a_2)'$ und $B = (b_1\ b_2)'$. Für die Addition erhalten wir

$$S = A + B.$$

Dies entspricht der Komponentendarstellung

$$\begin{pmatrix} s_1 \\ s_2 \end{pmatrix} = \begin{pmatrix} a_1 \\ a_2 \end{pmatrix} + \begin{pmatrix} b_1 \\ b_2 \end{pmatrix} \qquad \text{oder} \qquad \begin{aligned} s_1 &= a_1 + b_1 \\ s_2 &= a_2 + b_2 \end{aligned}$$

Analog können wir auch räumliche Kräfte addieren. Die Kräfte im Raum sind mit 3 Komponenten darstellbar. Ergibt die komponentenweise Addition mehrerer Kräfte einen Nullvektor, so ist keine resultierende Kraft vorhanden. Die Kräfte befinden sich im Gleichgewicht.

Die Gleichgewichtsbedingung für die Kräfte lautet:

> Im Gleichgewicht
>
> ist die Summe aller x-Komponenten
>
> der Kräfte gleich Null.

<u>Entsprechendes gilt für die y- und z-Komponenten</u>. Achtung! x-Komponenten
sind mit 1, y-Komponenten mit 2 und z-Komponenten mit 3 indiziert.
Die Addition von Kräften kann als Addition von einspaltigen Matrizen
aufgefaßt werden. Dies soll an dem folgenden Beispiel graphisch (Abb. 2)
und rechnerisch gezeigt werden.

$$A \quad + \quad B \quad + \quad C \quad = \quad O$$

$$\begin{pmatrix} -2 \\ 8 \\ 4 \end{pmatrix} + \begin{pmatrix} 2 \\ -4.8 \\ 2 \end{pmatrix} + \begin{pmatrix} o \\ -3.2 \\ -6 \end{pmatrix} = \begin{pmatrix} o \\ o \\ o \end{pmatrix}$$

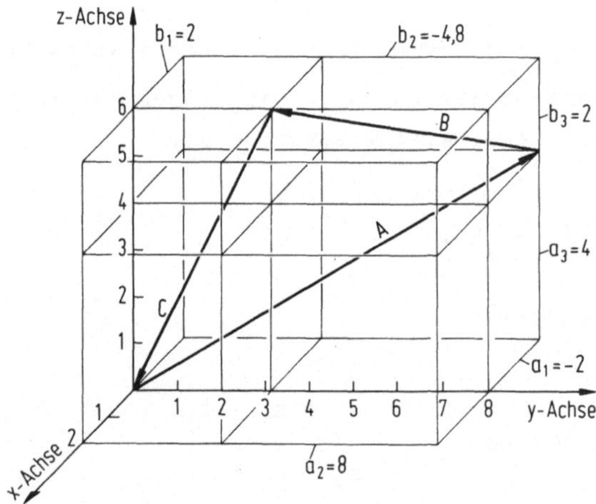

Abb. 2: Addition von räumlichen Kräften A + B + C = O

An dieser Stelle bemerken wir den Unterschied zwischen der Komponente o
und dem Vektor O. Die Komponenten des Nullvektors O = (o o o)' sind
Null.

2.5 Multiplikation einer Matrix mit einer Zahl

Bekanntlich können Summen von Matrizen aus mehr als 2 Summanden bestehen. Es sei Typ(A) = Typ(B) = Typ(C). Wir bilden z.B. (A+B) und addieren die Matrix C. Das gleiche Ergebnis erhalten wir, wenn wir zuerst
(B+C) berechnen und dann A addieren, d.h. es gilt (A+B)+C = A+(B+C).
Nun wollen wir uns überlegen, wie das Produkt einer Zahl mit einer
Matrix sinnvoll definiert werden kann. Wir betrachten das folgende Beispiel:

$$3*A = A + A + A = \begin{pmatrix} 4 & -2 \\ -3 & 7 \\ 6 & -1 \end{pmatrix} + \begin{pmatrix} 4 & -2 \\ -3 & 7 \\ 6 & -1 \end{pmatrix} + \begin{pmatrix} 4 & -2 \\ -3 & 7 \\ 6 & -1 \end{pmatrix} = \begin{pmatrix} 12 & -6 \\ -9 & 21 \\ 18 & -3 \end{pmatrix} = 3 * \begin{pmatrix} 4 & -2 \\ -3 & 7 \\ 6 & -1 \end{pmatrix}$$

Für A + A + A schreiben wir 3 * A. Die elementweise Berechnung von
A + A + A ergibt $a_{ij} + a_{ij} + a_{ij} = 3 \cdot a_{ij}$.

Eine Matrix $A = (a_{ij})$

mit den Elementen a_{ij} wird mit einem Skalar k

multipliziert, indem **alle** Elemente

der Matrix A mit k multipliziert werden, d.h.

die Matrix k * A hat die Elemente $k \cdot a_{ij}$.

Trivialerweise gilt:

$$k * A = A * k .$$

2.5.1 Programm für die Multiplikation der Matrix A mit der Zahl k

Wir wollen nun ein BASIC-Programm für die Multiplikation der Matrix A
mit der Zahl k angeben. Nach dem Lesen der Zeilen- und Spaltenzahl (m,n)

und der Elemente der Matrix A gemäß mat read A(m,n) multiplizieren wir
zeilenweise mit Hilfe der Laufanweisung for i=1 to m jedes Element der
Matrix A mit der Zahl k.

```
1840 rem !-----------------------------------------------------!
1850 rem ! Programm für die Multiplikation der (m,n)-          !
1860 rem ! Matrix  A  mit der Zahl k, d.h.  A := k*A           !
1870 rem !-----------------------------------------------------!
1880 dim A(10,12)
1890 rem !-----------------------------------------------------!
1900 rem ! Lesen des Matrizentyps Typ(A) = (m,n)              !
1910 rem !-----------------------------------------------------!
1920 read m, n
1930 rem !-----------------------------------------------------!
1940 rem ! zeilenweises Lesen der Matrix A                     !
1950 rem !-----------------------------------------------------!
1960 mat read A(m,n)
1970 rem !-----------------------------------------------------!
1980 rem ! Lesen der Zahl k                                    !
1990 rem !-----------------------------------------------------!
2000 read k
2010 rem !-----------------------------------------------------!
2020 rem ! Zeilenindex i läuft von 1 bis m                     !
2030 rem !-----------------------------------------------------!

2040 for  i=1 to m
2050 rem !-----------------------------------------------------!
2060 rem ! Spaltenindex j läuft von 1 bis n                    !
2070 rem !-----------------------------------------------------!
2080 for  j=1 to n
2090 rem !-----------------------------------------------------!
2100 rem ! Jedes Element der Matrix A wird mit k multi-        !
2110 rem ! pliziert und im ursprünglichen Speicher ge-         !
2115 rem ! speichert ( A-Feld wird überschrieben)              !
2120 rem !-----------------------------------------------------!
2130 a(i,j) = k * a(i,j)
2140 next j
2150 next i

2160 rem !-----------------------------------------------------!
2170 rem ! Ausgeben der Matrix  A := k * A                     !
2180 rem !-----------------------------------------------------!
2190 mat print A
2200 rem !-----------------------------------------------------!
2210 rem ! Ablegen der Zeilenzahl m und der Spaltenzahl n      !
2220 rem !-----------------------------------------------------!
2230 data 2, 3
2240 rem !-----------------------------------------------------!
2250 rem ! Zeilenweises Ablegen der Matrix A                   !
2260 rem !-----------------------------------------------------!
2270 data 1, 2, 3
```

```
2280 data 4, 5, 6
2290 rem !-----------------------------------------------------------!
2300 rem ! Ablegen der Zahl k                                        !
2310 rem !-----------------------------------------------------------!
2320 data -2
2330 end
```

Mit den unter "data" eingegebenen Daten berechnet dieses Programm in der Zeile 2130 die Multiplikation

$$-2 * \begin{pmatrix} 1 & 2 & 3 \\ 4 & 5 & 6 \end{pmatrix} = \begin{pmatrix} -2 & -4 & -6 \\ -8 & -10 & -12 \end{pmatrix}$$

Ist kein mat print-Befehl für die Ausgabe der Matrix A vorhanden, so kann die Ausgabe auch durch

```
for i=1 to m
for j=1 to n
print a(i,j),
next j
print
next i
```

erfolgen. Das <u>print</u> zwischen next j und next i schließt den Ausgabepuffer und positioniert auf die nächste Ausgabezeile. Das Programm zur Multiplikation der Matrix A mit der Zahl k ist besonders einfach, wenn wir den Befehl

```
mat A = (k) * A
```

verwenden. Dieses mat-Statement bewirkt, daß <u>jedes</u> Element der Matrix A mit der Zahl k multipliziert wird. Die berechneten Elemente der Matrix k * A überschreiben die alten Speicherplätze von A. Dagegen würde mat B = (k) * A die Elemente von k * A in dem Speicherbereich für das B-Feld ablegen. Die ursprünglichen Inhalte der A-Speicher blieben hierbei erhalten.

```
1490 rem !-----------------------------------------------!
1500 rem ! Vereinfachtes Programm für die Multiplikation !
1510 rem ! der Matrix A  mit der Zahl k                  !
1520 rem !-----------------------------------------------!
1530 dim A(10,12)
1540 rem !-----------------------------------------------!
1550 rem ! Lesen des Matrizentyps (m,n) und der Zahl k   !
1560 rem !-----------------------------------------------!
1570 read m, n, k
1580 rem !-----------------------------------------------!
1590 rem ! Zeilenweises Lesen der Matrix A               !
1600 rem !-----------------------------------------------!
1610 mat read A(m,n)
1620 rem !-----------------------------------------------!
1630 rem ! Jedes Element der Matrix A wird mit k multi-  !
1640 rem ! pliziert, Abspeicherung in A                  !
1650 rem !-----------------------------------------------!
1660 mat A = (k)*A
1670 rem !-----------------------------------------------!
1680 rem ! Ausgeben der Matrix  A := k * A               !
1690 rem !-----------------------------------------------!
1700 mat print A
1710 rem !-----------------------------------------------!
1720 rem ! Ablegen von m, n  und der Zahl k              !
1730 rem !-----------------------------------------------!
1740 data 2, 3, 8
1750 rem !-----------------------------------------------!
1760 rem ! zeilenweises Ablegen der Elemente der Matrix A !
1770 rem !-----------------------------------------------!
1780 data 1, 2, 3
1790 data 4, 5, 6
1800 end
```

Mit den in den data-Zeilen gespeicherten Werten berechnet das Programm
im A-Feld

$$8 * \begin{pmatrix} 1 & 2 & 3 \\ 4 & 5 & 6 \end{pmatrix} = \begin{pmatrix} 8 & 16 & 24 \\ 32 & 40 & 48 \end{pmatrix} .$$

2.6 Multiplikation von Matrizen

Wir wollen an einem Beispiel die Matrizenmultiplikation kennenlernen.
Dazu betrachten wir 2 Gleichungssysteme Z = A * Y und Y = B * X. Die Anzahl
der Komponenten des Y-Vektors entspricht im 1. Gleichungssystem Z = A * Y
der Anzahl der Unbekannten y_i , dagegen im 2. Gleichungssystem Y = B * X
der Anzahl der Gleichungen.

Wird $\qquad Z = A * Y \qquad , \qquad Y = B * X$

ausgeschrieben, so ergibt sich

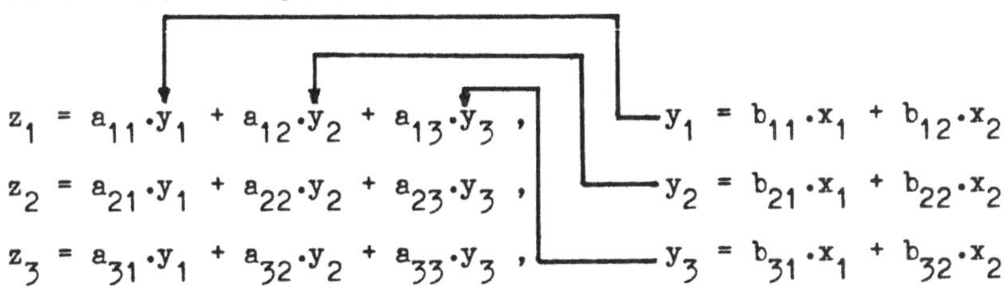

$$z_1 = a_{11} \cdot y_1 + a_{12} \cdot y_2 + a_{13} \cdot y_3 , \qquad y_1 = b_{11} \cdot x_1 + b_{12} \cdot x_2$$
$$z_2 = a_{21} \cdot y_1 + a_{22} \cdot y_2 + a_{23} \cdot y_3 , \qquad y_2 = b_{21} \cdot x_1 + b_{22} \cdot x_2$$
$$z_3 = a_{31} \cdot y_1 + a_{32} \cdot y_2 + a_{33} \cdot y_3 , \qquad y_3 = b_{31} \cdot x_1 + b_{32} \cdot x_2$$

Wir ersetzen nun jedes y_1, y_2, y_3 im 1. Gleichungssystem durch die Gleichungen des 2. Systems. Damit erhalten wir

$$z_1 = (a_{11} \cdot b_{11} + a_{12} \cdot b_{21} + a_{13} \cdot b_{31}) \cdot x_1 + (a_{11} \cdot b_{12} + a_{12} \cdot b_{22} + a_{13} \cdot b_{32}) \cdot x_2$$
$$z_2 = (a_{21} \cdot b_{11} + a_{22} \cdot b_{21} + a_{23} \cdot b_{31}) \cdot x_1 + (a_{21} \cdot b_{12} + a_{22} \cdot b_{22} + a_{23} \cdot b_{32}) \cdot x_2$$
$$z_3 = (a_{31} \cdot b_{11} + a_{32} \cdot b_{21} + a_{33} \cdot b_{31}) \cdot x_1 + (a_{31} \cdot b_{12} + a_{32} \cdot b_{22} + a_{33} \cdot b_{32}) \cdot x_2$$

Das Ergebnis kann auch durch **Falten** der Zeilen von Matrix A mit den Spalten von Matrix B erhalten werden. Z.B. ergibt die Faltung der 3. Zeile von A mit der 2. Spalte von B

$$(a_{31} \; a_{32} \; a_{33}) * \begin{pmatrix} b_{12} \\ b_{22} \\ b_{32} \end{pmatrix} = a_{31} \cdot b_{12} + a_{32} \cdot b_{22} + a_{33} \cdot b_{32} .$$

Unser obiges Vorgehen entspricht in der Matrizenschreibweise formal dem Eliminieren der Y-Spalte gemäß

$$Z = A * Y \qquad Y = B * X$$
$$Z = A * B * X .$$

Dieses Beispiel zeigt, wie das **Matrizenprodukt A * B** durch Falten der

28

Zeilen von A mit den Spalten von B erhalten werden kann. Wir wollen nun die
obigen, an einem Beispiel durchgeführten Betrachtungen wiederholen. Wir
setzen die Y-Spalte des Gleichungssystems

$$Y = B * X$$

in das Gleichungssystem

$$Z = A * Y$$

ein und erhalten

$$Z = A * B * X$$

$$Z = K * X \qquad \text{mit} \quad K = A * B \ .$$

Uns interessiert die Koeffizientenmatrix K, die wir auch als <u>Produkt-
matrix</u> K = A * B bezeichnen. Damit alle Y-Komponenten beim Einsetzen sub-
stituiert werden können, muß die Anzahl der Komponenten der Y-Spalte des
1. und 2. Gleichungssystem gleich sein. Es gelte Typ(A) = (m,p) und
Typ(B) = (p,n). Wir wollen nun die Elemente der Produktmatrix K = A * B
berechnen, indem wir das Gleichungssystem

$$y_h = \sum_{j=1}^{n} b_{hj} \cdot x_j \qquad h = 1, 2, \ldots, p$$

in das Gleichungssystem

$$z_i = \sum_{h=1}^{p} a_{ih} \cdot y_h \qquad i = 1, 2, \ldots, m$$

einsetzen. Wir erhalten

$$z_i = \sum_{h=1}^{p} a_{ih} \cdot \left(\sum_{j=1}^{n} b_{hj} \cdot x_j \right) = \sum_{j=1}^{n} \left(\sum_{h=1}^{p} a_{ih} \cdot b_{hj} \right) \cdot x_j = \sum_{j=1}^{n} k_{ij} \cdot x_j \ .$$

Die Vertauschung der Summensymbole ist erlaubt, da wir folgendermaßen
rechnen können:

Zunächst dürfen die a_{ih} unter das Summensymbol $\sum\limits_{j=1}^{n}$ geschrieben werden, weil sich der Summationsindex j auf a_{ih} nicht auswirken kann und somit alle $b_{hj} \cdot x_j$-Produkte nur mit dem jeweiligen Faktor a_{ih} multipliziert sind. Die Summation über h liefert dann eine rechteckig angeordnete Summe für z_i mit zeilenweise sich änderndem linken "inneren" Indexpaar (zweiter Index von a, erster Index von b):

$$z_i = \sum_{h=1}^{p} a_{ih} \cdot \left(\sum_{j=1}^{n} b_{hj} \cdot x_j \right) = \sum_{h=1}^{p} \sum_{j=1}^{n} a_{ih} \cdot b_{hj} \cdot x_j$$

$$z_i = \sum_{h=1}^{p} \left(a_{ih} \cdot b_{h1} \cdot x_1 + a_{ih} \cdot b_{h2} \cdot x_2 + \ldots + a_{ih} \cdot b_{hn} \cdot x_n \right)$$

$$\begin{aligned}
z_i = \; & a_{i1} \cdot b_{11} \cdot x_1 + a_{i1} \cdot b_{12} \cdot x_2 + \ldots + a_{i1} \cdot b_{1n} \cdot x_n \\
& + a_{i2} \cdot b_{21} \cdot x_1 + a_{i2} \cdot b_{22} \cdot x_2 + \ldots + a_{i2} \cdot b_{2n} \cdot x_n \\
& + \ldots \ldots \\
& + a_{ip} \cdot b_{p1} \cdot x_1 + a_{ip} \cdot b_{p2} \cdot x_2 + \ldots + a_{ip} \cdot b_{pn} \cdot x_n \; .
\end{aligned}$$

Fassen wir nun spaltenweise zusammen (gleiches "rechtes" Indexpaar, d.h. zweiter Index von b, Index von x), so ist

$$\begin{aligned}
z_i = \; & (a_{i1} \cdot b_{11} + a_{i2} \cdot b_{21} + \ldots + a_{ip} \cdot b_{p1}) \cdot x_1 \\
& + (a_{i1} \cdot b_{12} + a_{i2} \cdot b_{22} + \ldots + a_{ip} \cdot b_{p2}) \cdot x_2 \\
& + \ldots \ldots \\
& + (a_{i1} \cdot b_{1n} + a_{i2} \cdot b_{2n} + \ldots + a_{ip} \cdot b_{pn}) \cdot x_n \; .
\end{aligned}$$

Die inneren Summen kürzen wir mit k_{ij} ab:

$$k_{ij} = \sum_{h=1}^{p} a_{ih} \cdot b_{hj}$$

Dann ist z_i durch

$$z_i = \sum_{j=1}^{n} k_{ij} \cdot x_j = \sum_{j=1}^{n} \left(\sum_{h=1}^{p} a_{ih} \cdot b_{hj} \right) \cdot x_j$$

darstellbar, wie zu zeigen war.

Die Koeffizienten k_{ij} sind durch die Koeffizienten a_{ih} und b_{hj} ausgedrückt. Somit erhalten wir als Produkt einer (m,p)-Matrix A mit der (p,n)-Matrix B eine (m,n)-Matrix $K = A * B$, deren Elemente k_{ij} durch

$$k_{ij} = \sum_{h=1}^{p} a_{ih} \cdot b_{hj} \qquad \begin{aligned} i &= 1, \ 2, \ \ldots, \ m \\[1em] j &= 1, \ 2, \ \ldots, \ n \end{aligned}$$

berechnet werden können. Für das Matrizenprodukt $K = A * B$ gilt die Typ-Regel

$$\text{Typ}(A) = (m,p), \quad \text{Typ}(B) = (p,n), \quad \text{Typ}(A*B) = (m,n) \ .$$

Für die Matrizenmultiplikation $A * B$ ist notwendig, daß die Spaltenzahl p von A gleich der Zeilenzahl p von B ist. Diese notwendige Voraussetzung heißt auch <u>Verkettbarkeitsbedingung</u> der Matrizenmultiplikation.

> Das Element k_{ij}
>
> der Produktmatrix $K = A * B$ erhalten wir,
>
> indem wir die i-te Zeile von A
>
> mit der j-ten Spalte von B falten.

Sind z.B. die beiden Matrizen

$$A = \begin{pmatrix} 1 & 2 & -3 \\ -4 & 5 & 6 \end{pmatrix}, \qquad B = \begin{pmatrix} 1 & 1 & 5 & 0 \\ 0 & 4 & -2 & 0 \\ -2 & 3 & 7 & 1 \end{pmatrix}$$

gegeben, so kann das Produkt A * B durch Falten der Spalten von B mit den Zeilen von A erhalten werden. Mit der Anordnung nach Falk gestaltet sich diese Multiplikation übersichtlich:

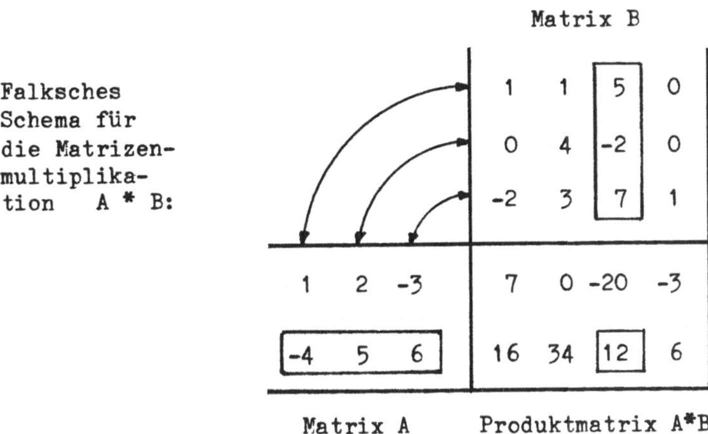

Als Beispiel ist die Faltung der 3. Spalte von B mit der 2. Zeile von A gekennzeichnet. Diese Faltung ergibt das Element $k_{23} = 12$ der Produktmatrix. Durch Aneinanderreihung dieser Anordnung lassen sich auch Mehrfachprodukte übersichtlich darstellen. An der Falkschen Anordnung läßt sich auch die Typ-Regel der Matrizenmultiplikation leicht ablesen. Zur Berechnung des Matrizenproduktes A * B ist die Faltung ("draufklappen") der Matrix B mit der Matrix A durchzuführen. Die Faltung ist nur dann möglich, wenn die Zeilenzahl p von B mit der Spaltenzahl p von A übereinstimmt. Wie am Falkschen Schema ersichtlich, ist der Typ der Produktmatrix K = A * B durch die Zeilenzahl m von A und die Spaltenzahl n von B gegeben. Durch die Falksche Anordnung ist die Formel

$$k_{ij} = \sum_{h=1}^{p} a_{ih} \cdot b_{hj}$$

zur Berechnung der Elemente der Produktmatrix unmittelbar einsichtig.
Wir wollen nun, ausgehend von den Matrizen

$$A = \begin{pmatrix} 3 & 5 \\ -1 & 7 \end{pmatrix}, \qquad B = \begin{pmatrix} 1 & -2 \\ 3 & -4 \end{pmatrix}$$

die Matrizenprodukte A * B und B * A bilden und erhalten

		1 −2	B
		3 −4	
3 5		18 −26	
−1 7		20 −26	

		3 5	A
		−1 7	
1 −2		5 −9	
3 −4		13 −13	

| A | A*B | | B | B*A |

Wir erkennen, daß A * B verschieden von B * A ist. Im allgemeinen erhalten
wir verschiedene Ergebnisse für ein Matrizenprodukt, je nachdem ob <u>A von
rechts mit B</u> oder ob <u>A von links mit B</u> multipliziert wird. Das Matrizenprodukt ist nicht kommutativ.

> Bei einem Matrizenprodukt
>
> müssen wir auf die
>
> <u>Reihenfolge</u>
>
> <u>der Matrizen</u>
>
> achten.

Obwohl i.a. A * B verschieden von B * A ist, gibt es Sonderfälle, für die
A * B = B * A ist. Wir sagen dann, A ist mit B <u>vertauschbar</u> oder A und B
sind <u>kommutative</u> Matrizen. Bei kommutativen Matrizen ist die Reihenfolge
der Faktoren unerheblich. Z.B. ist jede quadratische Matrix A mit der
Einheitsmatrix E gleichen Typs vertauschbar, denn es gilt E * A = A * E = A.

Es gibt bei der Produktbildung noch weitere interessante Sonderfälle.

Ist z.B. die Matrix A verschieden von 0 (Nullmatrix) und B verschieden
von 0, so kann trotzdem das Produkt A * B die Nullmatrix 0 ergeben, d.h.
A * B = 0. Auch dürfen wir aus

$$A * B = A * C$$

nicht folgern, daß B = C ist. Das erkennen wir sofort, wenn wir uns unter C eine Matrix vorstellen, die aus C = B + D besteht und für die gilt

$$A * C = A * (B + D) = A * B + A * D .$$

Ist A * D = 0 (Nullmatrix), so wird

$$A * B = A * C .$$

An einem Zahlenbeispiel wollen wir diese Überlegungen wiederholen:

$$A = \begin{pmatrix} 2 & 1 \\ 4 & 2 \end{pmatrix}, \qquad B = \begin{pmatrix} 3 & -4 \\ 5 & 1 \end{pmatrix}, \qquad C = \begin{pmatrix} 4 & -4 \\ 3 & 1 \end{pmatrix}$$

Es ist

$$C = B + D = \begin{pmatrix} 3 & -4 \\ 5 & 1 \end{pmatrix} + \begin{pmatrix} 1 & 0 \\ -2 & 0 \end{pmatrix}$$

mit

$$D = \begin{pmatrix} 1 & 0 \\ -2 & 0 \end{pmatrix} .$$

Weil A * D gleich der Nullmatrix ist, ist die Gleichheit von

$$A * B = A * C$$

trotz verschiedener Matrizen B und C gezeigt.

2.6.1   Programm zur Matrizenmultiplikation

Wir wollen nun ein Programm in der Programmiersprache BASIC für die

Matrizenmultiplikation angeben. Durch das Programmstück

```
s=0
for h=1 to p
s = s + a(i,h)*b(h,j)
next h
k(i,j) = s
```

wird zunächst der Speicherinhalt s=0 gesetzt. In dem s-Speicher wird die Summe

$$s = \sum_{h=1}^{p} a(i,h)*b(h,j)$$

gebildet. Wir beachten, daß bei jedem h-Schleifendurchlauf zum alten s-Wert das jeweilige Produkt a(i,h)*b(h,j) addiert wird. Durch k(i,j) = s wird das Element k(i,j) der Matrix K = A * B mit dem Wert aus der Faltung der i-ten Zeile von A mit der j-ten Spalte von B besetzt (Zeile 360). Diese Rechnung wird in dem nun folgenden Programm für j=1, 2, ..., n mit i=1, 2, ..., m wiederholt.

```
100 rem !------------------------------------------------!
110 rem ! Programm zur Berechnung des Produktes der  !
120 rem ! (m,p)-Matrix A mit der (p,n)-Matrix B. Die !
130 rem ! Produktmatrix K = A*B ist vom Typ(K)=(m,n).!
140 rem !------------------------------------------------!
150 dim A(10,12), B(12,8), K(10,8)
160 rem !------------------------------------------------!
170 rem ! Besetzen der Speicherplätze  m, p, n        !
180 rem !------------------------------------------------!
190 read m, p, n
200 rem !------------------------------------------------!
210 rem ! Besetzen der Matrizen A und B               !
220 rem !------------------------------------------------!
230 mat read A(m,p)
240 mat read B(p,n)
250 rem !------------------------------------------------!
260 rem ! Berechnen der Produktmatrix  K = A * B      !
270 rem !------------------------------------------------!

280 for i=1 to m
290 for j=1 to n
300 s=0
```

```
310 for h=1 to p
320 s = s + a(i,h)*b(h,j)
330 next h
340 k(i,j)=s
350 next j
360 next i

370 rem !---------------------------------------------!
380 rem ! Ausdrucken der Matrizen A, B, K             !
390 rem !---------------------------------------------!
400 mat print A
410 mat print B
420 mat print K
430 rem !---------------------------------------------!
440 rem ! Ablegen von m, p, n                         !
450 rem !---------------------------------------------!
460 data  2, 3, 4
470 rem !---------------------------------------------!
480 rem ! Ablegen der Matrix A                        !
490 rem !---------------------------------------------!
500 data  1, 2,-3
510 data -4, 5, 6
520 rem !---------------------------------------------!
530 rem ! Ablegen der Matrix B                        !
540 rem !---------------------------------------------!
550 data  1, 1, 5, 0
560 data  0, 4,-2, 0
570 data -2, 3, 7, 1
580 end
```

Dieses Programm berechnet das Matrizenprodukt

$$A * B = K$$

$$\begin{pmatrix} 1 & 2 & -3 \\ -4 & 5 & 6 \end{pmatrix} * \begin{pmatrix} 1 & 1 & 5 & 0 \\ 0 & 4 & -2 & 0 \\ -2 & 3 & 7 & 1 \end{pmatrix} = \begin{pmatrix} 7 & 0 & -20 & -3 \\ 16 & 34 & 12 & 6 \end{pmatrix}$$

und gibt die Matrizen A, B und K (Programmzeilen 400, 410, 420) aus.

Bei kleinen Computern (Tischrechnern) sind die mat-Befehle selten imple-
mentiert. Dann ist die Eingabe (bzw. die Ausgabe) aller Matrixelemente
von A gemäß mat read A(m,p) (bzw. mat print A(m,p)) nicht möglich.

Durch die Umschreibung

```
for i=1 to m
for j=1 to p
read a(i,j)    bzw.    print a(i,j)
next j
next i
```

können die mat read A(m,p)- bzw. mat print A(m,p)-Statements ersetzt werden. Ein solches Programm ist dann auch auf "abgemagerten" BASIC-Rechnern lauffähig.

2.6.2 Transponierte eines Matrizenproduktes

Wir wollen das Produkt $K = B' * A'$ transponierter Matrizen berechnen. Wir nehmen an, daß

$$A = \begin{pmatrix} a_{11} & a_{12} & a_{13} \\ a_{21} & a_{22} & a_{23} \end{pmatrix} \quad , \qquad B = \begin{pmatrix} b_{11} & b_{12} \\ b_{21} & b_{22} \\ b_{31} & b_{32} \end{pmatrix}$$

ist.

Die Berechnung von $K = B' * A'$ mit dem Falkschen Schema

$$
\begin{array}{c|c}
 & \begin{array}{cc} a_{11} & a_{21} \\ a_{12} & a_{22} \\ a_{13} & a_{23} \end{array} \\
\hline
\begin{array}{ccc} b_{11} & b_{21} & b_{31} \\ b_{12} & b_{22} & b_{32} \end{array} & \begin{array}{cc} k_{11} & k_{12} \\ k_{21} & k_{22} \end{array}
\end{array}
$$

ergibt die Elemente

$$k_{11} = b_{11} \cdot a_{11} + b_{21} \cdot a_{12} + b_{31} \cdot a_{13} \quad , \qquad k_{12} = b_{11} \cdot a_{21} + b_{21} \cdot a_{22} + b_{31} \cdot a_{23}$$

$$k_{21} = b_{12} \cdot a_{11} + b_{22} \cdot a_{12} + b_{32} \cdot a_{13} \quad , \qquad k_{22} = b_{12} \cdot a_{21} + b_{22} \cdot a_{22} + b_{32} \cdot a_{23}$$

Das gleiche Ergebnis erhalten wir für die Transponierte des Produktes
A * B . Im Falkschen Schema ist A * B

$$
\begin{array}{c|cc}
 & b_{11} \quad b_{12} \\
 & b_{21} \quad b_{22} \\
 & b_{31} \quad b_{32} \\
\hline
a_{11} \ a_{12} \ a_{13} & k_{11} \quad k_{21} \\
a_{21} \ a_{22} \ a_{23} & k_{12} \quad k_{22}
\end{array}
$$

Damit haben wir gesehen, daß

$$(A * B)' \ = \ B' * A'$$

gilt. Auf die Reihenfolge der Matrizen müssen wir besonders achten.
Natürlich ist diese Aussage über das Produkt transponierter Matrizen
nicht auf die als Beispiel behandelten obigen Matrizen A und B ein-
geschränkt, sondern gilt allgemein.

2.7 Zusammenfassung

> Zwei <u>Matrizen</u> A, B gleichen Typs <u>sind gleich</u>,
> wenn für alle i, j gilt $a_{ij} = b_{ij}$.

Für die <u>Addition von Matrizen</u> gelten die

folgenden Regeln:

$C = A + B$	mit $c_{ij} = a_{ij} + b_{ij}$ für alle i, j
$C = A - B$	mit $c_{ij} = a_{ij} - b_{ij}$ für alle i, j
$O = A - A$	heißt Nullmatrix
$A + B = B + A$	Kommutativität der Addition
$(A + B) + C = A + (B + C)$	Assoziativität
$= A + B + C$	der Addition

Für die <u>Multiplikation</u> einer <u>Matrix A</u>

mit einem <u>Skalar k</u> gilt:

$$k * A = A * k \qquad \text{mit } k*(a_{ij}) = (k \cdot a_{ij})$$

Kommutativität der

Skalarmultiplikation

$$k*(A + B) = k*A + k*B \qquad \text{Distributivität der}$$

$$k_1*A + k_2*A = (k_1+k_2)*A \qquad \text{Skalarmultiplikation}$$

$$k_1*(k_2*A) = (k_1 \cdot k_2)*A \qquad \text{Assoziativität der}$$

Skalarmultiplikation

Für das <u>Matrizenprodukt K = A * B</u> gilt:

$$k_{ij} = \sum_{h=1}^{p} a_{ih} \cdot b_{hj}$$

mit der Typ-Regel

$$\text{Typ(A)}=(m,p), \quad \text{Typ(B)} = (p,n), \quad \text{Typ(K)} = (m,n).$$

Wird vorausgesetzt, daß die nachstehenden Operationen
möglich sind, so gelten die folgenden Regeln:

$$A * B \neq B * A \qquad \text{Nicht-Kommutativität}$$

des Matrizenproduktes

$$(A*B)*C \neq A*(B*C) = A*B*C \qquad \text{Assoziativität des}$$

Matrizenproduktes

$$A*(B+C) = A*B + A*C \qquad \text{Distributivität des}$$
$$(A+B)*C = A*C + B*C \qquad \text{Matrizenproduktes}$$

$$(A+B)*(C+D) = A*C + A*D + B*C + B*D \qquad \text{Faktorenfolge beachten!}$$

$$(A+B)^2 = A^2 + A*B + B*A + B^2$$

$$A^0 = E \ , \quad A^1 = A \ , \quad A^2 = A*A \quad \text{usw.}$$

Aus $A*B = A*C$ folgt nicht $B = C$.

Sind A und B verschieden von der Nullmatrix O

so kann doch $A * B = O$ sein. A und B sind dann

"Nullteiler".

Ist k ein Skalar und sind

A' bzw. B' die Transponierten von A bzw. B,

so gilt:

$$(A + B)' = A' + B'$$

$$(k * A)' = k * A'$$

$$(A * B)' = B' * A' \qquad (\text{ Reihenfolge ! })$$

$$(A^{-1})' = (A')^{-1}$$

Auf die inverse Matrix A^{-1} wird später eingegangen.

3 Vektor als spezielle Matrix

3.1 Das Vektorprodukt und das Drehmoment

Wir wollen nun an einem Beispiel die Matrizenschreibweise für das Vek-
torprodukt kennenlernen. Hierzu betrachten wir die Abb. 3. Am Ende eines
Stabes S greift eine Kraft F an. Die Kraft und der Stab liegen in der x,y-
Ebene des räumlichen, kartesischen Koordinatensystems. Wir wollen das
Drehmoment (Kraft x Hebelarm) aufschreiben. Der Stabanfang befindet
sich auf der z-Achse und ist dort drehbar gelagert. Wir denken uns den
Stab durch die Teilstücke s_1 und s_2 ersetzt. Auch die Kraft F ersetzen
wir durch die beiden Teilkräfte f_1, f_2 (Abb. 4) . Hier entspricht wieder
die Indizierung 1, 2, 3 den x-, y-, z-Achsenrichtungen. Aus der Abb. 3
ist zu erkennen, daß die Kraft eine Drehung um die z-Achse bewirkt; deshalb bezeichnen wir dieses Drehmoment um die z-Achse mit dem Index 3. Es
gilt

$$m_3 = s_1 \cdot f_2 - s_2 \cdot f_1$$

Wiederholen wir die gleichen Betrachtungen für den Fall, daß der Stab
und die Kraft nun in der y,z-Ebene liegen, so ergibt die zyklische Vertauschung

$$
\begin{array}{lll}
x \rightarrow y & \text{bzw.} & 1 \rightarrow 2 \\
y \rightarrow z & \text{bzw.} & 2 \rightarrow 3 \\
z \rightarrow x & \text{bzw.} & 3 \rightarrow 1
\end{array}
$$

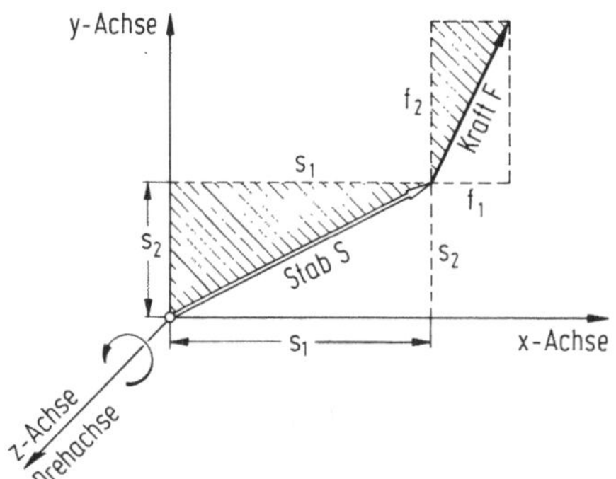

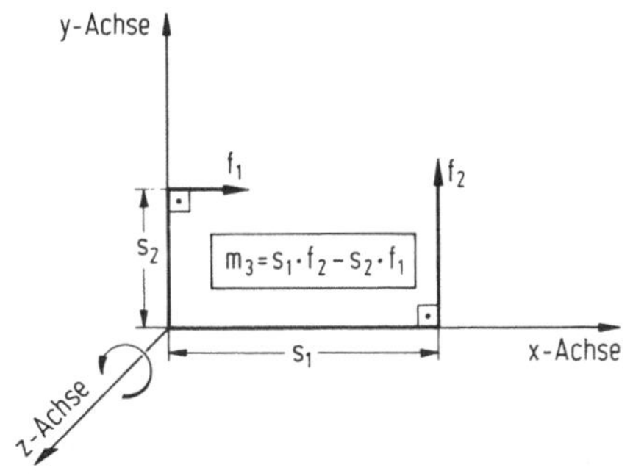

Abb. 3:

Drehmoment m_3 bezüglich der
z-Achse infolge der Kraft
$F = (f_1\ f_2\ 0)'$, die bei
$S = (s_1\ s_2\ 0)'$ angreift

Abb. 4:

Ersatzbild zur Berechnung des Drehmomentes um die z-Achse durch komponentenweise Produktbildung (Hebelarm
mal Kraft)

die Drehmomente m_1 und m_2. Schreiben wir diese 3 Gleichungen

$$m_1 = s_2 \cdot f_3 - s_3 \cdot f_2$$

$$m_2 = s_3 \cdot f_1 - s_1 \cdot f_3$$

$$m_3 = s_1 \cdot f_2 - s_2 \cdot f_1$$

in der Matrizenschreibweise

$$\begin{pmatrix} m_1 \\ m_2 \\ m_3 \end{pmatrix} = \begin{pmatrix} 0 & -s_3 & s_2 \\ s_3 & 0 & -s_1 \\ -s_2 & s_1 & 0 \end{pmatrix} * \begin{pmatrix} f_1 \\ f_2 \\ f_3 \end{pmatrix},$$

auf, so ergibt sich das räumliche Drehmoment durch Anwendung
der Matrix

$$R = \begin{pmatrix} 0 & -s_3 & s_2 \\ s_3 & 0 & -s_1 \\ -s_2 & s_1 & 0 \end{pmatrix} \quad \text{auf} \quad F = \begin{pmatrix} f_1 \\ f_2 \\ f_3 \end{pmatrix}.$$

42

Sind die Komponenten s_1, s_2, s_3 des Stabvektors $S = (s_1\ s_2\ s_3)'$
und die Komponenten f_1, f_2, f_3 der Kraft $F = (f_1\ f_2\ f_3)'$ bekannt,
so können wir den Vektor M des Drehmomentes gemäß

$$M = R * F$$

berechnen. Die Vektoren S, F sind Vektoren des 3-dimensionalen Raumes
und können im allgemeinen eine beliebige räumliche Lage einnehmen. Wegen
der einfacheren Schreibweise verwenden wir bei der Darstellung von Vektoren die transponierte Form.

Z.B. schreiben wir anstelle von

$$S = \begin{pmatrix} s_1 \\ s_2 \\ s_3 \end{pmatrix} \quad \text{platzsparender} \quad S' = (s_1\ s_2\ s_3) \quad \text{oder} \quad S = (s_1\ s_2\ s_3)'$$

Die Hauptdiagonale der Matrix R ist mit Nullen besetzt. Sonst sind in
der Matrix R lediglich die Komponenten des Stabvektors S enthalten. Deshalb kann R aus s_1, s_2, s_3 aufgebaut werden. Dieses Aufbauen von R werden wir häufig wiederfinden (Vektorprodukt). Deshalb sei hier eine
Merkregel skizziert:

$$S = \begin{pmatrix} s_1 \\ s_2 \\ s_3 \end{pmatrix}, \qquad R = \begin{pmatrix} 0 & -s_3 & s_2 \\ s_3 & 0 & -s_1 \\ -s_2 & s_1 & 0 \end{pmatrix}.$$

Die Matrix R enthält die Komponenten s_1, s_2, s_3 des räumlichen Stabvektors S <u>in einer bestimmten Anordnung</u>.

Abgesehen von den Vorzeichen in der Matrix R ist die Matrix R symmetrisch bezüglich der Hauptdiagonalen. Eine Matrix $R = (r_{ij})$ heißt
<u>antimetrisch</u>, wenn für alle i, j gilt,

$$r_{ij} = -r_{ji}.$$

Die Diagonalelemente einer antimetrischen Matrix sind Null. Die oben in Verbindung mit dem Drehmoment eingeführte Matrix R ist antimetrisch.

Eine quadratische Matix $A = (a_{ij})$ heißt <u>symmetrisch</u>, wenn für alle i, j gilt $a_{ij} = a_{ji}$. Z.B. ist die Matrix

$$A = \begin{pmatrix} 8 & -3 & 5 \\ -3 & 4 & 2 \\ 5 & 2 & -7 \end{pmatrix} \qquad \text{symmetrisch.}$$

Für das hier skizzierte und eingeführte <u>Vektorprodukt</u>

$$M = R * F$$

ist auch die Schreibweise ("Kreuzprodukt")

$$M = S \times F \qquad \text{(gelesen: "S kreuz F")}$$

oder

$$\vec{M} = \vec{S} \times \vec{F}$$

üblich. Das Vektorprodukt macht aus den beiden Vektoren S, F einen weiteren Vektor M.

Mit einer Hilfsvorstellung ("<u>Korkenzieher</u>") können wir uns leicht die Richtung des Momentenvektors im Raum merken.

Infolge der am Stab S angreifenden Kraft F (Abb. 5)

bohrt sich der Korkenzieher in die

Richtung von $M = S \times F$.

Das Moment zeigt in die Richtung der Korkenzieherspitze. Die Tatsache, daß der Momentenvektor M senkrecht auf dem Stabvektor S und dem Kraftvektor F steht, wird später bewiesen. Wir wollen nun das Vektorprodukt in einem Beispiel anwenden.

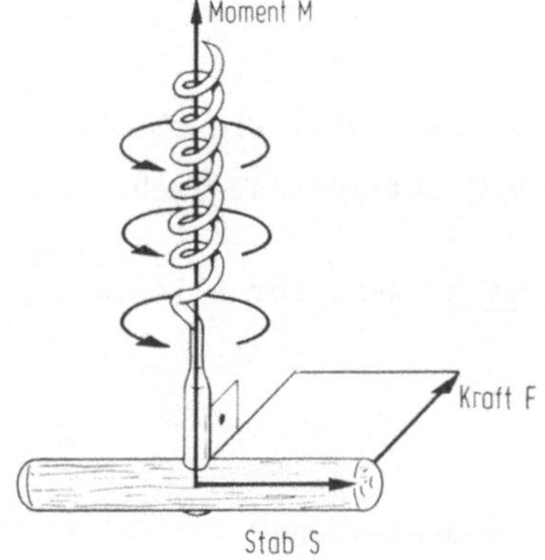

Abb. 5: Korkenzieher als Merkhilfe für
die Richtung des Vektorproduktes
$M = S \times F = R * F$

Hierzu betrachten wir die Abb. 6. An dem skizzierten starren Körper
greifen die Kräfte

$$F_1 = \begin{pmatrix} -3 \\ 0 \\ 0 \end{pmatrix}, \qquad F_2 = \begin{pmatrix} 3 \\ 0 \\ 3 \end{pmatrix}, \qquad F_3 = \begin{pmatrix} 6 \\ 0 \\ 0 \end{pmatrix}$$

in den Punkten

$$S_1 = \begin{pmatrix} 1 \\ 4 \\ 0 \end{pmatrix}, \qquad S_2 = \begin{pmatrix} 0 \\ 0 \\ 3 \end{pmatrix}, \qquad S_3 = \begin{pmatrix} 1 \\ 4 \\ 3 \end{pmatrix}$$

an. Alle Kräfte seien in kN und alle Strecken in m angegeben. Wir wollen
das gesamte Drehmoment bezüglich des Koordinaten-Nullpunktes berechnen.

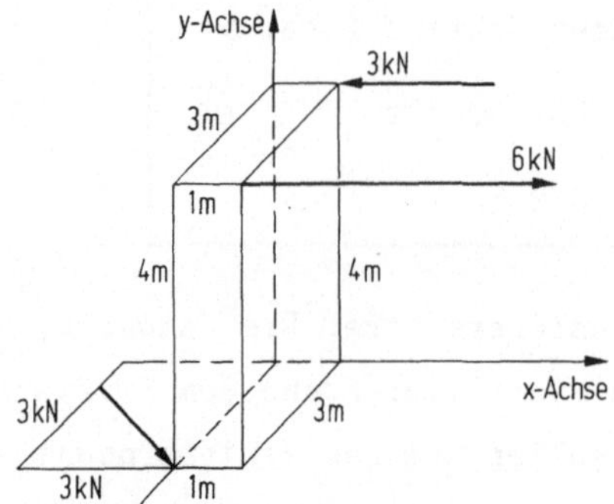

Abb. 6: Kraft- und Momentensumme
eines starren Körpers

Die Kraft F_1, angreifend in S_1 ergibt einen Drehmomentenvektor $M_1 = S_1 \times F_1$. Entsprechend erhalten wir M_2 und M_3. Diese Drehmomentenvektoren M_1, M_2, M_3 werden vektoriell addiert zum resultierenden Drehmoment bezüglich des Nullpunktes:

$$M = M_1 + M_2 + M_3$$

$$M = R_1 * F_1 + R_2 * F_2 + R_3 * F_3$$

oder

$$M = \begin{pmatrix} 0 & 0 & 4 \\ 0 & 0 & -1 \\ -4 & 1 & 0 \end{pmatrix} * \begin{pmatrix} -3 \\ 0 \\ 0 \end{pmatrix} + \begin{pmatrix} 0 & -3 & 0 \\ 3 & 0 & 0 \\ 0 & 0 & 0 \end{pmatrix} * \begin{pmatrix} 3 \\ 0 \\ 3 \end{pmatrix} + \begin{pmatrix} 0 & -3 & 4 \\ 3 & 0 & -1 \\ -4 & 1 & 0 \end{pmatrix} * \begin{pmatrix} 6 \\ 0 \\ 0 \end{pmatrix}.$$

Für das resultierende Moment ergibt sich

$$M = \begin{pmatrix} 0 \\ 0 \\ 12 \end{pmatrix} + \begin{pmatrix} 0 \\ 9 \\ 0 \end{pmatrix} + \begin{pmatrix} 0 \\ 18 \\ -24 \end{pmatrix} = \begin{pmatrix} 0 \\ 27 \\ -12 \end{pmatrix} \text{ kNm}.$$

3.1.1 Programm für das resultierende Moment

Wir wollen nun ein Programm für das zuletzt erwähnte Beispiel schreiben. Allerdings werden wir uns dabei nicht auf 3 Kräfte F_1, F_2, F_3 beschränken, die in 3 Punkten (<u>Ortsvektoren</u>) S_1, S_2, S_3 angreifen. Als Bezugspunkt für die Momente soll statt des Koordinatennullpunktes allgemein der Bezugspunkt $B = (b_1\ b_2\ b_3)'$ verwendet werden. Greifen an einem starren Körper in den n Punkten S_i die Kräfte F_i an, so wird die resultierende Kraft F durch

$$F = \sum_{i=1}^{n} F_i = F_1 + F_2 + \ldots + F_n$$

berechnet. Diese resultierende Kraft F ersetzt bei bestimmten Aufgabenstellungen alle Einzelkräfte. Als Angriffspunkt der Resultierenden F

wird oft der Schwerpunkt des Körpers verwendet. Das resultierende
Drehmoment bezüglich des Bezugspunktes $B = (b_1\ b_2\ b_3)'$ kann gemäß

$$M = \sum_{i=1}^{n} (S_i - B) \times F_i$$

berechnet werden. Die z-Komponente des Drehmomentes M_i, hervor-
gerufen durch eine Kraft mit den Komponenten $f(i,1)$, $f(i,2)$, $f(i,3)$,
angreifend im Punkt S_i mit den Koordinaten $s(i,1)$, $s(i,2)$, $s(i,3)$,
ist z.B.

$$m(i,3) = (s(i,1) - b_1) \cdot f(i,2) - (s(i,2) - b_2) \cdot f(i,1)$$

Im folgenden ist ein sich selbst erklärendes Programm für die Berechnung
der resultierenden Kraft und des resultierenden Momentes bezüglich des
Punktes $B = (b_1\ b_2\ b_3)'$ angegeben:

```
100 rem !-------------------------------------------------!
110 rem ! Programm für die Berechnung des räumlichen      !
120 rem ! Gesamtdrehmomentes bezüglich eines vorgege-     !
130 rem ! benen Bezugspunktes bei Eingabe der Komponen-   !
140 rem ! ten der Kräfte und der Kraftangriffspunkte      !
150 rem !-------------------------------------------------!
160 dim F(20,3), S(20,3)
210 read n,   b1, b2, b3

250 for i=1 to n
260 read f(i,1),f(i,2),f(i,3),   s(i,1),s(i,2),s(i,3)
270 next i

280 h1=0
290 h2=0
300 h3=0
310 h4=0
320 h5=0
325 h6=0

330 for i=1 to n
340 h1 = h1 + f(i,1)
350 h2 = h2 + f(i,2)
360 h3 = h3 + f(i,3)
370 h4 = h4 + f(i,3)*(s(i,2)-b2)-f(i,2)*(s(i,3)-b3)
```

```
380 h5 = h5 + f(i,1)*(s(i,3)-b3)-f(i,3)*(s(i,1)-b1)
390 h6 = h6 + f(i,2)*(s(i,1)-b1)-f(i,1)*(s(i,2)-b2)
400 next i

450 print
460 print "resultierende Kraft"
470 print "fx", "fy", "fz"
480 print h1, h2, h3
530 print
540 print "resultierendes Moment"
550 print "mx","my","mz"
560 print h4, h5, h6
600 data         3,     0,0,0
640 data -3,0,0,    1,4,0
650 data  3,0,3,    0,0,3
660 data  6,0,0,    1,4,3
670 end
```

Dieses Programm verwendet als aktuelle Werte

$$n = 3 \quad , \quad B = (\,0\ 0\ 0\,)'$$
$$S_1 = (1\ 4\ 0)' \ , \quad F_1 = (-3\ 0\ 0)'$$
$$S_2 = (0\ 0\ 3)' \ , \quad F_2 = (\,3\ 0\ 3)'$$
$$S_3 = (1\ 4\ 3)' \ , \quad F_3 = (\,6\ 0\ 0)'$$

und ergibt die Ausgabe

resultierende Kraft

fx	fy	fz
6	0	3

resultierendes Moment

mx	my	mz
0	27	-12

3.2 Fläche und Schwerpunkt eines n-Ecks

Die Begrenzung einer Fläche ist bei vielen praktischen Aufgaben durch
einen geschlossenen Streckenzug gegeben. Wir wollen nun solche ebenen
Flächen berechnen, deren <u>Rand vorgegeben</u> ist. Z.B. wird die Grenze eines

48

Grundstückes durch Grenzsteine markiert. Aus den bekannten Koordinaten
der Grenzsteine soll die Fläche des Grundstückes bestimmt werden.
Ähnliche Problemstellungen ergeben sich oft bei Aufgaben wie z.B. der
Ermittlung eines Brückenquerschnittes, der Berechnung von Doppelintegra-
len über einem polygonal begrenzten Grundgebiet oder bei der Dreiecks-
partition mit finiten Elementen.

Ist der Rand der betrachteten Fläche nicht durch die Eckpunkte sondern
analytisch festgelegt, so werden wir die Gesamtfläche in viele Dreiecksflächen zerlegen. Bei genügend feiner Unterteilung wird der wahre Flächenwert dann näherungsweise durch die Summe aller Dreiecksflächen gegeben
sein.

Zunächst wollen wir lediglich ein Dreieck betrachten. Danach werden wir
mehrere solcher Dreiecke aneinanderfügen, um so die Gesamtfläche zu erhalten. Wir betrachten nun dieses Dreieck (Abb. 7). Seine Eckpunkte
seien durch die Ortsvektoren P_0 , P_1 , P_2 festgelegt. Die beiden Vektoren

$$V_1 = P_1 - P_0 \qquad \text{und} \qquad V_2 = P_2 - P_0$$

bilden durch Parallelverschiebung zu sich selbst eine Parallelogrammfläche 2A. Dazu denken wir uns jetzt den Kraftvektor F aus dem vorigen
Abschnitt durch V_2 und S durch V_1 ersetzt. Diese orientierte Fläche
wird also durch einen Vektor repräsentiert und kann als Vektorprodukt
dargestellt werden. Die Dreiecksfläche A ist nun die Hälfte der Parallelogrammfläche und durch das Vektorprodukt

$$A = \frac{1}{2} \, V_1 \times V_2$$

oder

$$A = \frac{1}{2} \, (P_1 - P_0) \times (P_2 - P_0)$$

gegeben. Der Betrag a von A entspricht dem Inhalt der Dreiecksfläche. Der
Flächenvektor A ist senkrecht zur Fläche orientiert und zeigt entsprechend
der Umlaufrichtung P_0, P_1, P_2 in die Richtung einer "Korkenzieherspitze".

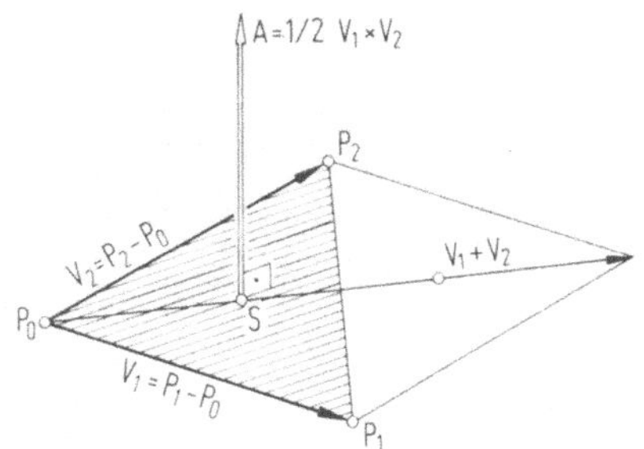

Abb. 7: Schwerpunktsvektor S und Flächenvektor A eines Dreiecks

Aus der Elementargeometrie in vektorieller Darstellung ist bekannt, daß
der <u>Schwerpunkt</u> S des Dreiecks P_0, P_1, P_2 auf der Diagonalen des
Parallelogramms liegt und die Diagonale $(V_1 + V_2)$ in 3 gleiche Teile teilt.
Wir erhalten für den Ortsvektor S des Schwerpunktes

$$S = P_0 + \frac{1}{3} (V_1 + V_2)$$

oder

$$S = \frac{P_0 + P_1 + P_2}{3} \ .$$

In der Komponentenschreibweise erhalten wir somit für den Ortsvektor $S =$
$(x_s \ y_s \ z_s)'$ des Schwerpunktes eines Dreiecks $P_0 = (x_0 \ y_0 \ z_0)'$, $P_1 = (x_1 \ y_1 \ z_1)'$,
$P_2 = (x_2 \ y_2 \ z_2)'$ die arithmetischen Mittel

$$x_s = \frac{x_0 + x_1 + x_2}{3} \ , \qquad y_s = \frac{y_0 + y_1 + y_2}{3} \ , \qquad z_s = \frac{z_0 + z_1 + z_2}{3}$$

der Eckpunktkoordinaten. Dies gilt für eine Dreiecksfläche. Die formale
Erweiterung der arithmetischen Mittelwertformeln für ein n-Eck ist
falsch! Zur Ermittlung des Schwerpunktes eines n-Ecks werden die Drehmomente aller Dreiecke einer Dreieckszerlegung des (ebenen) n-Ecks ge-
braucht.

Zur Berechnung des Drehmomentes <u>einer</u> homogenen Dreiecksfläche stellen
wir uns diese Fläche als dünne Platte vor und unterteilen das Dreieck in

50

infinitesimal kleine Flächen dA. Das Flächenelement dA im Punkte P unterliegt im Schwerefeld der Erdanziehung. Dem Flächenelement dA entspricht das Gewicht c.dA . Wir setzen die Konstante c = 1 und erhalten
für das resultierende Drehmoment M der "Kraft" dA bezüglich des Dreh-
punktes P_0 (Bezugspunkt)

$$M = \iint_A (P - P_0) \times dA .$$

Die "Summe" der infinitesimalen Vektorprodukte aus "Hebelarm" $(P - P_0)$
mal "Kraft" dA ergibt das resultierende "Drehmoment" M der Dreiecksfläche
A. Weil der Schwerpunkt S der Dreiecksfläche bereits bekannt ist, kann
dieses Drehmoment M bei vorgegebenen Punkten P_0, P_1, P_2 aus

$$S - P_0 = \frac{P_0 + P_1 + P_2}{3} - P_0$$

und

$$A = \frac{1}{2} (P_1 - P_0) \times (P_2 - P_0)$$

zu

$$M = (S - P_0) \times A$$

ohne Integration berechnet werden. Wir beachten, daß der Flächenvektor
A senkrecht auf der Dreieckfläche steht und i.a. nicht in die Richtung
der Erdbeschleunigung zeigt.

Wir wollen nun die Dreiecke zu einem n-Eck zusammensetzen. Legen wir
mehrere Dreiecke mit dem gemeinsamen Eckpunkt P_0 (Abb. 8) in einer Ebene
aneinander, so entsteht ein n-Eck. Z.B. erhalten wir für die 5 skizzierten Dreiecke als Gesamtfläche den Vektor

$$A = A_1 + A_2 + A_3 + A_4 + A_5$$

$$2A = V_1 \times V_2 + V_2 \times V_3 + V_3 \times V_4 + V_4 \times V_5 + V_5 \times V_1$$

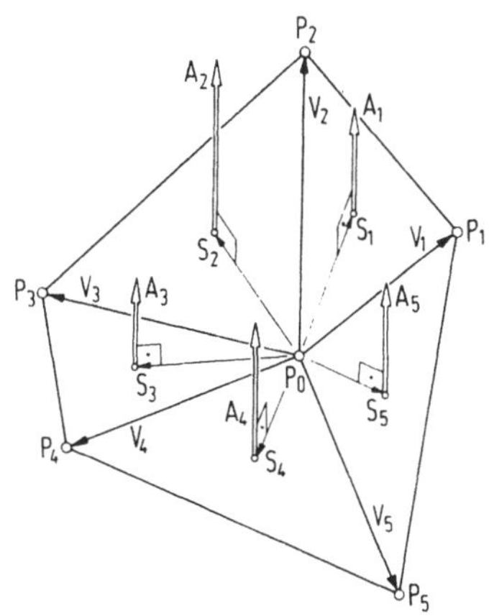

Abb. 8: Dreieckszerlegung eines 5-Ecks mit positiver Umlaufrichtung

Hierbei ist z.B. V_2 bzw. V_3 durch

$$V_2 = P_2 - P_0 \quad \text{bzw.} \quad V_3 = P_3 - P_0$$

gegeben. Liegen **alle** Dreiecksflächen in einer Ebene, so stehen die Flächenvektoren senkrecht auf dieser Ebene. In diesem Falle entspricht die vektorielle Gesamtfläche der vorzeichenrichtigen Summe aller Dreiecksflächen. Fehlende Flächen (Hohlräume) werden auf diese Weise zu negativen Teilflächen. Liegen die einzelnen Dreiecksflächen nicht in einer Ebene, so entspricht der Betrag von A nicht der Summe der Beträge der einzelnen Dreiecksflächen!

Ebenso wie die Gesamtfläche eines n-Flachs können wir auch das gesamte Drehmoment als Vektorsumme aller (Dreiecks-) Flächenmomente erhalten. Betrachten wir z.B. noch einmal die fünf in einer Ebene aneinandergelegten Dreiecke (Abb. 8), so ist beispielsweise das Moment des 3. bzw. 5. Dreiecks durch

$$M_3 = (S_3 - P_0) \times A_3 \quad \text{mit} \quad A_3 = \frac{1}{2} (P_3 - P_0) \times (P_4 - P_0)$$

und

$$S_3 - P_0 = (P_0 + P_3 + P_4)/3 - P_0 \, ,$$

$$M_5 = (S_5 - P_0) \times A_5 \quad \text{mit} \quad A_5 = \frac{1}{2} (P_5 - P_0) \times (P_1 - P_0)$$

und

$$S_5 - P_0 = (P_0 + P_5 + P_1)/3 - P_0$$

gegeben. Wir verwenden nun die gleichen Bezeichnungen für das n-Eck, wie bei der Behandlung eines Dreiecks. Sei jetzt A die vektorielle Gesamtfläche und M das Gesamtdrehmoment des n-Ecks, so wollen wir nun den <u>Zentralpunkt</u> S des n-Ecks so bestimmen, daß das Vektorprodukt aus $(S-P_0)$ und A den Vektor M_2 (senkrecht zu A und $S-P_0$) des Gesamtdrehmomentes M (Abb. 9) ergibt:

$$(S - P_0) \times A = M_2$$

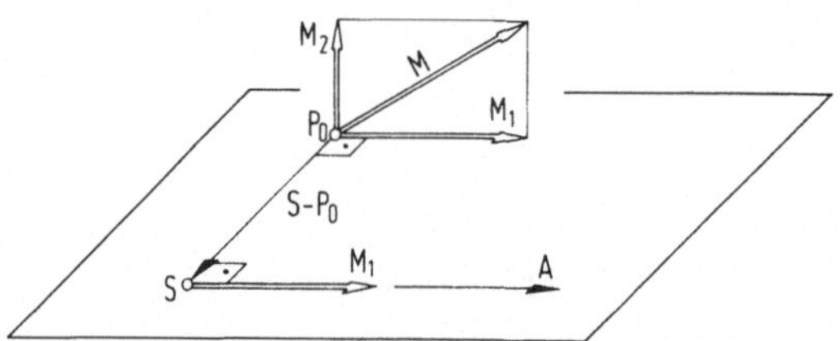

Abb. 9: Zentralpunkt S und Darstellung der Kraftschraube

      ($M_2 = 0$ und M_1 parallel zu A im Punkte S)

und daß $(S - P_0)$ senkrecht zu A ist, d.h.

$$(S - P_0)' * A = 0$$

gilt. Wir erhalten den Zentralpunkt S des n-Ecks aus

$$S = \frac{A \times M}{A' * A} + P_0 .$$

Diese Formel erhalten wir, wenn wir $(S - P_0) \times A = M_2$ von links vektoriell mit A multiplizieren, den Entwicklungssatz (von Grassmann)

$$A \times (B \times C) = B * (A' * C) - (A' * B) * C$$

anwenden und nach S auflösen. Weil nach unseren Betrachtungen die Fläche einer "Gesamtkraft" entspricht, bewirkt die Parallelität von A und

M im <u>Punkte</u> S im allgemeinen Fall eine "Verschiebung" in A-Richtung infolge der "Kraft" A und einer "Drehung" um die A-Richtung infolge des "Gesamtdrehmomentes" M bezüglich S ("Kraftschraube"). Im Gravitationsfeld der Erde haben alle "Teilkräfte" (Dreiecksflächen) die <u>gleiche</u> Richtung. Damit ist das "Gesamtdrehmoment" senkrecht zum Gesamtflächenvektor A. Dann ist M_1 = 0 und M_2 = M. Im Schwerefeld ist die "Momentensumme" M bezüglich des Zentralpunktes S gleich Null. In diesem Fall entspricht dem Zentralpunkt der Schwerpunkt der Gesamtfläche.

<u>3.2.1 Programm zur Flächen- und Schwerpunktsberechnung</u>

Besonders häufig kommen ebene n-Ecke vor. Wir nehmen an, daß alle gegebenen Eckpunkte in der x,y-Ebene liegen. Durch Nullsetzen der z-Komponenten der vorgegebenen Punkte erhalten wir aus den oben angegebenen Formeln leicht die Formeln für das nachfolgende Programm.

```
 10 rem !-------------------------------------------------!
 20 rem ! Programm zur Berechnung der Fläche, der Momente  !
 30 rem ! und des Schwerpunktes eines n-Ecks.             !
 40 rem ! Vorgegeben sind die x,y-Koordinaten von n Punkten!
 50 rem !-------------------------------------------------!
 60 dim x(12), y(12)
 70 read  n

 80 for i=1 to n
 90 read x(i), y(i)
100 next i

110 x(n+1)=x(1) :  y(n+1)=y(1) :  a3=0 :  f3=0 :  m1=0 :  m2=0

120 for i=1 to n  : j=i+1
150 f3 = (x(i)*y(j) - y(i)*x(j))/2
160 a3 = a3+f3

170 s1 = (x(i)+x(j))/3
180 s2 = (y(i)+y(j))/3

190 m1 = m1 + s2*f3
200 m2 = m2 - s1*f3
210 next i

215 a = a3
220 s1 = -a3*m2/a/a
230 s2 =  a3*m1/a/a
```

```
240 print "Fläche             a    ...... "; a
250 print "Momente       mx , my  ...... "; m1; m2
260 print "Schwerpunkt  xs , ys   ...... "; s1; s2
270 rem !------------------------------------------------!
280 rem ! Anz. der Eckpunkte  n                          !
290 rem !------------------------------------------------!
300 data  10
310 rem !------------------------------------------------!
320 rem ! Ablegen der x,y-Koordinaten der Eckpunkte des  !
330 rem ! n-Ecks                                         !
340 rem !------------------------------------------------!
350 data 0, 0,   4, 0,   4, 3,   0, 3,
360 data 1, 2,   3, 2,   3, 1,   1, 1,   1, 2,   0, 3
400 end
```

Tragen wir die 10 Punkte in der x,y-Ebene auf und verbinden der Reihe nach diese Punkte, so erhalten wir die Abb. 10. Bei einem Umlauf liegt die gesuchte Fläche immer <u>links</u> von unserem Weg entlang der Flächenbegrenzung. Weil die entsprechenden Flächenvektoren in z-Richtung weisen, ist dies der positive Umlaufsinn. Die Abb. 10 enthält einen "Hohlraum", der vorzeichenrichtig berücksichtigt wird. Unser Programm liefert den Flächenwert 10 und den Schwerpunkt (2, 1.5).

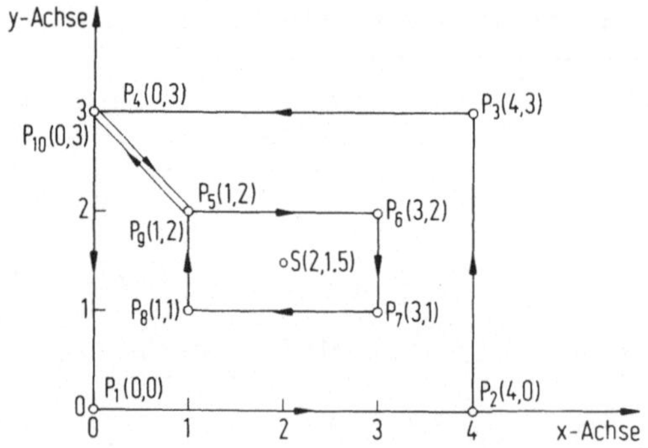

Abb. 10: Fläche und Schwerpunkt eines 10-Ecks (Umlaufrichtung beachten!)

3.3 Das Skalarprodukt und die Arbeit

Wir betrachten einen Körper (Abb. 11), der in einer Rille reibungslos geführt wird. Wir wollen die Arbeit w dieses Körpers entlang dem Wege S

berechnen. Weil die Arbeit eine skalare Größe ist, verwenden wir den
Kleinbuchstaben w. Der Weg stellt eine vektorielle Größe dar und wird
deshalb mit dem Großbuchstaben S bezeichnet. Der Körper soll ohne Rotation die schiefe Ebene hinaufgeschoben werden. An dem Körper greift
die räumliche Kraft $F = (f_1\ f_2\ f_3)'$ mit den Komponenten f_1, f_2, f_3 für
die x,y,z-Richtungen an und bewegt den Körper vom Punkt $P = (p_1\ p_2\ p_3)'$
zum Punkt $Q = (q_1\ q_2\ q_3)'$. Die vom Nullpunkt des x,y,z-Systems zu den
Punkten P und Q zeigenden Vektoren nennen wir <u>Ortsvektoren</u> P und Q.
Im Gegensatz zu "freien Vektoren" (wie z.B. S) haben Ortsvektoren
grundsätzlich ihren Anfangspunkt im Nullpunkt des zugehörigen Koordinatensystems. Der zurückgelegte Weg S ist ein Vektor

$$S = Q - P = \begin{pmatrix} s_1 \\ s_2 \\ s_3 \end{pmatrix} = \begin{pmatrix} q_1 - p_1 \\ q_2 - p_2 \\ q_3 - p_3 \end{pmatrix},$$

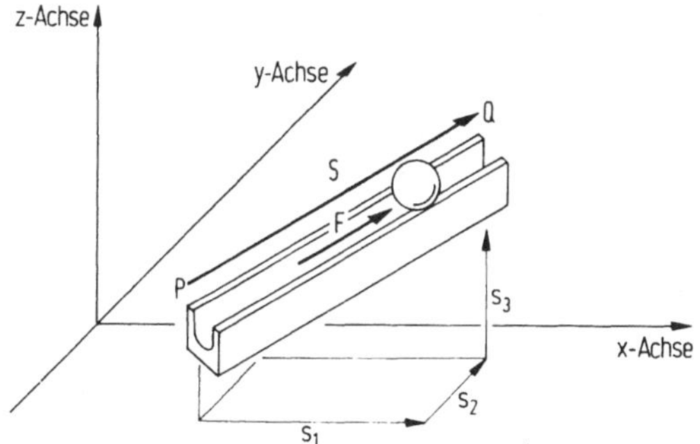

Abb. 11: Arbeit w infolge der Kraft F entlang dem Wege S

der die Komponenten $s_1 = q_1 - p_1$, $s_2 = q_2 - p_2$, $s_3 = q_3 - p_3$ hat. Ersetzen wir
die schräge Körperbewegung durch 3 aufeinanderfolgende Wege s_1, dann s_2,
dann s_3, so erhalten wir z.B. über den 1. Teilweg s_1 die Arbeit

$$w_1 = s_1 \cdot f_1 \ .$$

Die Kraftkomponenten f_2 und f_3 ergeben längs des Weges s_1 keine Arbeit, weil f_2 und f_3 senkrecht zum Weg s_1 stehen. Die gesamte Arbeit w längs des "schiefen" Weges S (Abb. 11) ist

$$w = w_1 + w_2 + w_3$$

$$w = s_1 \cdot f_1 + s_2 \cdot f_2 + s_3 \cdot f_3$$

$$w = (s_1 \quad s_2 \quad s_3) * \begin{pmatrix} f_1 \\ f_2 \\ f_3 \end{pmatrix} = S' * F .$$

Mit den Vektoren $S = (s_1 \ s_2 \ s_3)'$ und $F = (f_1 \ f_2 \ f_3)'$ kann die Arbeit durch

$$w = S' * F = F' * S$$

dargestellt werden. Wir erinnern daran, daß die Transposition (gekennzeichnet durch " ' ") aus einem Spaltenvektor einen Zeilenvektor macht. Weil das Produkt $w = S' * F$ der beiden Vektoren S und F die <u>skalare Größe</u> w ergibt, heißt dieses Produkt $S' * F$ ein <u>Skalarprodukt.</u>

Durch die <u>Ortsvektoren</u> $P = (p_1 \ p_2 \ p_3)'$ und $Q = (q_1 \ q_2 \ q_3)'$ ist der Vektor $S = Q - P$ bestimmt. Wegen

$$w = F' * S$$

oder

$$w = F' * Q - F' * P$$

hängt die Arbeit der Kraft F bei der Bewegung von P nach Q nur vom Anfangs- und Endpunkt des Weges ab, jedoch nicht vom Weg selbst.

3.4 Länge eines Vektors

Die Spitze eines Ortsvektors P, dessen Komponenten p_1, p_2, p_3 gegeben sind (Abb. 12), legt einen Punkt im Raum fest. Deshalb heißt P auch Ortsvektor. Berechnen wir das Skalarprodukt von P mit sich selbst, d.h.

$$P' * P = (p_1 \ p_2 \ p_3) * \begin{pmatrix} p_1 \\ p_2 \\ p_3 \end{pmatrix}$$

$$P' * P = p_1 \cdot p_1 + p_2 \cdot p_2 + p_3 \cdot p_3 \ ,$$

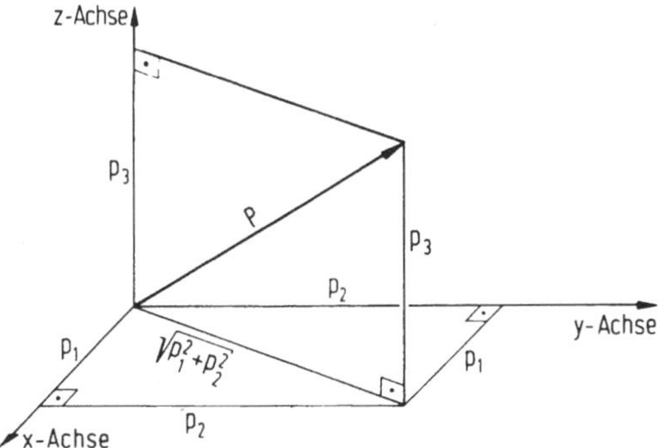

Abb. 12: Betrag (Länge) des Ortsvektors P (räumlicher Satz des Phythagoras)

so erkennen wir aus der Abb. 12, daß die <u>Länge p</u> des Vektors P mit Hilfe des räumlichen Satzes des Pythagoras gemäß

$$p = sqr(P' * P) \qquad \text{oder} \qquad p = \sqrt{P' * P} = \sqrt{P^2}$$

$$p = sqr(\ p_1^2 + p_2^2 + p_3^2 \ )$$

berechnet werden kann. Anstelle des <u>Wurzelzeichens</u> $\sqrt{}$ verwenden wir das Funktionszeichen <u>sqr( )</u>. An dieser Stelle wollen wir noch einmal auf die Schreibweise P (Vektor), p (Länge von P) und p_1, p_2, p_3 (Komponenten von P) hinweisen. Großbuchstaben kennzeichnen Vektoren; Kleinbuchstaben kennzeichnen skalare Größen. Statt <u>Länge</u> eines Vektors werden oft auch die Begriffe <u>Betrag</u> oder <u>Norm</u> eines Vektors benutzt. Ist der Vektor V = Q - P durch die beiden Ortsvektoren P und Q gegeben, so kann die Länge von V gemäß v = sqr(V' * V) berechnet werden.

3.5 Spur einer Matrix

Wir verstehen unter der <u>Spur</u> einer (n,n)-Matrix A:

$$\text{spur(A)} = \sum_{i=1}^{n} a_{ii}$$

die Summe der Diagonalelemente von A. Durch

$$a = sqr(\ spur(A' * A)\ )$$

oder
$$a = sqr(\ spur(A * A')\ )$$

können wir eine <u>Norm für Matrizen</u> einführen.

Sind A, B, C Matrizen vom Typ (n,n), so gilt:

$$spur(A * B) = spur(B * A)$$

und

$$spur(A * B * C) = spur(B * C * A) = spur(C * A * B)\ .$$

Wir werden später die Matrix B <u>ähnlich</u> zur Matrix A nennen, wenn es
eine reguläre Matrix R gibt so, daß

$$B = R^{-1} * A * R$$

gilt. Wegen

$$spur(R^{-1} * A * R) = spur(\ A * R * R^{-1})$$

$$spur(\ B\ ) = spur(\ A\ )$$

sind die Spuren ähnlicher Matrizen gleich.

3.6 Geometrische Bedeutung des Skalarproduktes

Der Vektor S liege zwischen den Punkten P und Q. Diese Punkte sind durch
die Ortsvektoren $P = (p_1\ p_2\ p_3)'$ und $Q = (q_1\ q_2\ q_3)'$ festgelegt. Wir
wollen nun die Länge s des Vektors S berechnen (Abb. 13). Setzen wir

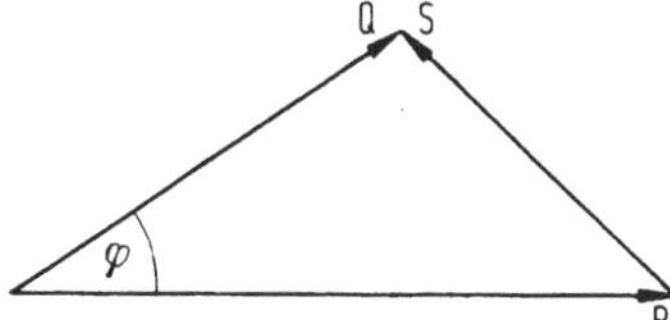

Abb. 13: Zur Ableitung des Skalarproduktes

$$S = Q - P$$

in

$$s^2 = S' * S$$

ein, so ergibt sich wegen $P' * Q = Q' * P$

$$s^2 = P' * P + Q' * Q - 2 * P' * Q .$$

Der Vergleich mit dem Kosinussatz

$$s^2 = p^2 + q^2 - 2.p.q.\cos\varphi$$

mit $0 \leq \varphi \leq \pi$ ergibt

$$P' * Q = p.q.\cos\varphi = (p_1\quad p_2\quad p_3) \begin{pmatrix} q_1 \\ q_2 \\ q_3 \end{pmatrix} .$$

Das Produkt $P' * Q$ macht aus den beiden Vektoren P, Q eine Zahl. Deshalb
heißt dieses Produkt Skalarprodukt. Anstelle der Matrizenschreibweise
$P' * Q$ sind für das Skalarprodukt auch die Schreibweisen

$$P \circ Q \qquad oder \qquad (P,Q)$$

üblich.

Aus der Abb. 13 können wir die geometrische Interpretation des Skalarproduktes $P' * Q = p \cdot q \cdot \cos\varphi$ entnehmen. Stehen die beiden Vektoren P und Q
<u>senkrecht</u> aufeinander, so ist $\cos\varphi = 0$. Obwohl die Längen p, q der bei-
den Vektoren von Null verschieden sind, gilt dann

$$P' * Q = o \; .$$

3.7 Orthogonale Matrix

Die Länge eines Vektors U ist durch $u = sqr(U' * U)$ gegeben. Wird der
Vektor U durch die Transformationsmatrix A in

$$V = A * U$$

übergeführt, so ist das Quadrat v^2 der Länge von V durch

$$V' * V \;=\; (A * U)' * (A * U) \;=\; U' * (A' * A) * U$$

gegeben. Soll die Länge des Vektors U bei der Transformation ungeändert
bleiben, so muß gelten

$$A' * A = E \; ,$$

damit $U' * U = V' * V$ ist. Eine Matrix A mit der Eigenschaft

$$A' * A = E$$

nennen wir eine <u>orthogonale Matrix</u>. Für eine quadratische Matrix A
ist $Typ(U) = Typ(V)$ und es gilt

$$A' = A^{-1} \; ,$$

wobei A^{-1} die inverse Matrix bezeichnet, auf die weiter unten eingegangen wird. Kennzeichnen wir die i-te Spalte der (3,3)-Matrix A mit
A_i, z.B.

$$A_1 \;=\; \begin{pmatrix} a_{11} \\ a_{21} \\ a_{31} \end{pmatrix} , \qquad d.h. \quad A_1' = (\, a_{11} \; a_{21} \; a_{31} \,) \qquad usw.$$

so folgt aus

$$A' * A = E$$

$$\begin{pmatrix} A'_1 \\ A'_2 \\ A'_3 \end{pmatrix} * (A_1 \ A_2 \ A_3) = \begin{pmatrix} 1 & 0 & 0 \\ 0 & 1 & 0 \\ 0 & 0 & 0 \end{pmatrix}$$

oder ausmultipliziert

$$\begin{pmatrix} A'_1 * A_1 & A'_1 * A_2 & A'_1 * A_3 \\ A'_2 * A_1 & A'_2 * A_2 & A'_2 * A_3 \\ A'_3 * A_1 & A'_3 * A_2 & A'_3 * A_3 \end{pmatrix} = \begin{pmatrix} 1 & 0 & 0 \\ 0 & 1 & 0 \\ 0 & 0 & 1 \end{pmatrix}$$

die Orthogonalität der Spalten von A, weil diese beiden Matrizen elementweise übereinstimmen und die Skalarprodukte zweier verschiedener Spalten Null sind. Wie also zu erkennen ist, folgt aus der Orthogonalitätsbedingung $A' * A = E$ der Matrix A, daß zwei verschiedene Spaltenvektoren der Matrix A zueinander orthogonal sind.

Obwohl wir Determinanten erst später behandeln, wollen wir hier eine Aussage über die Determinante einer orthogonalen Matrix machen. Wenden wir

$$\det(A * B) = \det(A) \cdot \det(B)$$

auf das Matrizenprodukt $A' * A = E$ an, so erhalten wir

$$\det(A' * A) = \det(A') \cdot \det(A) = \det(E) \ .$$

Wegen $\det(A') = \det(A)$ und $\det(E) = 1$ ergibt sich

$$\det(A) \cdot \det(A) = 1 \ .$$

> Die Determinante einer
>
> orthogonalen Matrix
>
> ist +1 oder -1 .

3.8 Geometrische Bedeutung des Vektorproduktes

Sind die beiden Vektoren $U = (u_1\ u_2\ u_3)'$ und $V = (v_1\ v_2\ v_3)'$ des
3-dimensionalen Raumes gegeben, so können wir durch

$$W = \begin{pmatrix} w_1 \\ w_2 \\ w_3 \end{pmatrix} = \begin{pmatrix} o & -u_3 & u_2 \\ u_3 & o & -u_1 \\ -u_2 & u_1 & o \end{pmatrix} * \begin{pmatrix} v_1 \\ v_2 \\ v_3 \end{pmatrix}$$

einen weiteren Vektor W finden, der sich als Vektorprodukt aus U und V
ergibt. Wir berechnen den Betrag a, der von U und V aufgespannten Parallelogrammfläche, indem wir in (siehe Abb. 14)

$$a^2 = u^2 \cdot v^2 \cdot \sin^2 \varphi = u^2 \cdot v^2 \cdot (1 - \cos^2 \varphi)$$

oder

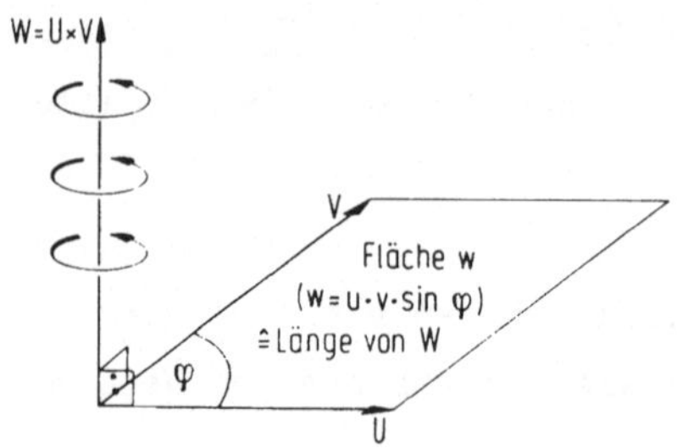

Abb. 14: Geometrische Bedeutung
des Vektorprodukts

$$a^2 = u^2 \cdot v^2 - (u \cdot v \cdot \cos \varphi)^2$$

das Skalarprodukt $U' * V = u \cdot v \cdot \cos \varphi$ einsetzen und

$$a^2 = u^2 \cdot v^2 - (U' * V)^2$$

erhalten. Nun gehen wir auf die Komponenten von U und V über:

$$a^2 = (u_1^2 + u_2^2 + u_3^2) \cdot (v_1^2 + v_2^2 + v_3^2) - (u_1 \cdot v_1 + u_2 \cdot v_2 + u_3 \cdot v_3)^2$$

und erhalten ausgerechnet und umgeformt

$$a^2 = (u_1^2 \cdot v_2^2 - 2 \cdot u_1 \cdot v_2 \cdot u_2 \cdot v_1 + u_2^2 \cdot v_1^2)$$

$$+ (u_1^2 \cdot v_3^2 - 2 \cdot u_1 \cdot v_3 \cdot u_3 \cdot v_1 + u_3^2 \cdot v_1^2)$$

$$+ (u_2^2 \cdot v_3^2 - 2 \cdot u_2 \cdot v_3 \cdot u_3 \cdot v_2 + u_3^2 \cdot v_2^2) \, .$$

Anderseits ist

$$W = \begin{pmatrix} w_1 \\ w_2 \\ w_3 \end{pmatrix} = \begin{pmatrix} o & -u_3 & u_2 \\ u_3 & o & -u_1 \\ -u_2 & u_1 & o \end{pmatrix} * \begin{pmatrix} v_1 \\ v_2 \\ v_3 \end{pmatrix} = \begin{pmatrix} -u_3 \cdot v_2 + u_2 \cdot v_3 \\ u_3 \cdot v_1 - u_1 \cdot v_3 \\ -u_2 \cdot v_1 + u_1 \cdot v_2 \end{pmatrix}$$

und somit

$$w^2 = W' * W = (u_2 \cdot v_3 - u_3 \cdot v_2)^2 + (u_3 \cdot v_1 - u_1 \cdot v_3)^2 + (u_1 \cdot v_2 - u_2 \cdot v_1)^2$$

Der Vergleich von w^2 mit dem oben berechneten a^2 zeigt die Gleichheit der Beträge von w und a. Damit ist

$$W = U \times V$$

ein Vektor, dessen Länge w gleich dem Flächeninhalt a des durch U und V aufgespannten Parallelogramms ist.

Der Nachweis, daß W = U x V senkrecht auf U und V steht ergibt sich durch einfaches Nachrechnen. Wir bilden

$$U' * W = U' * (U \times V) =$$

$$= (u_1 \; u_2 \; u_3) * \begin{pmatrix} o & -u_3 & u_2 \\ u_3 & o & -u_1 \\ -u_2 & u_1 & o \end{pmatrix} * \begin{pmatrix} v_1 \\ v_2 \\ v_3 \end{pmatrix} = (o \; o \; o) * \begin{pmatrix} v_1 \\ v_2 \\ v_3 \end{pmatrix}$$

und erhalten für U'* W den Nullvektor. Ebenso erhalten wir für V'* W den Nullvektor. Damit ist gezeigt, daß der Vektor W senkrecht auf U und V steht.

Ebenso einfach ist der Nachweis, daß

$$W = U \times V = -V \times U$$

ist. Durch direktes Nachrechnen mit unserer Festsetzung des Vektor-produktes ist

$$V \times U = \begin{pmatrix} 0 & -v_3 & v_2 \\ v_3 & 0 & -v_1 \\ -v_2 & v_1 & 0 \end{pmatrix} * \begin{pmatrix} u_1 \\ u_2 \\ u_3 \end{pmatrix} = \begin{pmatrix} -v_3 \cdot u_2 + v_2 \cdot u_3 \\ v_3 \cdot u_1 - v_1 \cdot u_3 \\ -v_2 \cdot u_1 + v_1 \cdot u_2 \end{pmatrix} = -(U \times V) \ .$$

3.9 Dyadische Produkte

3.9.1 Dyadisches Produkt zweier Vektoren

Unter dem dyadischen Produkt der Vektoren $U = (u_1 \ u_2 \ u_3)'$ und $V = (v_1 \ v_2 \ v_3)'$ verstehen wir die Matrix

$$U * V' = \begin{pmatrix} u_1 \\ u_2 \\ u_3 \end{pmatrix} * (v_1 \ v_2 \ v_3)$$

$$U * V' = \begin{pmatrix} u_1 \cdot v_1 & u_1 \cdot v_2 & u_1 \cdot v_3 \\ u_2 \cdot v_1 & u_2 \cdot v_2 & u_2 \cdot v_3 \\ u_3 \cdot v_1 & u_3 \cdot v_2 & u_3 \cdot v_3 \end{pmatrix} \ .$$

Wir erkennen, daß das dyadische Produkt zweier Vektoren auch dann existiert, wenn die Anzahl der Komponenten von U und V verschieden ist.

3.9.2 Dyadische Zerlegung eines Matrizenproduktes

Ein Matizenprodukt A * B kann leicht durch eine <u>Summe von Dyaden</u> darge-stellt werden. Wir bezeichnen die <u>Spalten</u> von A durch die Spaltenvektoren A_1, A_2, A_3 usw. und die <u>Spalten von B'</u> durch B_1, B_2, B_3 usw., d.h. B_1, B_2, B_3 usw. enthalten die Zeilen von B. Ist z.B. die Matrix A und B vom Typ (3,3), so erhalten wir

$$A * B = (A_1 \; A_2 \; A_3) * \begin{pmatrix} B_1' \\ B_2' \\ B_3' \end{pmatrix}$$

$$A * B = A_1 * B_1' + A_2 * B_2' + A_3 * B_3'$$

Das Matrixprodukt A * B kann als Summe von dyadischen Produkten (i-te Spalte von A mit i-ter Zeile von B) geschrieben werden. Als Zahlenbeispiel seien

$$A = \begin{pmatrix} 1 & 2 \\ 3 & 4 \\ 0 & 1 \end{pmatrix}, \qquad B = \begin{pmatrix} 5 & 6 \\ 7 & 8 \end{pmatrix}$$

gegeben. Wir erhalten

$$A * B = \begin{pmatrix} 1 \\ 3 \\ 0 \end{pmatrix} * (5 \quad 6) + \begin{pmatrix} 2 \\ 4 \\ 1 \end{pmatrix} * (7 \quad 8)$$

d.h.

$$A * B = \begin{pmatrix} 5 & 6 \\ 15 & 18 \\ 0 & 0 \end{pmatrix} + \begin{pmatrix} 14 & 16 \\ 28 & 32 \\ 7 & 8 \end{pmatrix}$$

$$A * B = \begin{pmatrix} 19 & 22 \\ 43 & 50 \\ 7 & 8 \end{pmatrix}$$

> Jede <u>dyadische Zerlegung</u> der Matrix C
>
> entspricht eindeutig einer
>
> Produktzerlegung C = A * B und umgekehrt.

3.10 Zusammenfassung

> Die <u>Länge v</u> (Betrag, Norm) eines
>
> Vektors $V = (v_1\ v_2\ v_3)'$
>
> ist definiert durch
>
> $v = sqr(V' * V) = sqr(v_1^2 + v_2^2 + v_3^2)$.

> Das <u>Skalarprodukt U' * V</u> der Vektoren
>
> $U = (u_1\ u_2\ u_3)'$ und $V = (v_1\ v_2\ v_3)'$
>
> liefert die <u>Zahl</u>
>
> $U' * V = u \cdot v \cdot \cos\varphi = u_1 \cdot v_1 + u_2 \cdot v_2 + u_3 \cdot v_3$,
>
> wobei $0 \le \varphi \le \pi$ der Winkel zwischen U und V ist.
>
> Es gilt $U' * V = V' * U$.

Entsprechend der Einführung des Vektorproduktes für das Drehmoment (M = S x F oder M = R * F) halten wir fest:

> Unter dem <u>Vektorprodukt U x V</u> der beiden Vektoren
>
> $U = (u_1\ u_2\ u_3)'$ und $V = (v_1\ v_2\ v_3)'$
>
> verstehen wir den <u>Vektor W</u>, der durch
>
> $$\begin{pmatrix} w_1 \\ w_2 \\ w_3 \end{pmatrix} = \begin{pmatrix} o & -u_3 & u_2 \\ u_3 & o & -u_1 \\ -u_2 & u_1 & o \end{pmatrix} * \begin{pmatrix} v_1 \\ v_2 \\ v_3 \end{pmatrix}$$
>
> definiert ist. Es gilt
>
> $W = U \times V = -V \times U$.

Die Länge w des Vektorproduktes $W = U \times V$ ist $w = u \cdot v \cdot \sin \varphi$ mit $0 \leq \varphi \leq \pi$
Die Länge w entspricht der Fläche des von U und V aufgespannten Paralle-
logramms. W steht senkrecht zur Parallelogrammebene. Die Vektoren U, V, W
bilden in dieser Reihenfolge ein Rechtssystem (Korkenzieherregel).

4 Projektionen

4.1 Die Rotationsmatrix

Wir wollen den Vektor $U = (u_1\ u_2\ u_3)'$ um die z-Achse drehen. Wird U um den Winkel γ gedreht (Abb. 15), so erhalten wir den Vektor B. Die Komponenten der Vektoren U und B sind

$$u_1 = r \cdot \cos \epsilon$$
$$u_2 = r \cdot \sin \epsilon$$
$$u_3$$

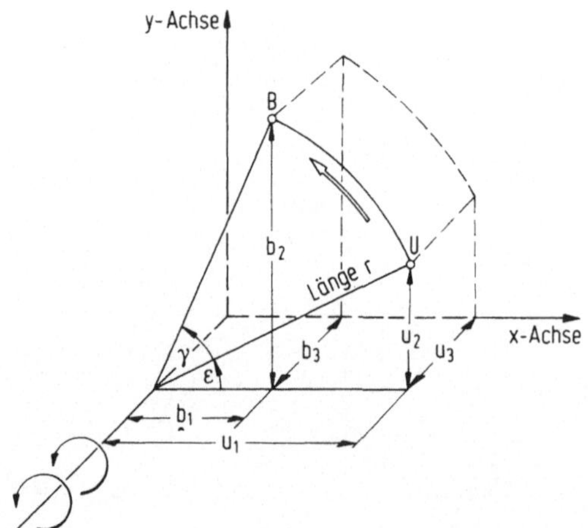

Abb. 15: Drehung des Ortsvektors U um die z-Achse

und

$$b_1 = r \cdot \cos(\gamma + \epsilon) = r \cdot \cos \gamma \cdot \cos \epsilon - r \cdot \sin \gamma \cdot \sin \epsilon$$
$$b_2 = r \cdot \sin(\gamma + \epsilon) = r \cdot \sin \gamma \cdot \cos \epsilon + r \cdot \cos \gamma \cdot \sin \epsilon$$
$$b_3$$

Eliminieren wir in b_1 und b_2 den Hilfswinkel ϵ mit Hilfe von

$$\cos \epsilon = u_1/r$$
$$\sin \epsilon = u_2/r \ ,$$

so ergeben sich die 3 linearen Transformationsgleichungen

$$b_1 = u_1 \cdot \cos \gamma - u_2 \cdot \sin \gamma$$
$$b_2 = u_1 \cdot \sin \gamma + u_2 \cdot \cos \gamma$$
$$b_3 = \qquad\qquad\qquad u_3 \ .$$

In der Matrizenschreibweise erhalten wir

$$\begin{pmatrix} b_1 \\ b_2 \\ b_3 \end{pmatrix} = \begin{pmatrix} \cos \gamma & -\sin \gamma & 0 \\ \sin \gamma & \cos \gamma & 0 \\ 0 & 0 & 1 \end{pmatrix} * \begin{pmatrix} u_1 \\ u_2 \\ u_3 \end{pmatrix} \ .$$

Diese Transformationsgleichungen bilden die Rotationsmatrix $R_z(\gamma)$. Der Index z deutet an, daß es sich um eine Rotation um die z-Achse handelt. Die Determinante der Rotationsmatrix

$$R_z(\gamma) = \begin{pmatrix} \cos \gamma & -\sin \gamma & 0 \\ \sin \gamma & \cos \gamma & 0 \\ 0 & 0 & 1 \end{pmatrix}$$

ist 1, d.h. $\det(R_z) = 1$. R_z ist außerdem eine orthogonale Matrix, und somit gilt:

$$R_z' * R_z = E \ .$$

Drehen wir den Vektor U zunächst um die z-Achse mit dem Drehwinkel γ , so erhalten wir den Vektor $B = R_z(\gamma) * U$. Drehen wir nun B um die y-Achse mit dem Drehwinkel β , so ergebe sich der Vektor $A = R_y(\beta) * B$. Für die nachfolgende Drehung um die x-Achse schreiben wir $V = R_x(\alpha) * A$. Durch Einsetzen erhalten wir

$$V = R_x(\alpha) * R_y(\beta) * R_z(\gamma) * U$$

Das Produkt der 3 Rotationsmatrizen bildet die Gesamtrotationsmatrix

$$R(\alpha,\beta,\gamma) = R_x(\alpha) * R_y(\beta) * R_z(\gamma) \;,$$

und damit wird

$$V = R(\alpha,\beta,\gamma) * U \;.$$

Diese Matrix R, angewendet auf den Vektor U, bewirkt eine Rotation von U mit den Winkel γ um die z-Achse, sowie eine Rotation mit dem Winkel β um die y-Achse und zugleich eine Rotation um die x-Achse mit dem Winkel α .

Wir wollen die Rotationsmatrix R durch Multiplikation der Matrizen

$$\begin{pmatrix} v_1 \\ v_2 \\ v_3 \end{pmatrix} = \begin{pmatrix} 1 & 0 & 0 \\ 0 & \cos\alpha & -\sin\alpha \\ 0 & \sin\alpha & \cos\alpha \end{pmatrix} \begin{pmatrix} \cos\beta & 0 & \sin\beta \\ 0 & 1 & 0 \\ -\sin\beta & 0 & \cos\beta \end{pmatrix} \begin{pmatrix} \cos\gamma & -\sin\gamma & 0 \\ \sin\gamma & \cos\gamma & 0 \\ 0 & 0 & 1 \end{pmatrix} \begin{pmatrix} u_1 \\ u_2 \\ u_3 \end{pmatrix}$$

berechnen und erhalten

$$\begin{pmatrix} v_1 \\ v_2 \\ v_3 \end{pmatrix} = \begin{pmatrix} \cos\beta\cos\gamma & -\cos\beta\sin\gamma & \sin\beta \\ \cos\alpha\sin\gamma+\sin\alpha\sin\beta\cos\gamma & \cos\alpha\cos\gamma-\sin\alpha\sin\beta\sin\gamma & -\sin\alpha\cos\beta \\ \sin\alpha\sin\gamma\;\cos\alpha\sin\beta\cos\gamma & \sin\alpha\cos\gamma+\cos\alpha\sin\beta\sin\gamma & \cos\alpha\cos\beta \end{pmatrix} \begin{pmatrix} u_1 \\ u_2 \\ u_3 \end{pmatrix}$$

Jedes Element der Rotationsmatrix $R(\alpha,\beta,\gamma)$ ist bei Vorgabe der Winkel α,β,γ berechenbar, d.h. $R(\alpha,\beta,\gamma)$ ist somit bekannt. Drehen wir den Vektor U_1 und den Vektor U_2 mit Hilfe der Rotationsmatrix R

$$V_1 = R * U_1$$
$$V_2 = R * U_2$$

und bilden das Skalarprodukt $V_1' * V_2$ der gedrehten Vektoren, so erhalten wir mit

$$V_1' * V_2 = (R * U_1)' * (R * U_2)$$

$$V_1' * V_2 = U_1' * R' * R * U_2$$

$$V_1' * V_2 = U_1' * E * U_2$$

$$V_1' * V_2 = U_1' * U_2 \; .$$

> Das Skalarprodukt der gedrehten Vektoren
>
> ist gleich dem Skalarprodukt der nicht gedrehten Vektoren.
>
> Umgekehrt bedeutet das:
>
> Das Skalarprodukt ist invariant gegenüber
>
> einer Drehung des Koordinatensystems.
>
> Ebenso ist bei einer Drehung
>
> die Länge eines Vektors
>
> invariant.

4.2 Zentralprojektion

Für die perspektivische graphische Darstellung eines Körpers (z.B. eines Hauses, einer Straße, von Maschinenteilen usw.) können wir die Zentralprojektion verwenden. Vom Blickpunkt $A = (a_1 \; a_2 \; a_3)'$ aus, in dem sich unser Auge befinde, betrachten wir einen Punkt $K = (k_1 \; k_2 \; k_3)'$ des Körpers (Abb. 16). Die Verbindungslinie vom Auge zum Körperpunkt durchstößt im Punkt $B = (b_1 \; b_2 \; b_3)'$ die gedachte Zeichenebene. Hier wurde die Zeichenebene parallel zur x,y-Ebene angenommen. Die räumliche Gerade $G = K - t.(K - A)$, die durch die beiden Ortsvektoren K und A festgelegt ist, liefert für $-\infty < t < +\infty$ jeden Punkt des Blickstrahles. Es ist

$$G = B \qquad \text{für} \qquad t = \frac{k_3 - b_3}{k_3 - a_3} \; ,$$

denn damit wird die z-Koordinate g_3 von G gleich dem Bildebenenabstand

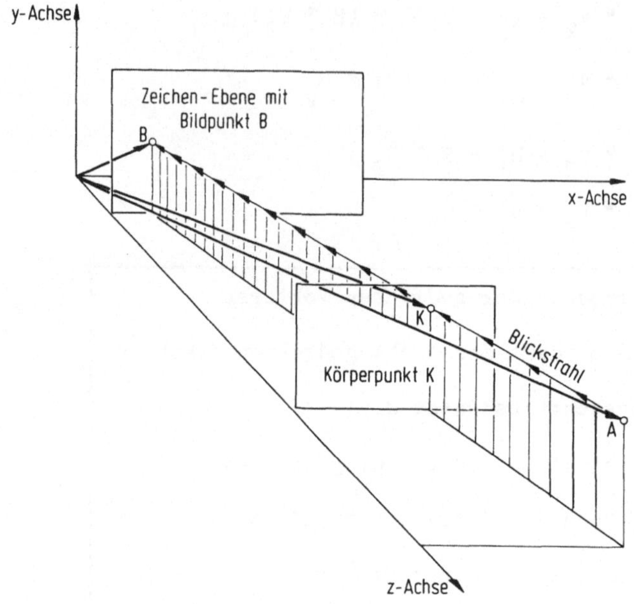

Abb. 16: Zentralprojektion

      A: Position des Auges,

      K: ein Körperpunkt,

      B: Bildpunkt von K auf der Zeichenebene

b_3, d.h. wegen $g_3 = b_3$ liegt dieser Punkt G des Blickstrahles in der Zeichenebene. Sind die Komponenten k_1, k_2, k_3 und a_1, a_2, a_3 bekannt, so können gemäß

$$b_1 = k_1 - (k_1 - a_1) \cdot \frac{k_3 - b_3}{k_3 - a_3}$$

$$b_2 = k_2 - (k_2 - a_2) \cdot \frac{k_3 - b_3}{k_3 - a_3}$$

die x- und y-Komponenten b_1, b_2 des Bildes der Zentralprojektion berechnet werden. Soll ein Körper im <u>gedrehten Zustand</u> gezeichnet werden, so ist der Ortsvektor K des Körperpunktes zunächst durch

$$V = R(\alpha,\beta,\gamma) * K$$

zu drehen. Die Elemente der Matrix R

$$R(\alpha,\beta,\gamma) = \begin{pmatrix} r_1 & r_2 & r_3 \\ r_4 & r_5 & r_6 \\ r_7 & r_8 & r_9 \end{pmatrix}$$

hängen von den Drehwinkeln (α,β,γ) ab und wurden im vorhergehenden Kapitel aufgeschrieben. Die Anwendung einer Diagonalmatrix S (mit der Diagonalen s_1, s_2, s_3) auf den Vektor V ergibt eine <u>Stauchung oder Dehnung</u> der Komponenten des Körpervektors. Wir können s_1,s_2,s_3 auch als <u>Maßstabsfaktoren</u> auffassen. Den skalierten Vektor nennen wir

$$W = S * V$$

Soll der Körper im <u>verschobenen</u> Zustand abgebildet werden, so addieren wir zu dem Körpervektor W den <u>Verschiebungsvektor</u> $T = (t_1\ t_2\ t_3)'$ und erhalten den modifizierten Körpervektor

$$M = W + T$$
$$M = S * V + T$$
$$M = S * R * K + T$$

oder ausgeschrieben

$$\begin{pmatrix} m_1 \\ m_2 \\ m_3 \end{pmatrix} = \begin{pmatrix} s_1 & 0 & 0 \\ 0 & s_2 & 0 \\ 0 & 0 & s_3 \end{pmatrix} * \begin{pmatrix} r_1 & r_2 & r_3 \\ r_4 & r_5 & r_6 \\ r_7 & r_8 & r_9 \end{pmatrix} * \begin{pmatrix} k_1 \\ k_2 \\ k_3 \end{pmatrix} + \begin{pmatrix} t_1 \\ t_2 \\ t_3 \end{pmatrix}$$

Ausmultipliziert ergibt sich

$$m_1 = s_1 \cdot (r_1 \cdot k_1 + r_2 \cdot k_2 + r_3 \cdot k_3) + t_1$$
$$m_2 = s_2 \cdot (r_4 \cdot k_1 + r_5 \cdot k_2 + r_6 \cdot k_3) + t_2$$
$$m_3 = s_3 \cdot (r_7 \cdot k_1 + r_8 \cdot k_2 + r_9 \cdot k_3) + t_3 \quad .$$

74

Durch die bereits beschriebene Abbildung

$$b_1 = m_1 - (m_1-a_1)\cdot(m_3-b_3)/(m_3-a_3)$$
$$b_2 = m_2 - (m_2-a_2)\cdot(m_3-b_3)/(m_3-a_3) \ ,$$

ist anstelle des Körperpunktes $K = (k_1 \ k_2 \ k_3)'$ nun der gedrehte, ska-
lierte und verschobene Körperpunkt M verwendet worden. Mit diesen berechneten Werten m_1, m_2, m_3 erhalten wir dann die Koordinaten b_1, b_2 der
Zeichenebene.

4.2.1 Programm zur Zentralprojektion

Mit den erarbeiteten Formeln können wir nun leicht ein Programm zur Berechnung der Bildkoordinaten angeben. Ist mit dem verwendeten Computer
eine graphische Ausgabe (sogenannte Plotterausgabe) möglich, so können
die Bildkoordinaten b_1, b_2 sinngemäß mit

$$\text{plot} \ (\ b_1, \ b_2 \ )$$

auf dem Plotter gezeichnet werden. Dadurch ist es möglich, bei

> Vorgabe der Drehwinkel (α,β,γ) für die Körperdrehung, den
> Skalierungsfaktoren s_1, s_2, s_3 für die x,y,z-Richtungen
> und dem Verschiebungsvektor $T = (t_1 \ t_2 \ t_3)'$
> für die n Körperpunkte $K = (k_1 \ k_2 \ k_3)'$

eine graphische Ausgabe für die Zentralprojektion zu erzeugen.

Die Drehwinkel (α,β,γ) werden im Programm in den Speicherplätzen (Variablen) w1, w2, w3 abgelegt. Die verwendeten Hilfsspeicher sind mit h,
h1, h2 usw. bezeichnet.

```
100 rem !-----------------------------------------------------!
110 rem !            Programm zur Zentralprojektion            !
112 rem ! Berechnet werden die Bildkoordinaten b1,b2 für n    !
114 rem ! vorgeg. Körperpunkte mit den Koordinaten k1,k2,k3   !
116 rem ! Der Körper kann mit dem Vektor S skaliert, mit dem! 
118 rem ! Vektor T verschoben und mit den Winkeln w1,w2,w3    !
119 rem ! gedreht werden                                      !
120 rem !          m1=s1*(r1*k1+r2*k2+r3*k3)+t1                !
130 rem !          m2=s2*(r4*k1+r5*k2+r6*k3)+t2                !
135 rem !          m3=s3*(r7*k1+r8*k2+r9*k3)+t3                !
140 rem !          b1=m1-(m1-a1)*(m3-b3)/(m3-a3)               !
150 rem !          b2=m2-(m2-a2)*(m3-b3)/(m3-a3)               !
160 rem !-----------------------------------------------------!
170 read  n, a1,a2,a3, b3
180 read  t1,t2,t3,    w1,w2,w3,    s1,s2,s3
190 h=57.2957795
200 w1=w1/h
210 w2=w2/h
220 w3=w3/h

230 rem !-----------------------------------------------------!
240 rem ! Berechnen der Elemente r1,r2,r3,r4,r5,r6,r7,r8,r9 !
250 rem ! der Rotationsmatrix R                               !
260 rem !-----------------------------------------------------!
270 h1=sin(w1)
280 h2=cos(w2)
290 h3=sin(w3)
300 h =cos(w3)
310 r9=cos(w1)
320 r8=sin(w2)
330 r1=h2*h
340 r2=-h2*h3
350 r3=r8
360 r4=h3*r9+h1*h*r3
370 r5=r9*h-h1*h3*r8
380 r6=-h1*h2
390 r7=h1*h3-r8*r9*h
400 r8=h1*h+r8*r9*h3
410 r9=r9*h2

420 rem !-----------------------------------------------------!
430 rem ! Lesen und Umrechnen der n Körperpkt.K = (k1,k2,k3)!
440 rem !-----------------------------------------------------!
450 for i=1 to n
460 read  k1,k2,k3
470 m1 = s1*(r1*k1+r2*k2+r3*k3)+t1
480 m2 = s2*(r4*k1+r5*k2+r6*k3)+t2
490 m3 = s3*(r7*k1+r8*k2+r9*k3)+t3
500 if a3=m3 then 550
510 h=(m3-b3)/(m3-a3)
520 b1 = m1-(m1-a1)*h
530 b2 = m2-(m2-a2)*h
540 print k1, k2, k3,    m1, m2, m3,    b1, b2
550 next i
```

```
560 data      8 ,     0, 0, 50    ,    0
570 data    1 , 1 , 1 ,   0 ,   0 ,   0 , 1 , 1 , 1

580 data    0 , 0 , 0 , 0 , 5 , 0
590 data    3 , 5 , 0 , 3 , 0 , 0
600 data    0 , 0 , 2 , 0 , 5 , 2
610 data    3 , 5 , 2 , 3 , 0 , 2
620 end
```

Die Dateneingabe (Zeile 560) erfolgt so, daß zunächst die Anzahl n=8 der Körperpunkte, dann die Koordinaten $(a_1,a_2,a_3) = (0,0,50)$ des Augenpunktes, dann die z-Koordinate $b_3=0$ der Zeichenebene gelesen werden. Die Zeichenebene ist parallel zur x,y-Ebene. In der Zeile 570 werden die Komponenten des Verschiebungsvektors $(t_1,t_2,t_3) = (1,1,1)$, dann die Drehwinkel $(w_1,w_2,w_3) = (0,0,0)$ und danach die Skalierungsfaktoren $(s_1,s_2,s_3) = (1,1,1)$ eingegeben. Ab der Zeile 580 folgen die Koordinaten der 8 Körperpunkte. In unserem Beispiel stellen diese Körperpunkte die Ecken eines Quaders (Abb. 17) dar. Dieses Programm erzeugt die folgenden Ausgabewerte:

i	k1	k2	k3	m1	m2	m3	b1	b2
1	0	0	0	1	1	1	1.020	1.020
2	0	5	0	1	6	1	1.020	6.122
3	3	5	0	4	6	1	4.082	6.122
4	3	0	0	4	1	1	4.082	1.020
5	0	0	2	1	1	3	1.064	1.064
6	0	5	2	1	6	3	1.064	6.383
7	3	5	2	4	6	3	4.255	6.383
8	3	0	2	4	1	3	4.255	1.064

Tragen wir die Bildkoordinaten b1, b2 in einem kartesischen Koordinatensystem auf, so erhalten wir die Abb. 18. In der Zeichenebene entspricht b1 der x-Komponente und b2 der y-Komponente.

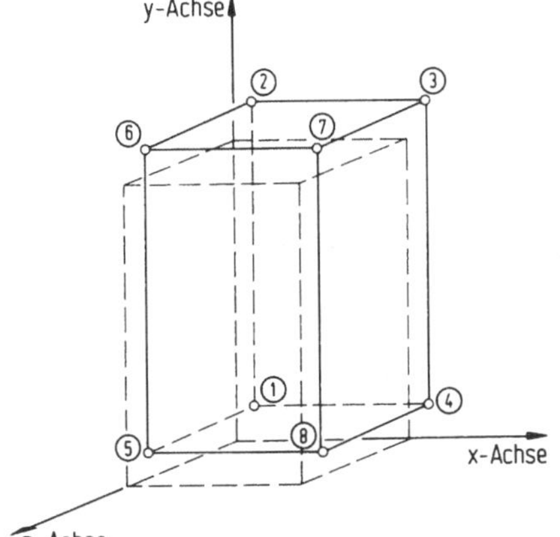

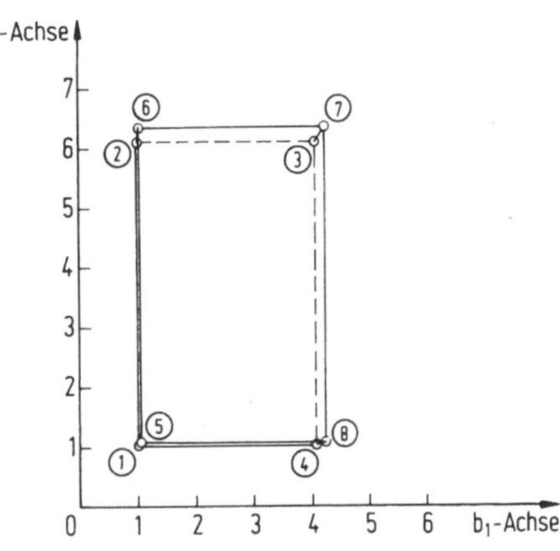

Abb. 17:

Abzubildender Quader mit den Eck-
punkten (0,0,0), (0,5,0), (3,5,0),
(3,0,0), (0,0,2), (0,5,2), (3,5,2),
(3,0,2). Der Verschiebungsvektor
ist T = (1 1 1)'

Abb. 18:

Zentralprojektion des Quaders, der
mit T = (1 1 1)' verschoben und vom
Punkt A = (0 0 50)' aus betrachtet
wird

4.3 Projektionsmatrizen

Bekannt seien die Vektoren V und A. Der Vektor A wird im wesentlichen zur
Kennzeichnung einer vorgegebenen Richtung (Richtungsvektor) verwendet.
Die Vektoren V und A stellen wir, wie immer in diesem Buch, durch einspaltige Matrizen $V = (v_1\ v_2\ v_3)'$ und $A = (a_1\ a_2\ a_3)'$ dar. Großbuchstaben kennzeichnen Matrizen; Kleinbuchstaben hingegen skalare Größen.

Unser Ziel ist es nun, den bekannten Vektor V so in <u>Richtung von A</u> und
<u>senkrecht zu A</u> zu <u>zerlegen</u>, daß

$$V = L + H$$

gilt (Abb. 19). Den Vektor L nennen wir <u>Projektionsvektor</u> (kurz Projektion) von V auf A. Bezeichnen wir die Länge (Betrag, Norm) der Vektoren
A, L, V mit den Kleinbuchstaben a, l, v, so erhalten wir mit dem <u>Ein-
heitsvektor A/a</u> in A-Richtung die Projektion

$$L = A * l/a \ .$$

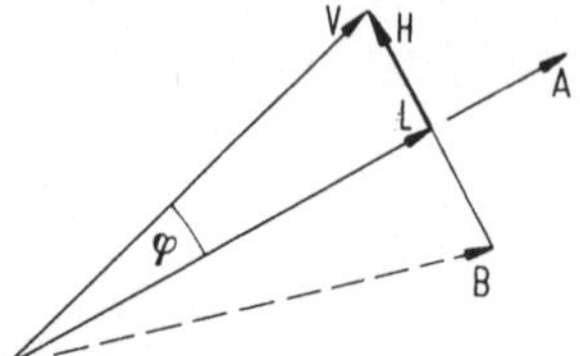

Abb. 19: Zerlegung von V in Vektoren, die
parallel und senkrecht zu A sind

Wegen

$$A' * V = a.v.\cos \varphi$$

ist die Länge von L nach Abb. 19 durch

$$l = v.\cos \varphi = A'* V/a$$

gegeben. Ersetzen wir in L = A*l/a nun l durch A'* V/a, so erhalten
wir für die Projektion L aufgrund des Assoziativgesetzes der
(Matrizen-) Multiplikation

$$L = \frac{A * A' * V}{A' * A} = \frac{A * A'}{A'* A} * V$$

$$L = P * V .$$

Die Anwendung der Matrix P = A * A'/a/a auf V ergibt L. Wir bemerken, daß das Skalarprodukt A' * A eine Zahl, aber A * A' eine Matrix
vom Typ (3,3) ist. Falls für A ein Einheitsvektor verwendet wird, ist
natürlich a=1. Die Matrix A * A' ist ein dyadisches Produkt:

$$A * A' = \begin{pmatrix} a_1 \\ a_2 \\ a_3 \end{pmatrix} (a_1 \ a_2 \ a_3) = \begin{pmatrix} a_1 \cdot a_1 & a_1 \cdot a_2 & a_1 \cdot a_3 \\ a_2 \cdot a_1 & a_2 \cdot a_2 & a_2 \cdot a_3 \\ a_3 \cdot a_1 & a_3 \cdot a_2 & a_3 \cdot a_3 \end{pmatrix}$$

> Die Anwendung der Projektionsmatrix P = A * A'/a/a
>
> auf einen vorgegebenen Vektor V ergibt
>
> den Projektionsvektor L = P * V.
>
> L weist in A-Richtung.

Wir berechnen nun den Vektor $H = V - L$, der senkrecht zu A ist. Der Buchstabe H erinnert an das Wort "Höhe". Mit $L = P * V$ ergibt sich

$$H = V - L$$

$$H = V - P * V$$

$$H = (E - P) * V$$

$$H = Q * V .$$

Hierbei haben wir die (3,3)-Einheitsmatrix E verwendet und die Projektionsmatrix

$$Q = E - P$$

eingeführt. Es gilt

$$Q = E - A * A'/a/a$$

Die Anwendung der Matrix $Q = E - A * A'/a/a$

auf einen vorgegebenen Vektor V

ergibt den projizierenden Vektor H.

Wie leicht einzusehen ist, wenn wir von $P = A * A'/a/a$ bzw. $Q = E - P$ ausgehen, gilt:

$$P * P = P$$

und

$$Q * Q = Q$$

Deshalb nennen wir P und Q idempotente Matrizen.

Wir wollen nun noch eine Spiegelung des Vektors V an A betrachten (Abb. 19). Den an A gespiegelten Vektor B erhalten wir durch

$$B = V - 2H$$

$$B = V - 2Q * V$$

$$B = (E - 2Q) * V$$

$$B = S * V$$

Die Matrix

$$S = E - 2Q$$

$$S = 2P - E$$

nennen wir <u>Spiegelungsmatrix</u>. Diese Spiegelungsmatrix hat die angenehmen Eigenschaften:

$$S * S = E$$

$$\det(S) = 1 \; .$$

Wir haben gesehen, daß die Matrizen P, Q, S vollständig durch die Richtung des Vektors A festgelegt sind. Wir stellen nun einige Eigenschaften der Matrizen P, Q, S zusammen.:

$P = A * A'/a/a$	$Q = E - A * A'/a/a$	$S = -E + 2A * A'/a/a$
$P = E - Q$	$Q = E - P$	$S = 2P - E$
$P = (E + S)/2$	$Q = (E - S)/2$	$S = E - 2Q$
$P * P = P$	$Q * Q = Q$	$S * S = E$
$P * Q = 0$	$Q * P = 0$	$S * P = P$
$P * S = P$	$Q * S = -Q$	$S * Q = -Q$
$\det(P) = 0$	$\det(Q) = 0$	$\det(S) = 1$
$P - Q = S$		$P + Q = E$

Eine Verallgemeinerung von Q können wir durch die Betrachtung des Vektorproduktes

$$A \times (B \times C)$$

einführen. Sind A, B, C gegebene Vektoren und $A' * C$ und $B' * A$ Skalarprodukte, so kann die bekannte Vektorproduktzerlegung

$$A \times (B \times C) = B * (A' * C) - (B' * A) * C$$

durch Herausziehen von C in

$$A \times (B \times C) = \left(E - \frac{B * A'}{B' * A} \right) * (-A' * B) * C$$

umgeformt werden. Setzen wir

$$P = \frac{B * A'}{B' * A}$$

$$Q = E - P$$

$$S = 2P - E \; ,$$

so erhalten wir für $B = A$ die vorher betrachteten Formeln. Wir dürfen aber nicht alle vorherigen Formeln kritiklos auf diese neu eingeführten Projektionsmatrizen P, Q, S anwenden.

4.4 Orthogonalprojektionen

Wegen der Übersichtlichkeit werden die nachfolgenden Gedanken im 3-dimensionalen Raum durchgeführt. Eine Erweiterung ist möglich und soll dem Leser überlassen werden. Wir gehen von der Anschauung aus und betrachten die vorgegebenen, nichtparallelen Vektoren $U = (u_1 \; u_2 \; u_3)'$ und $V = (v_1 \; v_2 \; v_3)'$. Diese beiden Vektoren spannen die U,V-Ebene auf. Z.B. könnten U, V orthogonale Einheitsvektoren sein. Der vorgegebene Vektor $W = (w_1 \; w_2 \; w_3)'$ wird nun in die U,V-Ebene projiziert, d.h. wir wollen die Zerlegung (Abb. 20)

$$W = L + H$$

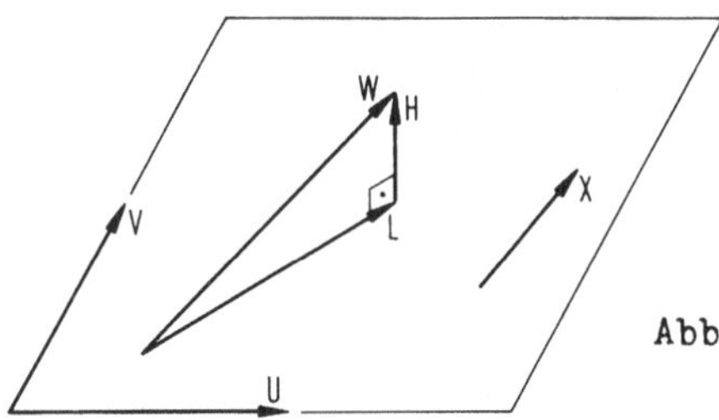

Abb. 20: Zerlegung von W in L und H sowie von X in U- und V-Richtung

so bestimmen, daß der Vektor H senkrecht zur U,V-Ebene ist und der Vektor L in der U,V-Ebene liegt. Dann heißt L die (Orthogonal-) <u>Projektion</u> von W auf die U,V-Ebene. Für einen in der U,V-Ebene liegenden Vektor X gilt

$$X = a.U + b.V$$

oder

$$O = U.a + V.b - X \ ,$$

wobei die a, b den Vektor X in der U,V-Ebene eindeutig bestimmen. In der Matrizenschreibweise lautet die letzte Gleichung

$$\begin{pmatrix} o \\ o \\ o \end{pmatrix} = \begin{pmatrix} u_1 & v_1 & x_1 \\ u_2 & v_2 & x_2 \\ u_3 & v_3 & x_3 \end{pmatrix} * \begin{pmatrix} a \\ b \\ -1 \end{pmatrix} \ .$$

Dieses homogene Gleichungssystem multiplizieren wir von links mit der Matrix (U V L)' und erhalten

$$\begin{pmatrix} o \\ o \\ o \end{pmatrix} = \begin{pmatrix} u_1 & u_2 & u_3 \\ v_1 & v_2 & v_3 \\ 1_1 & 1_2 & 1_3 \end{pmatrix} * \begin{pmatrix} u_1 & v_1 & x_1 \\ u_2 & v_2 & x_2 \\ u_3 & v_3 & x_3 \end{pmatrix} * \begin{pmatrix} a \\ b \\ -1 \end{pmatrix}$$

oder

$$O = \begin{pmatrix} U' \\ V' \\ L' \end{pmatrix} * (U\ V\ X) * \begin{pmatrix} a \\ b \\ -1 \end{pmatrix} \ .$$

Notwendig für die nichttriviale Lösung a, b, -1 des homogenen Gleichungssystems ist, daß die Koeffizientendeterminante verschwindet, d.h.

$$o = \det \begin{pmatrix} U'*U & U'*V & U'*X \\ V'*U & V'*V & V'*X \\ L'*U & L'*V & L'*X \end{pmatrix}$$

oder

$$o = L'*X \cdot \det \begin{pmatrix} U'*U & U'*V \\ \\ V'*U & V'*V \end{pmatrix} + \det \begin{pmatrix} U'*U & U'*V & U'*X \\ \\ V'*U & V'*V & V'*X \\ \\ L'*U & L'*V & o \end{pmatrix}$$

In dieser Gleichung ersetzen wir X nacheinander durch die Einheitsvektoren $X_1 = (1\ 0\ 0)'$, $X_2 = (0\ 1\ 0)'$, $X_3 = (0\ 0\ 1)'$ und beachten, daß $L'*U = W'*U$ und $L'*V = W'*V$ gilt. Weiterhin verwenden wir die Abkürzung

$$G = \begin{pmatrix} U'*U & U'*V \\ \\ V'*U & V'*V \end{pmatrix} = \begin{pmatrix} U' \\ \\ V' \end{pmatrix} * \begin{pmatrix} U & V \end{pmatrix},$$

die wir <u>Gramsche Matrix</u> nennen wollen. Ihre zugehörige Determinante

$$g = \det(G)$$

heißt <u>Gramsche Determinante</u>. Bei linearer Abhängigkeit der Vektoren U, V ist g=o, sonst ist g>o, was hier wegen der Nichtparallelität von U, V gegeben ist. Wir erhalten nun die i-ten Komponenten l_i des Projektionsvektors L aus

$$l_i = L'*X_i = -\frac{1}{g} \cdot \det \begin{pmatrix} U'*U & U'*V & U'*X_i \\ \\ V'*U & V'*V & V'*X_i \\ \\ W'*U & W'*V & o \end{pmatrix},$$

wenn wir für X_i die i-te Koordinatenrichtung, d.h. für i=1 den Einheitsvektor $(1\ 0\ 0)'$ verwenden. Entsprechend ergeben sich l_2 und l_3. Mit dieser Formel kann zu vorgegebenen Vektoren U, V, W nun leicht komponentenweise der Projektionsvektor

$$L = (l_1 \quad l_2 \quad l_3)'$$

und der projizierende Vektor

$$H = W - L$$

berechnet werden. H ist senkrecht zur U, V-Ebene und hat z.B. die Komponente

$$h_1 = H'* X_1 = W'* X_1 - L'* X_1$$

$$h_1 = \frac{1}{g} \cdot \det \begin{pmatrix} U'*U & U'*V & U'*X_1 \\ V'*U & V'*V & V'*X_1 \\ W'*U & W'*V & W'*X_1 \end{pmatrix}$$

Bezeichnen wir die Länge des Vektors H mit h, so kann gemäß

$$h^2 = H'* H = H'* W = W'* W - L'* W$$

das Quadrat der Länge berechnet werden (h entspricht der Höhe des Parallelepipeds von der Spitze von W auf die U,V-Ebene)

$$h^2 = \frac{1}{g} \cdot \det \begin{pmatrix} U'*U & U'*V & U'*W \\ V'*U & V'*V & V'*W \\ W'*U & W'*V & W'*W \end{pmatrix}$$

$$h^2 = \frac{g(U,V,W)}{g(U,V)}$$

Eine Verallgemeinerung der obigen Betrachtungen zu den Orthogonalprojektionen ist ohne Schwierigkeiten möglich. Achtung! Die Indizes der folgenden h_i stellen nicht die Komponenten von H dar, sondern numerieren lediglich die Quotienten von Gramschen Determinanten. Dann erhalten wir mit den Abkürzungen

$$g_0 = 1 \qquad\qquad h_0^2 = g(U) \qquad = \frac{g_1}{g_0}$$

$$g_1 = g(U) \qquad\qquad h_1^2 = \frac{g(U,V)}{g(U)} = \frac{g_2}{g_1}$$

$$g_2 = g(U,V) \qquad h_2^2 = \frac{g(U,V,W)}{g(U,V)} = \frac{g_3}{g_2}$$

$$\vdots$$

die Länge a_1 des Vektors U

$$a_1 = \mathrm{sqr}(g_1) = \mathrm{sqr}(U'\!*U) \qquad\qquad = h_0 \quad,$$

die U,V-Parallelogrammfläche a_2

$$a_2 = \mathrm{sqr}(g_2) = \mathrm{sqr}(g_1)\cdot\mathrm{sqr}(g_2/g_1) = a_1\cdot h_1 \quad,$$

das U,V,W-Parallelepipedvolumen a_3

$$a_3 = \mathrm{sqr}(g_3) = \mathrm{sqr}(g_2)\cdot\mathrm{sqr}(g_3/g_2) = a_2\cdot h_2 \qquad \text{usw.}$$

Die systematische Erweiterung unserer Betrachtungen ergibt eine induktive Definition für das Volumen eines n-dimensionalen Parallelepipeds mit Hilfe von Gramschen Determinanten.

Wir wollen nun ein Zahlenbeispiel anfügen. Der Vektor W = (1 2 3)' soll in die durch U = (3 2 0)' und V = (0 2 0)' aufgespannte Ebene projiziert werden. Zur Ermittlung des Vektors H, der orthogonal zu U und V ist, berechnen wir zunächst die Gramsche Matrix

$$G = \begin{pmatrix} 3 & 2 & 0 \\ 0 & 2 & 0 \end{pmatrix} * \begin{pmatrix} 3 & 0 \\ 2 & 2 \\ 0 & 0 \end{pmatrix} = \begin{pmatrix} 13 & 4 \\ 4 & 4 \end{pmatrix}$$

und die Determinante g = det(G) = 36. Die Komponenten des gesuchten Vektors H erhalten wir mit

$$h_1 = \frac{1}{36} \det \begin{pmatrix} 13 & 4 & 3 \\ 4 & 4 & 0 \\ 7 & 4 & 1 \end{pmatrix}, \quad h_2 = \frac{1}{36} \det \begin{pmatrix} 13 & 4 & 2 \\ 4 & 4 & 2 \\ 7 & 4 & 2 \end{pmatrix}, \quad h_3 = \frac{1}{36} \det \begin{pmatrix} 13 & 4 & 0 \\ 4 & 4 & 0 \\ 7 & 4 & 3 \end{pmatrix}$$

zu $h_1 = 0$, $h_2 = 0$, $h_3 = 3$. Die Elemente der 3. Spalte in h_i sind durch die die i-ten Komponenten der Vektoren U, V, W gegeben. Damit erhalten wir für H den Vektor H = (0 0 3)'. Mit den Gramschen Determinanten $g_0 := 1$, $g_1 = g(U) = 13$, $g_2 = g(U,V) = 36$, $g_3 = g(U,V,W) = 324$ erhalten wir $a_0 := 1$, $a_1 = \mathrm{sqr}(13)$, $a_2 = 6$, $a_3 = 18$. Hierbei entspricht a_1 die Länge von U, a_2 die U,V-Parallelogrammfläche und a_3 dem U,V,W-Parallelepiped (mit der Spitze im Ursprung). Diese Betrachtungen sind nicht an den dreidimensionalen Raum gebunden, sondern lassen sich leicht auf einen n-dimensionalen Raum verallgemeinern.

4.5 Ergänzungen zur Zentralprojektion

Wir betrachten nun vom Blickpunkt A = $(a_1\ a_2\ a_3)'$ aus einen Punkt K = $(k_1\ k_2\ k_3)'$ des Körpers (siehe Abb. 21). Der Ortsvektor B = $(b_1\ b_2\ b_3)'$ kennzeichnet den zum Körperpunkt K gehörenden Bildpunkt in der Zeichenebene. Durch die Vektoren U,V,W ist eine gegenüber dem x,y,z-Bezugssystem gedrehte Zeichenebene festgelegt, in der durch die nicht unbedingt senkrecht aufeinanderstehenden Einheitsvektoren U,V ein Koordinatennetz erzeugt wird. Weil U und V als Einheitsvektoren eingeführt sind, sind die Beträge der Einheitsvektoren U, V :

$$|U| = |V| = 1 \qquad \text{bzw.} \quad u = v = 1$$

Die räumliche Gerade

$$G = K - t \cdot (K - A)$$

liefert für $-\infty < t < +\infty$ alle Punkte des Blickstrahles. Für t=0 bis t=1 liegen die Geradenpunkte zwischen K und A. Für ein bestimmtes t ist

$$G = B$$

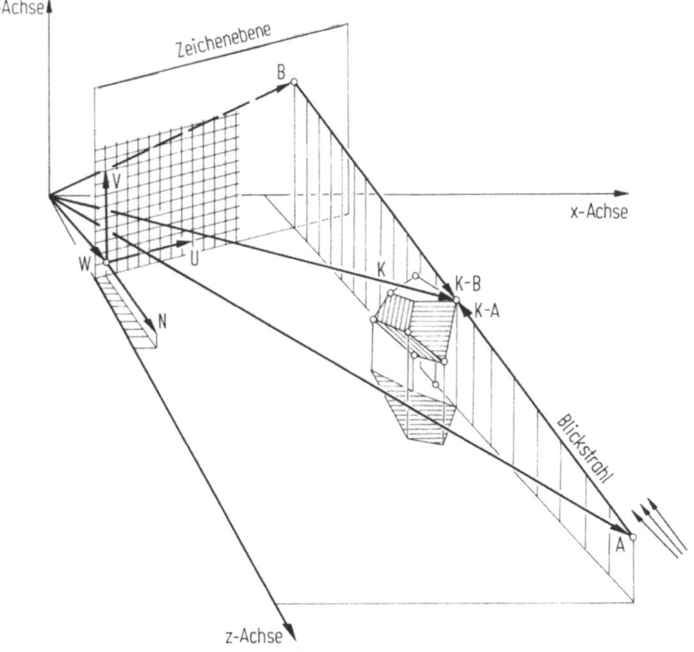

Abb. 21: Zentralprojektion

      A: Ortsvektor des Augenpunktes

      K: Ortsvektor des Körperpunktes

      B: Bildpunkt von K in der von U, V aufgespannten Zeichenebene

Zur Berechnung von t bilden wir das Skalarprodukt von B =
K - t.(K - A) mit dem Normalenvektor N = U x V und erhalten
wegen (siehe Abb. 21)

$$N' * B = N' * W$$

den Wert

$$t = \frac{N' * (K - W)}{N' * (K - A)}$$

Bei gegebenen Ortsvektoren A, K, W und gegebenen Bildebenenvektoren
U, V können N = U x V, dann t und somit der gesuchte Ortsvektor

$$B = K - t.(K - A)$$

88

berechnet werden. Wegen $n = u.v.\sin\varphi = \sin\varphi$ ist N im allgemeinen
kein Einheitsvektor.

Zum Eintragen des Bildpunktes B in die Zeichnung benötigen wir die Koordinaten z_1, z_2 der Zeichenebene. Der Vektor B - W liegt in der Zeichenebene (siehe Abb. 21) und kann durch die Einheitsvektoren U,V gemäß

$$B - W = z_1.U + z_2.V$$

dargestellt werden. Nach Multiplikation mit U' bzw. V' ergeben sich mit
den Abkürzungen

$$d = U' * V$$

die Zeichenebenen-Koordinaten gemäß

$$z_1 = \frac{(U - d.V)' * (B - W)}{1 - d.d}$$

$$z_2 = \frac{(V - d.U)' * (B - W)}{1 - d.d}$$

Diese Abbildung können wir spezialisieren. Wir wählen beispielsweise W
als Mittelwert aller Körperpunkte und berechnen mit dem vorgewählten
Vektor V (z.B. vertikaler Einheitsvektor) den Vektor

$$U = V \times (A - W) ,$$

der somit senkrecht auf V steht, so daß $d = U'* V = o$ wird. Mit $N = U \times V$
ergeben sich <u>nach der Normierung</u> von U, V die Zeichenebenen-Koordinaten
z_1, z_2 gemäß

$$t = \frac{N' * (K - W)}{N' * (K - A)}$$

$$B - W = (K - W) - t.(K - A)$$

$$z_1 = U' * (B - W)$$

$$z_2 = V' * (B - W) .$$

Dabei sind U und V als Einheitsvektoren U/u bzw. V/v normiert einzusetzen. Mit diesen zuletzt aufgeschriebenen Formeln können wir bei Vorgabe des Körperpunktes K, des Augenpunktes A und der Zeichenebene U, V, W die Koordinaten z_1, z_2 der Bildebene einer zentralprojektiven Abbildung berechnen.

Wir wollen nun noch eine Querverbindung zwischen der Zentralprojektion und den bereits beschriebenen Projektionsmatrizen herstellen. Für den Ortsvektor B des Bildpunktes in der Zeichenebene gilt

$$B - W = (K - W) - t.(K - A)$$

und mit

$$t = \frac{N' * (K - W)}{N' * (K - A)}$$

erhalten wir

$$B - W = (K - W) - (K - A) * \frac{N' * (K - W)}{N' * (K - A)}$$

oder

$$B - W = \left(E - \frac{(K - A) * N'}{(K - A)' * N} \right) * (K - W) .$$

Die Matrix

$$Q = E - \frac{(K - A) * N'}{(K - A)' * N}$$

kann als Projektionsmatrix aufgefaßt werden.

4.5.1 Programm zur Zentralprojektion

Zu dem behandelten Formelsatz soll nun ein Programm in der Programmiersprache Basic angegeben werden. Dieses Programm ist so konzipiert, daß zunächst die Anzahl n (hier n=8) der Körperpunkte, dann die Koordinaten a_1, a_2, a_3 des Augenpunktes (Blickpunkt) und danach der in der

Bildebene liegende Vektor $V = (v_1\ v_2\ v_3)'$ gelesen werden (Zeile 50).
In der Schleife

```
for i=1 to n
read k(i,1), k(i,2), k(i,3)
....
next i
```

werden die x,y,z-Koordinaten der n Körperpunkte gelesen und der arithmetische Körpermittelpunkt $W = (w_1\ w_2\ w_3)'$ ermittelt. Nach der Berechnung des Vektors $U = (u_1\ u_2\ u_3)'$ der Zeichenebene und des Vektors $N = (n_1\ n_2\ n_3)'$ wird die Normierung von U und V durchgeführt.

Damit diese Vorberechnungen nicht bei jeder Bildpunktberechnung durchgeführt werden müssen, sind sie aus der oft zu durchlaufenden Schleife zur Berechnung der Koordinaten für die Zeichenebene herausgenommen.

```
10 rem !--------------------------------------------------------!
20 rem !           Programm zur Zentralprojektion               !
30 rem !--------------------------------------------------------!
40 dim K(20,3)
41 rem !--------------------------------------------------------!
45 rem ! n Anz. der Körperpunkte,  a1,a2,a3 Blickpunkt          !
46 rem ! v1,v2,v3  vertikale Bildachse                          !
49 rem !--------------------------------------------------------!
50 read n,  a1, a2, a3,  v1, v2, v3

60 for i=1 to n
70 read k(i,1), k(i,2), k(i,3)
80 w1 = w1 + k(i,1)
81 w2 = w2 + k(i,2)
82 w3 = w3 + k(i,3)
90 next i

100 w1 = w1/n
101 w2 = w2/n
102 w3 = w3/n
105 u1 = v2*(a3-w3) - v3*(a2-w2)
110 u2 = v3*(a1-w1) - v1*(a3-w3)
115 u3 = v1*(a2-w2) - v2*(a1-w1)
120 n1 = u2*v3 - u3*v2
125 n2 = u3*v1 - u1*v3
130 n3 = u1*v2 - u2*v1
135 h = sqr(u1*u1+u2*u2+u3*u3)
136 u1 = u1/h
137 u2 = u2/h
138 u3 = u3/h
```

```
140 h = sqr(v1*v1+v2*v2+v3*v3)
141 v1 = v1/h
142 v2 = v2/h
143 v3 = v3/h
145 rem !-------------------------------------------------------!
150 rem !        Berechnen der Bildkoordinaten z1, z2          !
155 rem !-------------------------------------------------------!

160 for i=1 to n
165 h1 = k(i,1) - a1
166 h2 = k(i,2) - a2
167 h3 = k(i,3) - a3
170 h4 = k(i,1) - w1
171 h5 = k(i,2) - w2
172 h6 = k(i,3) - w3
175 h = n1*h1+n2*h2+n3*h3
176 if abs(h)<1e-8 then 200
180 h = (n1*h4+n2*h5+n3*h6)/h
185 h1 = h4 - h*h1
186 h2 = h5 - h*h2
187 h3 = h6 - h*h3
190 z1 = u1*h1+u2*h2+u3*h3
191 z2 = v1*h1+v2*h2+v3*h3
195 print k(i,1);  k(i,2); k(i,3),    z1; z2
200 next i

205 data    8,     0,0,50,    0,1,0
210 data 1,1,1,    1,6,1
215 data 4,6,1,    4,1,1
220 data 1,1,3,    1,6,3
225 data 4,6,3,    4,1,3
230 end
```

Mit den eingegebenen 8 Körperpunkten ergeben sich beim Programmlauf die

folgenden Ergebnisse:

Körper-punkte			Bild-koordinaten	
k1	k2	k3	z1	z2
1	1	1	-1.52	-2.52
1	6	1	-1.52	2.39
4	6	1	1.41	2.37
4	1	1	1.41	-2.52
1	1	3	-1.48	-2.48
1	6	3	-1.48	2.64
4	6	3	1.58	2.62
4	1	3	1.58	-2.48

92

Wir wollen hier eine wichtige Ergänzung angeben, die die Rotation des
Körperpunktes $K = (k_1\ k_2\ k_3)'$ um einen in beliebiger Richtung vorgegebenen Drehvektor betrifft. Natürlich kann für die Rotation eines Vektors
die bereits behandelte Rotationsmatrix

$$R(\alpha,\beta,\gamma) = R_x(\alpha) * R_y(\beta) * R_z(\gamma)$$

verwendet werden. Allerdings ist diese Matrix, die sich durch hintereinander auszuführende Drehungen um die z,y,x-Achsen aufbauen läßt, der
Anschauung nicht besonders gut zugänglich. Günstiger ist in dieser Hinsicht der <u>Cayleysche Versor</u>. Wir wollen den Cayleyschen Versor an dieser Stelle nicht ableiten - dies ist später mit Matrizenfunktionen möglich -
sondern hier nur angeben. Wir betrachten die Abb. 22. Der Drehachsen-
Einheitsvektor $C = (c_1\ c_2\ c_3)'$ und der Drehwinkel α sind vorgegeben.

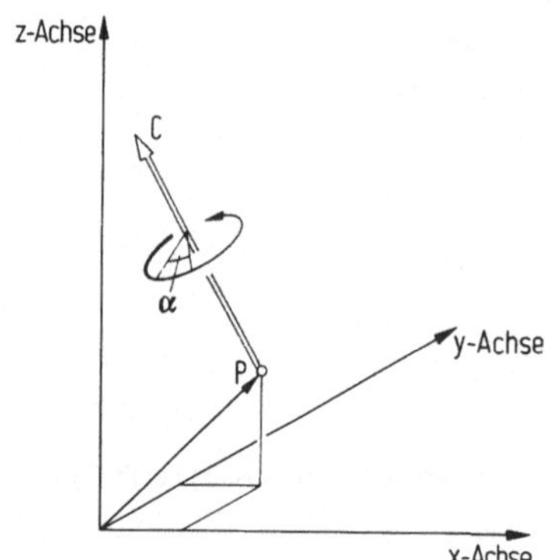

Abb. 22: Drehung um den Achsen(einheits)-
vektor C mit dem Drehwinkel α

Der Drehwinkel dreht im Sinne einer Rechtsschraube (Korkenzieher) um den
Drehvektor C. Als Einheitsvektor beschreibt C lediglich die Richtung der
Drehachse. Der Angriffspunkt des Drehvektors C sei durch den Ortsvektor $P = (p_1\ p_2\ p_3)'$ gegeben. Zur Berechnung des um den Winkel
bezüglich C gedrehten Körpers können wir folgendermaßen vorgehen:

$$d_1 = \tan(\alpha/2) \cdot c_1$$

$$D = \tan(\alpha/2) * C \qquad \text{d.h.} \qquad d_2 = \tan(\alpha/2) \cdot c_2$$

$$d_3 = \tan(\alpha/2) \cdot c_3$$

$$d = \mathrm{sqr}(d_1^2 + d_2^2 + d_3^2) \quad \text{und} \quad h = (1 + d^2)/2$$

$$\begin{pmatrix} k_1 \\ k_2 \\ k_3 \end{pmatrix} := \frac{1}{h} \begin{pmatrix} h-d_2^2-d_3^2 & d_1 \cdot d_2 - d_3 & d_1 \cdot d_3 + d_2 \\ d_1 \cdot d_2 - d_3 & h-d_1^2-d_3^2 & d_2 \cdot d_3 - d_1 \\ d_1 \cdot d_3 - d_2 & d_2 \cdot d_3 + d_1 & h-d_1^2-d_2^2 \end{pmatrix} * \begin{pmatrix} k_1-p_1 \\ k_2-p_2 \\ k_3-p_3 \end{pmatrix} + \begin{pmatrix} p_1 \\ p_2 \\ p_3 \end{pmatrix}$$

Diese Drehung der Körperpunkte ist besonders für automatische Zeichengeräte (Plotter) geeignet und kann ohne Schwierigkeiten in das vorher angegebene Programm einbezogen werden. Dabei sollte darauf geachtet werden, daß nach der Eingabe des Drehwinkels α und des Drehrichtungsvektors C sowie von P (für P kann z.B. auch W gewählt werden) nur einmal die konstante obige Cayleysche Transformationsmatrix berechnet und gespeichert wird. Die Zeit für den Aufbau eines Display-Bildes mit z.B. 5000 Körperpunkten wird dadurch stark reduziert.

Unser Cayleyscher Versor versagt, falls der Drehwinkel ein ganzzahliges Vielfaches von π ist. Durch Grenzwertbildung ergibt die Behandlung dieses Sonderfalles

$$\begin{pmatrix} k_1 \\ k_2 \\ k_3 \end{pmatrix} = \begin{pmatrix} 2 \cdot c_1^2 - 1 & 2 \cdot c_1 \cdot c_2 & 2 \cdot c_1 \cdot c_3 \\ 2 \cdot c_1 \cdot c_2 & 2 \cdot c_2^2 - 1 & 2 \cdot c_2 \cdot c_3 \\ 2 \cdot c_1 \cdot c_3 & 2 \cdot c_2 \cdot c_3 & 2 \cdot c_3^2 - 1 \end{pmatrix} * \begin{pmatrix} k_1-p_1 \\ k_2-p_2 \\ k_3-p_3 \end{pmatrix} + \begin{pmatrix} p_1 \\ p_2 \\ p_3 \end{pmatrix}$$

Die Koeffizientenmatrix S dieser Spiegelung kann mit dem Richtungsvektor C der Drehung durch

$$S = 2 C * C' - E$$

und damit

$$K = S * (K - P) + P$$

dargestellt werden.

5 Lösbarkeit linearer Gleichungssysteme

5.1 Lineare Abhängigkeit von Vektoren

Es sei $A_1 = (a_{11}\ a_{21}\ a_{31}\ \cdots\ a_{n1})'$ ein n-dimensionaler Vektor. Gibt es nun r solcher Vektoren A_1, A_2, A_3, ..., A_r und lassen sich r reelle Zahlen x_1, x_2, x_3, ..., x_r angeben, die <u>nicht sämtlich Null sind</u>, so daß

$$A_1 \cdot x_1 + A_2 \cdot x_2 + A_3 \cdot x_3 + \cdots + A_r \cdot x_r = 0$$

erfüllt ist, so heißen die A_i (i=1, 2, 3, ..., r) <u>linear abhängig</u>, denn mit $x_r \neq 0$ kann beispielsweise A_r als

$$A_r = -(A_1 \cdot x_1 + A_2 \cdot x_2 + A_3 \cdot x_3 + \cdots + A_{r-1} \cdot x_{r-1})/x_r$$

durch die anderen r-1 Vektoren ausgedrückt werden. Ist die Gleichung aber nur mit

$$x_1 = x_2 = x_3 = \cdots = x_r = 0$$

erfüllbar, so heißen die A_i <u>linear unabhängig</u>. In der Matrizenschreibweise

$$\begin{pmatrix} a_{11} & a_{12} & a_{13} & \cdots & a_{1r} \\ a_{21} & a_{22} & a_{23} & \cdots & a_{2r} \\ a_{31} & a_{32} & a_{33} & \cdots & a_{3r} \\ \cdot & \cdot & \cdot & \cdots & \cdot \\ \cdot & \cdot & \cdot & \cdots & \cdot \\ a_{n1} & a_{n2} & a_{n3} & \cdots & a_{nr} \end{pmatrix} \begin{pmatrix} x_1 \\ x_2 \\ x_3 \\ \cdot \\ \cdot \\ x_r \end{pmatrix} = \begin{pmatrix} 0 \\ 0 \\ 0 \\ \cdot \\ \cdot \\ 0 \end{pmatrix}$$

entsprechen die Spalten der A-Matrix den Vektoren A_1, A_2, A_3, ..., A_r. Die Spaltenvektoren der (n,r)-Matrix A sind linear unabhängig, wenn das Gleichungssystem

$$A * X = 0$$

nur die Lösung X = 0 (Nullvektor) zuläßt. Als Beispiel betrachten wir das homogene Gleichungssystem

$$\begin{pmatrix} 3 & 1 & 2 & 1 \\ 4 & 2 & 0 & 4 \\ 7 & 3 & 2 & -3 \\ 1 & 0 & 2 & 7 \end{pmatrix} * \begin{pmatrix} 2 \\ -4 \\ -1 \\ 0 \end{pmatrix} = \begin{pmatrix} 0 \\ 0 \\ 0 \\ 0 \end{pmatrix} .$$

Natürlich hat dieses Gleichungssystem die <u>triviale Lösung</u> $x_1 = x_2 = x_3 = x_4 = 0$. Gibt es aber darüber hinaus mindestens eine <u>nichttriviale Lösung</u>, hier z.B.

$$\begin{pmatrix} x_1 \\ x_2 \\ x_3 \\ x_4 \end{pmatrix} = \begin{pmatrix} 2 \\ -4 \\ -1 \\ 0 \end{pmatrix} ,$$

so nennen wir die Spaltenvektoren

$$\begin{pmatrix} 3 \\ 4 \\ 7 \\ 1 \end{pmatrix} , \begin{pmatrix} 1 \\ 2 \\ 3 \\ 0 \end{pmatrix} , \begin{pmatrix} 2 \\ 0 \\ 2 \\ 2 \end{pmatrix} , \begin{pmatrix} 1 \\ 4 \\ -3 \\ 7 \end{pmatrix}$$

<u>linear abhängig</u>. Wie das Beispiel

$$\begin{pmatrix} 1 & 0 & 0 \\ 0 & 2 & 0 \\ 0 & 0 & 3 \end{pmatrix} * \begin{pmatrix} x_1 \\ x_2 \\ x_3 \end{pmatrix} = \begin{pmatrix} 0 \\ 0 \\ 0 \end{pmatrix} \quad \Longrightarrow \quad \begin{matrix} x_1 = 0 \\ x_2 = 0 \\ x_3 = 0 \end{matrix}$$

zeigt, sind die Vektoren (1 o o)', (o 2 o)', (o o 3)' nicht linear abhängig. Die Vektoren sind linear unabhängig, wenn lediglich die triviale Lösung des zugehörigen homogenen Gleichungssystems existiert.

5.2 Rang einer Matrix

Unter dem Rang rg(A) der Matrix A verstehen wir die Maximalzahl linear unabhängiger Spalten- oder Zeilenvektoren, aus denen die Matrix A aufgebaut ist.

> Die Anzahl der linear unabhängigen Spalten
>
> ändert sich nicht,
>
> wenn wir die Spalten permutieren, oder
>
> die Spalten
>
> mit von Null verschiedenen Skalaren multiplizieren,
>
> oder zu ihnen eine
>
> Linearkombination anderer Spalten addieren, deshalb
>
> ist der Rang einer Matrix invariant
>
> gegenüber solchen elementaren Matrizenoperationen.

Die obigen Aussagen bezüglich der Anzahl linear unabhängiger Spalten sind ebenso für die Zeilen einer Matrix gültig.

Wir zeigen an einem Beispiel die Bestimmung des Ranges der Matrix A mit Hilfe von rangerhaltenden elementaren Spalten- und Zeilenoperationen:

$$\begin{pmatrix} 1 & 3 & 1 & 2 \\ 2 & 4 & 4 & o \\ 3 & 7 & -3 & 2 \\ o & 1 & 7 & 2 \end{pmatrix} \xrightarrow{\;①\;} \begin{pmatrix} 1 & 3 & 1 & 2 \\ o & -2 & 2 & -4 \\ o & -2 & -6 & -4 \\ o & 1 & 7 & 2 \end{pmatrix} \xrightarrow{\;②\;} \begin{pmatrix} 1 & o & o & o \\ o & 1 & 7 & 2 \\ o & -2 & 2 & -4 \\ o & -2 & -6 & -4 \end{pmatrix} \xrightarrow{\;③\;}$$

$$\begin{pmatrix} 1 & 0 & 0 & 0 \\ 0 & 1 & 7 & 2 \\ 0 & 0 & 16 & 0 \\ 0 & 0 & 8 & 0 \end{pmatrix} \xrightarrow{\;④\;} \begin{pmatrix} 1 & 0 & 0 & 0 \\ 0 & 1 & 0 & 0 \\ 0 & 0 & 16 & 0 \\ 0 & 0 & 8 & 0 \end{pmatrix} \xrightarrow{\;⑤\;} \begin{pmatrix} 1 & 0 & 0 & 0 \\ 0 & 1 & 0 & 0 \\ 0 & 0 & 1 & 0 \\ 0 & 0 & 0 & 0 \end{pmatrix}$$

Durch elementare Umformungen wurde die gegebene Matrix auf Diagonalform gebracht. Die 3 von Null verschiedenen Elemente auf der Hauptdiagonalen der Diagonalmatrix zeigen, daß $\underline{rg(A) = 3}$ ist.

Die durchgeführten elementaren Zeilen- bzw Spaltenoperationen sind:

①   Subtraktion des 2- bzw. 3-fachen der ersten Zeile von der 2. bzw. 3. Zeile,

②   Subtraktion des 3- bzw. 1- bzw. 2-fachen der ersten Spalte von der 2. bzw. 3. bzw. 4. Spalte und Vertauschung der 3. und 4. und danach der 2. und 3. Zeile,

③   Addition des 2-fachen der 2. Zeile zur 3. und 4. Zeile,

④   Subtraktion des 7- bzw. 2-fachen der 2. Spalte von der 3. bzw. 4. Spalte,

⑤   Multiplikation der 3. Zeile mit 1/16 und Subtraktion der 8-fachen neuen 3. Zeile von der 4. Zeile.

5.2.1 Basis des n-dimensionalen Raumes

Ein System linear unabhängiger Vektoren heißt <u>Basis</u> des Raumes, wenn sich jeder Vektor des Raumes als Linearkombination der Vektoren des Basis-Systems darstellen läßt.

Ein beliebiges System von

n linear unabhängigen Vektoren

bildet eine Basis des n-dimensionalen Raumes.

Als Basis des 3-dimensionalen Raumes verwenden wir gewöhnlich die Vektoren

98

$$\begin{pmatrix} 1 \\ 0 \\ 0 \end{pmatrix} , \quad \begin{pmatrix} 0 \\ 1 \\ 0 \end{pmatrix} , \quad \begin{pmatrix} 0 \\ 0 \\ 1 \end{pmatrix} .$$

Die Zahlen p_1, p_2, p_3 in

$$P = \begin{pmatrix} p_1 \\ p_2 \\ p_3 \end{pmatrix} = p_1 \begin{pmatrix} 1 \\ 0 \\ 0 \end{pmatrix} + p_2 \begin{pmatrix} 0 \\ 1 \\ 0 \end{pmatrix} + p_3 \begin{pmatrix} 0 \\ 0 \\ 1 \end{pmatrix}$$

heißen bekanntlich <u>kartesische Koordinaten</u> des Vektors P in Bezug auf die Basis (1 o o)', (o 1 o)', (o o 1)' des 3-dimensionalen Raumes.

Verwenden wir die dyadische Zerlegung

$$A * B = (A_1 \ A_2 \ A_3) * \begin{pmatrix} B'_1 \\ B'_2 \\ B'_3 \end{pmatrix}$$

des Matrizenproduktes A * B der (3,3)-Matrizen A, B mit B' = (B_1 B_2 B_3), indem wir anstelle der Zeilen B'_1, B'_2, B'_3 der Matrix B die Zeilen der (später zu behandelnden) inversen Matrix INV(A) einsetzen, so ergibt die dyadische Zerlegung von

$$A * INV(A) = A * A^{-1} = E$$

mit $A^{-1} = B$

$$(A_1 \ A_2 \ A_3) * \begin{pmatrix} B'_1 \\ B'_2 \\ B'_3 \end{pmatrix} = E$$

die Summe von drei (3,3)-Dyaden

$$A_1 * B'_1 + A_2 * B'_2 + A_3 * B'_3 = E .$$

Die Anwendung dieser (3,3)-Einheitsmatrix auf einen Vektor V = (v_1 v_2 v_3)'

$$V = E * V = (A_1 * B_1' + A_2 * B_2' + A_3 * B_3') * V$$

$$= (B_1' * V).A_1 + (B_2' * V).A_2 + (B_3' * V).A_3$$

ergibt die Maßzahlen $(B_1'*V)$, $(B_2'*V)$, $(B_3'*V)$ für eine Zerlegung von V in die Richtungen der linear unabhängigen Vektoren A_1, A_2, A_3 . Die Vektoren A_1, A_2, A_3 und B_1, B_2, B_3 bilden eine <u>reziproke Basis</u> oder ein reziprokes Grundsystem, das in der Kristallographie unter dem Namen reziprokes Gitter bekannt ist. Aus dem dyadischen Produkt

$$A^{-1} * A = E$$

folgt, daß

$$B_1' * A_1 = B_2' * A_2 = B_3' * A_3 = 1$$
$$B_1' * A_2 = B_1' * A_3 = o$$
$$B_2' * A_1 = B_2' * A_3 = o$$
$$B_3' * A_1 = B_3' * A_2 = o$$

ist. Z.B. bilden wegen $A * A^{-1} = E$

$$\begin{pmatrix} 1 & 1 & o \\ -1 & 1 & o \\ o & o & 1 \end{pmatrix} * \begin{pmatrix} .5 & -.5 & o \\ .5 & .5 & o \\ o & o & 1 \end{pmatrix} = \begin{pmatrix} 1 & o & o \\ o & 1 & o \\ o & o & 1 \end{pmatrix}$$

die Vektoren $A_1 = (1\ -1\ o)'$, $A_2 = (1\ 1\ o)'$, $A_3 = (o\ o\ 1)'$ und $B_1 = (.5\ -.5\ o)'$, $B_2 = (.5\ .5\ 0)'$, $B_3 = (o\ o\ 1)'$ ein reziprokes Grundsystem. Für den Vektor $V = (4\ 6\ 8)'$ ergibt sich somit die Darstellung in der A-Basis (schiefwinkeliges Koordinatensystem)

$$V = (B_1' * V).A_1 + (B_2' * V).A_2 + (B_3' * V).A_3$$

$$V = -1.A_1 + 5.A_2 + 8.A_3$$

5.3 Lösbarkeit von linearen Gleichungssystemen

5.3.1 Lösbarkeit des homogenen Systems

Wir betrachten das homogene Gleichungssystem

$$A * X = 0 \quad (\text{Nullvektor}) .$$

Die Matrix A sei vom $\text{Typ}(A) = (m,n)$. Natürlich besitzt das homogene System die Lösung $X = 0$ (Nullvektor). Uns interessieren aber lediglich die <u>nichttrivialen</u> Lösungen von $A * X = 0$. Ein nichttrivialer Lösungsvektor X enthält mindestens ein von Null verschiedenes Element.

Gibt es eine nichttriviale Lösung $X = (x_1\ x_2\ x_3\ \cdots\ x_n)'$, so sind die Spalten A_1, A_2, A_3, $\cdots$, A_n der Matrix A wegen

$$A * X = A_1 * x_1 + A_2 * x_2 + A_3 * x_3 + \cdots + A_n * x_n = 0$$

linear abhängig. Sind umgekehrt die Spalten von A linear abhängig, so gibt es Zahlen x_1, x_2, x_3, $\cdots$, x_n, die nicht sämtlich verschwinden, so daß

$$A * X = A_1 * x_1 + A_2 * x_2 + A_3 * x_3 + \cdots + A_n * x_n = 0$$

gilt. Das homogene Gleichungssystem $A * X = 0$ mit $\text{Typ}(A) = (m,n)$ besitzt genau dann nichttriviale Lösungen, wenn die Spalten von A linear abhängig sind. Dies ist der Fall, wenn die Maximalzahl $r = rg(A)$ linear unabhängiger Spalten kleiner als n ist.

Für $d = n-r > 0$ existieren die nichttrivialen Lösungen X_1, X_2, X_3, $\cdots$, X_d , die linear unabhängig sind und deshalb eine Basis bilden. Die allgemeine Lösung X des homogenen Gleichungssystems $A * X = 0$ ist dann durch

$$X = X_1 * c_1 + X_2 * c_2 + X_3 * c_3 + \cdots + X_d * c_d$$

mit beliebigen Konstanten c_1, c_2, c_3, $\cdots$, c_d gegeben. Natürlich ist eine Lösung X von $A * X = 0$ nur bis auf eine willkürliche Konstante c eindeutig bestimmt, denn mit X ist auch $c * X$ eine Lösung.

Ist die Zahl m der Gleichungen kleiner als die Zahl der Unbekannten n,
so ist notwendigerweise $r \leq m < n$. Daher hat ein homogenes Gleichungssystem mit weniger Gleichungen als Unbekannten ($m < n$) <u>stets</u> nichttriviale
Lösungen.

Ist die Matrix A quadratisch ($m = n$) und gilt $rg(A) = n$, so heißt A <u>regulär</u>.
$A * X = 0$ besitzt dann nur die triviale Lösung $X = 0$.

5.3.2 Lösbarkeit eines inhomogenen Systems

Das homogene Gleichungssystem $A * X = 0$ mit $Typ(A) = (m,n)$ habe die allgemeine Lösung

$$X = X_1 {}^* c_1 + X_2 {}^* c_2 + \ldots + X_d {}^* c_d .$$

Dabei ist $d = n - rg(A) > 0$ der Defekt und c_1, c_2, $\ldots$, c_d sind beliebige
Konstanten. Ist nun X_o eine partikuläre Lösung des inhomogenen Gleichungssystems $A * X = Y$ und gelte $rg(A) = rg(A,Y)$, so ist offenbar

$$X = X_o + X_1 {}^* c_1 + X_2 {}^* c_2 + \ldots + X_d {}^* c_d$$

die allgemeine Lösung des inhomogenen Problems. Ist A regulär, d.h. $m = n$,
$d = n - r = 0$, so ist $X = X_o$ die eindeutige Lösung von $A * X = Y$.

Dies wollen wir nun etwas ausführlicher wiederholen. Hierzu betrachten
ein lineares Gleichungssystem

$$A * X = Y$$

mit den Spaltenvektoren A_1, A_2, A_3, $\ldots$, A_n . Diese Vektoren bilden eine
<u>einfache</u> Matrix A und

$$(A_1 \ A_2 \ \ldots \ A_n \ Y) = (A, Y)$$

die <u>erweiterte</u> Matrix des Gleichungssystems $A * X = Y$. Dieses Gleichungssystem ist genau dann lösbar, wenn der

Rang der einfachen Matrix gleich

dem Rang der erweiterten Matrix ist, d.h. wenn

$$rg(A) = rg(A,Y) \text{ gilt.}$$

Zu zeigen ist, daß es mindestens einen Lösungsvektor X gibt, für den A * X = Y ist. Nach Voraussetzung ist $rg(A) = r$. Ohne Beschränkung der Allgemeinheit können wir annehmen, daß die Spaltenvektoren

$$A_1, \ A_2, \ A_3, \ \ldots, \ A_r$$

linear unabhängig sind. Wegen $rg(A,Y) = r$ sind r+1 (Spalten)-Vektoren stets voneinander linear abhängig. Insbesondere ist Y von A_1, A_2, A_3, $\ldots$, A_r linear abhängig. Es gibt also gewisse nichttriviale Zahlen x_1, x_2, x_3, $\ldots$, x_r so, daß

$$Y = A_1 {}^* x_1 + A_2 {}^* x_2 + A_3 {}^* x_3 + \ldots + A_r {}^* x_r$$

gilt. Setzen wir alle übrigen x_i (i = r+1, r+2, $\ldots$, n) gleich Null, so erfüllt das n-Tupel

$$(x_1, \ x_2, \ x_3, \ \ldots, \ x_r, \ x_{r+1}, \ \ldots, \ x_n)$$

das Gleichungssystem A * X = Y .

Wir zeigen nun die Notwendigkeit von $rg(A) = rg(A,Y) = r$ für die Lösbarkeit von A * X = Y. Es sei X eine Lösung. Dann ist wegen

$$A_1 {}^* x_1 + A_2 {}^* x_2 + A_3 {}^* x_3 + \ldots + A_n {}^* x_n = Y$$

der Y-Vektor durch eine Linearkombination der Spalten von A ausdrückbar. Weil der Rang eines Vektorsystems durch Hinzufügung einer Linearkombination der Vektoren nicht geändert wird, ist

$$rg(A) = rg(A,Y)$$

die notwendige Bedingung für die Lösbarkeit von A * X = Y .

Ist nun ein lineares Gleichungssystem A * X = Y mit Typ(A) = (n,n) gegeben, so hat dieses Gleichungssystem eine <u>eindeutige Lösung</u>, wenn $rg(A)=n$

gilt, denn angenommen X_1 und X_2 seien zwei verschiedene Lösungsvektoren, dann folgt aus

$$A * X_1 = Y$$

$$\Longrightarrow \quad A * (X_1 - X_2) = Y - Y = 0 \, ,$$

$$A * X_2 = Y$$

daß die Spalten von A linear abhängig wären, was der Voraussetzung widerspricht. Die Lösung X ist unter der notwendigen und hinreichenden Voraussetzung $rg(A) = rg(A,Y) = n$ für die (n,n)-Matrix A eindeutig.

5.4 Gauß-Jordan-Verfahren

An einem Beispiel von 4 Gleichungen mit 4 Unbekannten wollen wir den Gaußschen Algorithmus mit der Variante nach Jordan aufzeigen. Ausgehend von dem Beispiel ist dann eine Übertragung der Methode auf m lineare Gleichungen mit n Unbekannten (m < n) leicht möglich. Unser gegebenes Gleichungssystem sei

$$1 \cdot x_1 + 2 \cdot x_2 - 1 \cdot x_3 + 1 \cdot x_4 = 2$$
$$2 \cdot x_1 - 1 \cdot x_2 + 2 \cdot x_3 + 2 \cdot x_4 = 7$$
$$1 \cdot x_1 - 3 \cdot x_2 + 3 \cdot x_3 + 1 \cdot x_4 = 5$$
$$3 \cdot x_1 + 1 \cdot x_2 + 1 \cdot x_3 + 3 \cdot x_4 = 9 \, .$$

Zur übersichtlichen Darstellung des Gleichungssystems $A * X = Y$ wollen wir im folgenden die erweiterte Matrix (A,Y) verwenden. Natürlich können wir aus der erweiterten Matrix leicht die zugehörigen linearen Gleichungen erhalten. Die erste Zeile der erweiterten Matrix entspricht der ersten Gleichung usw.. Die erweiterte Matrix für unser Zahlenbeispiel ist

$$\begin{pmatrix} 1 & 2 & -1 & 1 & \vdots & 2 \\ 2 & -1 & 2 & 2 & \vdots & 7 \\ 1 & -3 & 3 & 1 & \vdots & 5 \\ 3 & 1 & 1 & 3 & \vdots & 9 \end{pmatrix}$$

Wir führen nun elementare Zeilenumformungen durch (Spaltenumformungen
sind nicht zulässig, es sei denn, die Unbekannten würden umnumeriert), die
den Rang der erweiterten Matrix (A,Y) nicht ändern. Bekanntlich ändert sich
die Maximalzahl linear unabhängiger Spalten nicht, wenn wir eine Zeile mit
einem von Null verschiedenen Skalar multiplizieren oder eine Zeile zu
einer anderen Zeile addieren oder zwei Zeilen vertauschen. Indem wir

die 1. Zeile mit -2 multiplizieren und zur 2. Zeile addieren,

die 1. Zeile mit -1 multiplizieren und zur 3. Zeile addieren,

die 1. Zeile mit -3 multiplizieren und zur 4. Zeile addieren

erhalten wir die umgeformte erweiterte Matrix (Rang bleibt gleich)

$$\left(\begin{array}{cccc|c} 1 & 2 & -1 & 1 & 2 \\ 0 & -5 & 4 & 0 & 3 \\ 0 & -5 & 4 & 0 & 3 \\ 0 & -5 & 4 & 0 & 3 \end{array}\right) \longrightarrow \left(\begin{array}{cccc|c} 1 & 0 & .6 & 1 & 3.2 \\ 0 & -5 & 4 & 0 & 3 \\ 0 & 0 & 0 & 0 & 0 \\ 0 & 0 & 0 & 0 & 0 \end{array}\right).$$

Ist in der 2. Zeile das Hauptdiagonalelement Null, so versuchen wir
durch Zeilenvertauschungen ein von Null verschiedenes Diagonalelement
zu erhalten. Durch geeignete Multiplikation dieser Zeile und Addition
zu darunter- oder darüberliegenden Zeilen ist es möglich, unter- und
oberhalb des Diagonalelementes nur Nullen zu erhalten. Ist die Koeffizientenmatrix durch elementare Umformungen auf eine <u>Diagonalmatrix</u>
gebracht, die außerhalb der Hauptdiagonalen nur noch Nullen enthält, so
können wir aus der erweiterten Matrix die umgeformten Gleichungen entnehmen. Aus der Anzahl der von Null verschiedenen Elemente auf der
Hauptdiagonalen kann der <u>Rang abgelesen</u> werden. Für unser Beispiel gilt

$$rg(A) = rg(A,Y) = 2.$$

Die Darstellung des obigen Gleichungssystem zeigt, daß für x_3 und x_4
beliebige Zahlen als Lösungen zulässig sind. Berechnen wir durch
Rückeinsetzung von x_3 und x_4 (beliebige Zahlen) die Lösungen x_1, x_2,
so erhalten wir

$$\begin{pmatrix} x_1 \\ \\ x_2 \end{pmatrix} = \begin{pmatrix} 3.2 \\ \\ -.6 \end{pmatrix} - x_3 * \begin{pmatrix} .6 \\ \\ -.8 \end{pmatrix} - x_4 * \begin{pmatrix} 1 \\ \\ 0 \end{pmatrix} .$$

Linear unabhängige und damit eindeutige Lösungen erhalten wir,
wenn für die (4,4)-Matrix A gilt rg(A) = rg(A,Y) = 4 . Dann ist auch
der Vorteil dieses Verfahrens besonders deutlich: Die Lösung des linearen Gleichungssystems kann direkt abgelesen werden. Mit rg(A) = 4 wäre
A regulär. Wegen rg(A) = 2 < 4 ist A singulär.

Wir betrachten nun ein etwas modifiziertes Beispiel A * X = Y. Wir ändern
die rechten Gleichungsseiten unseres obigen Beispiels ab:

$$\begin{pmatrix} 1 & 2 & -1 & 1 \\ 2 & -1 & 2 & 2 \\ 1 & -3 & 3 & 1 \\ 3 & 1 & 1 & 3 \end{pmatrix} * \begin{pmatrix} x_1 \\ x_2 \\ x_3 \\ x_4 \end{pmatrix} = \begin{pmatrix} 1 \\ 2 \\ 3 \\ 0 \end{pmatrix}$$

Mit den gleichen elementaren Zeilenumformungen erhalten wir die umgeformte, erweiterte Matrix in Dreiecksgestalt

$$\left(\begin{array}{cccc|c} 1 & 0 & .6 & 1 & 3.2 \\ 0 & -5 & 4 & 0 & 0 \\ 0 & 0 & 0 & 0 & 2 \\ 0 & 0 & 0 & 0 & -3 \end{array} \right)$$

Betrachten wir z.B. die letzte Gleichung, so sehen wir, daß <u>keine</u> Lösung
dieses Gleichungssystems existiert.

Ausgehend von den beiden Beipielen fassen wir zusammen:
Für eine reguläre (m,n)-Matrix A gilt m = n = rg(A). Ein lineares Gleichungssystem A * X = Y mit Typ(A)=(m,n) , Typ(X)=(n,1) , Typ(Y)=(m,1)
besitzt nur genau dann eine eindeutige Lösung X, wenn m = n = rg(A) =
rg(A,Y) gilt.

5.4.1 Programm zum Algorithmus nach Gauß-Jordan

Zunächst wollen wir darauf hinweisen, daß es viele verschiedene Varianten des Gaußschen Algorithmus zum Lösen von linearen Gleichungssystemen gibt. Mehr oder minder gemeinsam ist diesen Verfahren, daß, ausgehend von einer Unbekannten, diese in allen anderen Gleichungen eliminiert wird. Damit wir das Bildungsgesetz für unser Computerprogramm erkennen können, gehen wir von dem linearen Gleichungssystem $A * X = Y$ mit $\mathrm{Typ}(A) = (4,4)$ und $\mathrm{Typ}(Y) = (4,1)$ aus. Die erweiterte Matrix dieses Systems ist:

$$
\begin{array}{cccc}
x_1 & x_2 & x_3 & x_4
\end{array}
$$

$$
\left(
\begin{array}{cccc|c}
a_{11} & a_{12} & a_{13} & a_{14} & a_{15} \\
a_{21} & a_{22} & a_{23} & a_{24} & a_{25} \\
a_{31} & a_{32} & a_{33} & a_{34} & a_{35} \\
a_{41} & a_{42} & a_{43} & a_{44} & a_{45}
\end{array}
\right)
$$

Die Y-Spalte $Y = (a_{15}\ a_{25}\ a_{35}\ a_{45})'$ ist als 5. Spalte rechts an die Matrix A angefügt worden. Wir wollen nun, beginnend beim 1. Hauptdiagonalelement folgende elementaren Umformungen der erweiterten Matrix (A,Y) durchführen:

1. <u>Zeilen vertauschen</u>, bis das Hauptdiagonalelement a_{kk} (a_{kk} heißt Pivot) von Null verschieden ist. Ist kein von Null verschiedenes a_{kk} zu finden, so ist die Matrix A singulär.

2. Alle Elemente der Pivot-<u>Zeile</u> durch das Hauptdiagonalelement a_{kk} dividieren,

3. Berechnung aller anderen Elemente der erweiterten Matrix (außer der Pivot-Zeile) nach der <u>Rechteckregel</u>:

$$
a_{ij} := a_{ij} - a_{ik} \cdot a_{kj}
\qquad
\begin{array}{ccc}
1 & \cdots\cdots & a_{kj} \\
\cdot & & \cdot \\
\cdot & & \cdot \\
\cdot & & \cdot \\
a_{ik} & \cdots\cdots & a_{ij}
\end{array}
$$

Indem wir die Pivot-Zeile mit $-a_{ik}$ multiplizieren und zur i-ten Zeile addieren ist die Rechteckregel leicht verständlich. Wir verwenden für die berechneten Elemente die gleichen Bezeichnungen (Überschreiben der Elemente). Es sei z.B.

$$\begin{pmatrix} 1 & a_{12} & a_{13} & a_{14} & \vdots & a_{15} \\ o & 1 & a_{23} & a_{24} & \vdots & a_{25} \\ o & a_{32} & a_{33} & a_{34} & \vdots & a_{35} \\ o & a_{42} & a_{43} & a_{44} & \vdots & a_{45} \end{pmatrix}$$

Die Multiplikation der 2. Zeile mit $-a_{32}$ (bzw. $-a_{42}$, bzw. $-a_{12}$) und Addition zur 3. (bzw. 4., bzw. 1.) Zeile ergibt:

$$\begin{pmatrix} 1 & o & a_{13}-a_{12}\cdot a_{23} & a_{14}-a_{12}\cdot a_{24} & \vdots & a_{15}-a_{12}\cdot a_{25} \\ o & 1 & a_{23} & a_{24} & \vdots & a_{25} \\ o & o & a_{33}-a_{32}\cdot a_{23} & a_{34}-a_{32}\cdot a_{24} & \vdots & a_{35}-a_{32}\cdot a_{25} \\ o & o & a_{43}-a_{42}\cdot a_{33} & a_{44}-a_{42}\cdot a_{24} & \vdots & a_{45}-a_{42}\cdot a_{25} \end{pmatrix}$$

Der Algorithmus bricht ab, wenn kein Pivot mehr gefunden werden kann, der von Null verschieden ist. Bricht der Algorithmus nicht ab, so stehen nach 4 Schritten $k = 1$, 2, 3, 4 auf der Hauptdiagonalen die Elemente 1, 1, 1, 1. Alle anderen Elemente der Matrix A sind Null. Schreiben wir die umgeformte erweiterte Matrix als Gleichungssystem, so hat dieses dann die Form:

$$1\cdot x_1 + o\cdot x_2 + o\cdot x_3 + o\cdot x_4 = a_{15}$$
$$o\cdot x_1 + 1\cdot x_2 + o\cdot x_3 + o\cdot x_4 = a_{25}$$
$$o\cdot x_1 + o\cdot x_2 + 1\cdot x_3 + o\cdot x_4 = a_{35}$$
$$o\cdot x_1 + o\cdot x_2 + o\cdot x_3 + 1\cdot x_4 = a_{45}$$

Die umgeformte rechte Spalte der erweiterten Matrix stellt dann die Lösung x_1, x_2, x_3, x_4 unseres Gleichungssystems dar. Wir wollen nun ein Programm in der Programmiersprache BASIC konzipieren, das im Aufbau diesen einleitenden Bemerkungen folgt. In der Programmzeile 370 wird die kte Spalte (ab dem Diagonalelement) nach einem von Null verschiedenen Pivot-Element durchsucht. Die Zeilen 410 bis 450 bewirken den Zeilentausch der k-ten mit der i-ten Zeile. In der Zeile 460 bis 490 wird die Pivot-Zeile durch das Diagonalelement dividiert. Danach folgt im Programm die Rechteckregel (Zeile 500 bis 560).

```
100 rem !--------------------------------------------------!
102 rem ! Lösung eines linearen Gleichungssystems A*X=Y    !
103 rem ! mit n Gleichungen und n Unbekannten nach der     !
105 rem ! Methode von Gauß-Jordan.                          !
107 rem !--------------------------------------------------!
110 dim A(12,12)
120 input "Anzahl der Gleichungen"; n
150 print "zeilenweises Eingeben der erweiterten Matrix"
160 for i=1 to n
170 for j=1 to n+1
180 print "a("; i; j; ")=";
190 input a(i,j)
200 next j
210 print
230 next i
240 print
250 print "das gegebene Gleichungssystem ist:"
260 print
270 for i=1 to n
280 for j=1 to n+1
290 print a(i,j),
300 next j
310 print
320 next i
340 print
350 for k=1 to n
360 for i=k to n
370 if a(i,k)<>0 then 410
380 next i
390 print "singuläre Koeffizientenmatrix"
400 goto 660
410 for j=k to n+1
420 c=a(k,j)
430 a(k,j)=a(i,j)
440 a(i,j)=c
450 next j
460 c=1/a(k,k)
470 for j=k to n+1
480 a(k,j)=c*a(k,j)
490 next j
500 for i=1 to n
510 if i=k then 560
520 c=-a(i,k)
530 for j=k to n+1
```

```
540 a(i,j)=a(i,j)+c*a(k,j)
550 next j
560 next i
570 next k
600 print
610 print "die berechneten Lösungen des Gleichungssystems:"
620 print
630 for i=1 to n
640 print "x("; i; ") = "; a(i,n+1)
650 next i
660 end
```

Die numerische Stabilität des Verfahrens wird verbessert, wenn jeweils
bei einem Zeilentausch als Pivotelement das betragsgrößte Element verwendet wird. Dies ist durch eine einfache Programmänderung (siehe Zeile
370) leicht zu realisieren. Wir möchten bereits an dieser Stelle darauf
hinweisen, daß dieses Programm zur Lösung von A * X = Y mit Typ(A) = (n,n)
mit ganz geringen Änderungen zur Berechnung der inversen Matrix geeignet
ist. Anstelle der Y-Spalte sind dann nebeneinander die Spalten der Einheitsmatrix E (E gleicher Typ wie A) in der "erweiterten Matrix" zu verwenden. Dann ist die "erweiterte Matrix" (A,E) vom Typ(A,E) = (n,2n) .
Durch den Algorithmus nach Gauß-Jordan wird die Einheitsmatrix E in die
inverse Matrix umgewandelt. Als Zahlenbeispiel wollen wir dies bereits
an dieser Stelle angeben. Die gegebene Matrix A sei

$$A = \begin{pmatrix} 3 & 5 & 1 \\ 2 & 4 & 5 \\ 1 & 2 & 2 \end{pmatrix}$$

Wir bilden die erweiterte Matrix und wenden die unten angegeben Umformungen (Gauß-Jordan-Algorithmus) an:

$$\left(\begin{array}{ccc:ccc} 3 & 5 & 1 & 1 & 0 & 0 \\ 2 & 4 & 5 & 0 & 1 & 0 \\ 1 & 2 & 2 & 0 & 0 & 1 \end{array}\right) \xrightarrow{①} \left(\begin{array}{ccc:ccc} 1 & 2 & 2 & 0 & 0 & 1 \\ 0 & 0 & 1 & 0 & 1 & -2 \\ 0 & -1 & -5 & 1 & 0 & -3 \end{array}\right)$$

$$\xrightarrow{②} \left(\begin{array}{ccc:ccc} 1 & 0 & -8 & 2 & 0 & -5 \\ 0 & 1 & 5 & -1 & 0 & 3 \\ 0 & 0 & 1 & 0 & 1 & -2 \end{array}\right) \xrightarrow{③} \left(\begin{array}{ccc:ccc} 1 & 0 & 0 & 2 & 8 & -21 \\ 0 & 1 & 0 & -1 & -5 & 13 \\ 0 & 0 & 1 & 0 & 1 & -2 \end{array}\right)$$

Für die Handrechnung werden zweckmäßigerweise zusätzliche Zeilenvertauschungen durchgeführt.

(1) 3. Zeile mit 1. Zeile vertauscht, das 2-fache bzw. 3-fache von 2. bzw. 3. Zeile subtrahiert.

(2) 2. und 3. Zeile vertauscht. 2. Zeile mit (-1) multipliziert, das 2-fache von der 1. Zeile subtrahiert.

(3) Das 8-fache bzw. (-5)-fache der 3. Zeile zur 1. bzw. 2. Zeile addiert.

Werden z.B. die beiden Matrizen A und die im rechten Teil der "erweiterten Matrix" (A,E) erhaltenene Matrix B multipliziert

$$\begin{pmatrix} 3 & 5 & 1 \\ 2 & 4 & 5 \\ 1 & 2 & 2 \end{pmatrix} * \begin{pmatrix} 2 & 8 & -21 \\ -1 & -5 & 13 \\ 0 & 1 & -2 \end{pmatrix} = \begin{pmatrix} 1 & 0 & 0 \\ 0 & 1 & 0 \\ 0 & 0 & 1 \end{pmatrix}$$

so erhalten wir die Einheitsmatrix E. Offensichtlich genügt die Matrix B der Gleichung

$$A * B = B * A = E \ .$$

Später werden wir B als inverse Matrix A^{-1} bezeichnen.

5.5 Lösung von linearen Gleichungssystemen mit Determinanten

Eine andersartige Lösungsmethode für lineare Gleichungssysteme erhalten wir auf folgende Weise: Das lineare Gleichungssystem

$$\begin{array}{c|c|c} a_{11} \cdot x_1 + a_{12} \cdot x_2 = y_1 & a_{22} & -a_{21} \\ a_{21} \cdot x_1 + a_{22} \cdot x_2 = y_2 & -a_{12} & a_{11} \end{array}$$

lösen wir durch Multiplikation mit den rechts aufgeführten Multiplikatoren und nachfolgender Addition der beiden Gleichungen zu

$$(a_{11} \cdot a_{22} - a_{12} \cdot a_{21}) \cdot x_1 = y_1 \cdot a_{22} - a_{12} \cdot y_2$$

$$(a_{11} \cdot a_{22} - a_{12} \cdot a_{21}) \cdot x_2 = a_{11} \cdot y_2 - y_1 \cdot a_{21} \quad .$$

Damit sind die Lösungen x_1, x_2 durch

$$x_1 = \frac{y_1 \cdot a_{22} - a_{12} \cdot y_2}{a_{11} \cdot a_{22} - a_{12} \cdot a_{21}} \quad , \quad x_2 = \frac{a_{11} \cdot y_2 - y_1 \cdot a_{21}}{a_{11} \cdot a_{22} - a_{12} \cdot a_{21}}$$

darstellbar. In beiden Fällen ist der Nenner gleich und nur aus den Koeffizienten der Gleichungen gebildet. Die Abkürzung des Nenners

$$d = \det(A) = \begin{vmatrix} a_{11} & a_{12} \\ a_{21} & a_{22} \end{vmatrix} = a_{11} \cdot a_{22} - a_{12} \cdot a_{21}$$

heißt (Koeffizienten-) <u>Determinante</u>. Das Wort Determinante kommt aus dem Lateinischen und bedeutet soviel wie "Bestimmende", nämlich, ob das Gleichungssystem eindeutig lösbar ist oder nicht. Wir beachten, daß in der obigen quadratischen Anordnung der Koeffizienten das Produkt der Hauptdiagonalelemente <u>ohne</u>, und das Produkt der Nebendiagonalelemente <u>mit</u> Vorzeichenwechsel zu nehmen ist. Die <u>Zähler</u> von x_1 bzw. x_2 haben die gleiche Struktur wie die Nenner, jedoch sind offensichtlich im Falle x_1 die Elemente der 1. Spalte, im Falle x_2 die Elemente der 2. Spalte durch die Elemente der rechten Gleichungsseite ersetzt, so daß gilt

$$x_1 = \frac{d_1}{d} = \frac{\begin{vmatrix} y_1 & a_{12} \\ y_2 & a_{12} \end{vmatrix}}{\begin{vmatrix} a_{11} & a_{12} \\ a_{21} & a_{22} \end{vmatrix}} \quad , \quad x_2 = \frac{d_2}{d} = \frac{\begin{vmatrix} a_{11} & y_1 \\ a_{21} & y_2 \end{vmatrix}}{\begin{vmatrix} a_{11} & a_{12} \\ a_{21} & a_{22} \end{vmatrix}}$$

Offenbar ist nur dann eine eindeutige Lösung möglich, wenn

$$\det(A) \neq o$$

ist. Ist andererseits $\det(A) = o$, so bedeutet das

$$a_{11} \cdot a_{22} = a_{12} \cdot a_{21} \qquad \text{oder} \qquad \frac{a_{21}}{a_{11}} = \frac{a_{22}}{a_{12}} = c \; ,$$

d.h., daß die Koeffizienten der 1. und 2. Zeile in einem festen Verhältnis stehen oder anders ausgedrückt, daß die Koeffizienten der einen Zeile durch Multiplikation mit einem festen Faktor aus den Koeffizienten der anderen Zeile hervorgehen. Nehmen wir also an, daß $a_{21} = c \cdot a_{11}$ und $a_{22} = c \cdot a_{12}$ ist, so lautet das Gleichungssystem

$$a_{11} \cdot x_1 + a_{12} \cdot x_2 = y_1$$
$$c \cdot a_{11} \cdot x_1 + c \cdot a_{12} \cdot x_2 = y_2$$

Dieses Gleichungssystem kann <u>nur dann widerspruchsfrei</u> sein, wenn auch $y_2 = c \cdot y_1$ ist. Die 2. Gleichung ist somit lediglich die mit c multiplizierte 1. Gleichung. Die Berechnung der Zählerdeterminanten ergibt $d_1 = d_2 = o$. Nach der Cramerschen Regel sind die Lösungen

$$x_1 = \text{"0/0"} \; , \qquad x_2 = \text{"0/0"} \; ,$$

also unbestimmmt.

Ist dagegen y_2 verschieden von $c \cdot y_1$, so ist das Gleichungssystem widersprüchlich, d.h. nicht lösbar.

Wir geben hier ein einfaches Zahlenbeispiel an. Die Lösung des Gleichungssystems

$$3 \cdot x_1 + 2 \cdot x_2 = 7$$
$$9 \cdot x_1 - 5 \cdot x_2 = -1$$

ergibt nach der Berechnung der Determinanten

$$d = \begin{vmatrix} 3 & 2 \\ 9 & -5 \end{vmatrix} = -33 \; , \qquad d_1 = \begin{vmatrix} 7 & 2 \\ -1 & -5 \end{vmatrix} = -33 \; , \qquad d_2 = \begin{vmatrix} 3 & 7 \\ 9 & -1 \end{vmatrix} = -66$$

mit der Cramerschen Regel

$$x_1 = \frac{d_1}{d} = 1 \; , \qquad x_2 = \frac{d_2}{d} = 2 \; .$$

Die Cramersche Regel gilt auch für größere quadratische Gleichungssysteme, bei denen Determinanten höherer Ordnung zu berechnen sind. Die
Berechnung von Determinanten höherer Ordnung soll deshalb angefügt werden. Hierzu betrachten wir z.B. eine Determinante 3. Ordnung:

$$d = \det(A) = \begin{vmatrix} a_{11} & a_{12} & a_{13} \\ a_{21} & a_{22} & a_{23} \\ a_{31} & a_{32} & a_{33} \end{vmatrix}$$

und führen den Begriff der <u>Adjunkten</u> (oder algebraischen Komplemente)
ein.

> Unter der Adjunkten d_{ij} verstehen wir
>
> jene Unterdeterminante, die durch
>
> Weglassen der i-ten Zeile und j-ten Spalte
>
> und Multiplikation mit $(-1)^{i+j}$
>
> entsteht.

Für unsere obige Determinante 3. Ordnung ist z.B.

$$d_{11} = + \begin{vmatrix} a_{22} & a_{23} \\ a_{32} & a_{33} \end{vmatrix}, \qquad d_{12} = - \begin{vmatrix} a_{21} & a_{23} \\ a_{31} & a_{33} \end{vmatrix}, \qquad d_{23} = - \begin{vmatrix} a_{11} & a_{12} \\ a_{31} & a_{32} \end{vmatrix}.$$

Das Vorzeichen gemäß $(-1)^{i+j}$ läßt sich mit der "Schachbrettmerkregel":

d_{11}	d_{12}	d_{13}
+	–	+
d_{21}	d_{22}	d_{23}
–	+	–
d_{31}	d_{32}	d_{33}
+	–	+

leicht behalten. Diese, speziell an einer Determinanten 3. Ordnung durchgeführten Erklärungen zur Adjunkten gelten auch für Determinanten höherer Ordnung.

Zur Berechnung einer Determinante höherer Ordnung kann der <u>Laplacesche Entwicklungssatz</u> angewendet werden.

> Wird jedes Element a_{1i} der 1. Zeile
>
> mit seiner zugehörigen Adjunkten d_{1i} multipliziert
>
> und werden diese Produkte addiert, so erhalten wir
>
> den Wert der Determinante.

Wir wollen an dieser Stelle darauf hinweisen, daß dieser Satz natürlich auch richtig ist, wenn wir statt der 1. Zeile die i-te Zeile (oder die j-te Spalte) verwenden. Wir sprechen dann von einer "<u>Entwicklung der Determinante nach der i-ten Zeile (oder der j-ten Spalte)</u>".

Als Beipiel geben wir die Berechnung der Determinante

$$d = \begin{vmatrix} 1 & 2 & 3 \\ 4 & 5 & 6 \\ 7 & 8 & 9 \end{vmatrix}$$

durch Entwickeln nach der 3. Spalte an:

$$d = +3 \begin{vmatrix} 1 & 2 & 3 \\ 4 & 5 & 6 \\ 7 & 8 & 9 \end{vmatrix} - 6 \begin{vmatrix} 1 & 2 & 3 \\ 4 & 5 & 6 \\ 7 & 8 & 9 \end{vmatrix} + 9 \begin{vmatrix} 1 & 2 & 3 \\ 4 & 5 & 6 \\ 7 & 8 & 9 \end{vmatrix}$$

$$d = + 3.(4.8 - 5.7) - 6.(1.8 - 7.3) + 9.(1.5 - 2.4)$$

$$d = o$$

Wird die Determinante nach einer anderen Zeile oder Spalte entwickelt, so ergibt sich natürlich der gleiche Wert o für diese Determinante.

> Eine Determinante stellt eine Rechenvorschrift
>
> für die Elemente einer quadratischen Matrix dar
>
> und liefert als Ergebnis eine Zahl.

Diese Rechenvorschrift wird symbolisch durch "senkrechte Striche" oder
die Schreibweise det(A) angedeutet.

Wir formulieren nun für Determinanten einige Aussagen und Rechenregeln,
die auch für Determinanten höherer Ordnung gültig sind. Die folgenden
Sätze formulieren wir mit dem Wort "Zeile". Wegen des Laplaceschen Ent-
wicklungssatzes darf im folgenden das Wort "Zeile" durch "Spalte" und
umgekehrt ersetzt werden.

1. Eine <u>Determinante ist Null</u>, wenn

—— eine Zeile aus Nullen besteht oder
—— zwei Zeilen einander gleich sind oder
—— zwei Zeilen einander proportional sind oder
—— eine Zeile eine Linearkombination anderer Zeilen ist.

2. Eine <u>Determinante ändert ihren Wert nicht</u>, wenn

—— die Determinante transponiert wird, d.h. die Zeilen
   mit den Spalten vertauscht werden:

$$\det(A) = \det(A')$$ oder wenn

—— zu irgend einer Zeile eine andere Zeile addiert oder
   zu einer Zeile ein Vielfaches einer anderen Zeile
   addiert wird oder
—— zu irgend einer Zeile eine Linearkombination anderer
   Zeilen addiert wird.

3. Bei <u>Vertauschung zweier Zeilen</u> ändert sich das
   <u>Vorzeichen</u> der Determinante.

4. Enthalten alle Elemente <u>einer</u> Zeile einen gemeinsamen
   Faktor, so kann der <u>gemeinsame Faktor vor die</u>
   <u>Determinante gezogen werden</u>.

   (Achtung! Bei Matrizen wirkt sich ein Faktor vor einer
   <u>Matrix</u> auf <u>alle</u> Matrixelemente aus!)

5. Die Multiplikation zweier Determinanten det(A) und det(B)

wird auf die Multiplikation der typgleichen quadratischen
Matrizen A und B zurückgeführt:

$$\det(A * B) = \det(A * B') = \det(A' * B) = \det(A' * B')$$

$$\det(A * B) = \det(A) \cdot \det(B)$$

6. Der Rang der Determinante det(A) ist durch den Rang der (n,n)-
   Matrix A gegeben. Ist det(A) = o, so ist rg(A) < n , die
   Matrix A ist <u>singulär</u>.

An einem Beispiel wollen wir nun die Berechnung der Determinanten mit
Hilfe der obigen Sätze durchführen:

$$d = \begin{vmatrix} 1 & -4 & 2 & 0 & -3 \\ -2 & 6 & -1 & 1 & 3 \\ -4 & 10 & 3 & 2 & 5 \\ 3 & -10 & 1 & -2 & 4 \\ 2 & -3 & 1 & 0 & -4 \end{vmatrix} \overset{①}{=} \begin{vmatrix} 1 & -4 & 2 & 0 & -3 \\ -2 & 6 & -1 & 1 & 3 \\ 0 & -2 & 5 & 0 & -1 \\ -1 & 2 & -1 & 0 & 10 \\ 2 & -3 & 1 & 0 & -4 \end{vmatrix} \overset{②}{=} \begin{vmatrix} 1 & -4 & 2 & -3 \\ 0 & -2 & 5 & -1 \\ -1 & 2 & -1 & 10 \\ 2 & -3 & 1 & -4 \end{vmatrix}$$

$$\overset{③}{=} \begin{vmatrix} 1 & -4 & 2 & -3 \\ 0 & -2 & 5 & -1 \\ 0 & -2 & 1 & 7 \\ 0 & 5 & -3 & 2 \end{vmatrix} \overset{④}{=} \begin{vmatrix} -2 & 5 & -1 \\ -2 & 1 & 7 \\ 5 & -3 & 2 \end{vmatrix} \overset{⑤}{=} \begin{vmatrix} 8 & 0 & -36 \\ -2 & 1 & 7 \\ -1 & 0 & 23 \end{vmatrix} \overset{⑥}{=} \begin{vmatrix} 8 & -36 \\ -1 & 23 \end{vmatrix}$$

$$d = 8.23 - (-1)(-36) = 148 .$$

Hierbei bedeutet:

① Das 2-fache der 2. Zeile von der 3. Zeile subtrahiert bzw.
zur 4. Zeile addiert

② Nach der 4. Spalte entwickelt. Das Adjunktenvorzeichen
der Unterdeterminante ist +1.

③ 1. Zeile zur 3. Zeile addiert, 2-faches der 1. Zeile von der
4. Zeile subtrahiert.

④ Nach der 1. Spalte entwickelt. Vorzeichen ist +1.

⑤ Das 5-fache der 2. Zeile von der 1. Zeile subtrahiert,
das 3-fache der 2. Zeile zur 3. Zeile addiert.

⑥ Nach der 2. Spalte entwickelt. Vorzeichen ist +1.

Die Berechnung der Determinante ergibt somit den Wert 148.

5.5.1 Programm zur Berechnung von Determinanten

Wir wollen hier ein Programm zur Berechnung von Determinanten mit komplexen Elementen angeben. Die Ordnung der Determinante ist n. Die Elemente der Determinante seien komplexe Zahlen a + ib. Durch die Verein-
barung

$$\dim A(12,12), \ B(12,12)$$

wird die Feldgröße (A bzw. B enthalten Real- bzw. Imaginärteile) festgelegt. Die als Beispiel in den data-Zeilen des Programms zeilenweise abgelegten Elemente der Determinante 2. Ordnung

$$\text{data} \quad 10, -8, 12, \ 3 \qquad \longrightarrow \qquad \begin{vmatrix} 10-i.8 & 12+i.3 \\ 12-i.3 & 10+i.8 \end{vmatrix}$$
$$\text{data} \quad 12, -3, 10, \ 8$$

ergeben beim Programmlauf als Ergebnis der Determinantenberechnung die
komplexe Zahl d = 11 + i.0 . Durch die Rundungsfehler bei der Programmausführung kann dieses Ergebnis "geringfügig" vom exakten Wert abwei-
chen.


```
100 rem !------------------------------------------------!
104 rem ! Programm zur Berechnung von Determinanten      !
106 rem ! n-ter Ordnung mit komplexen Elementen          !
108 rem !------------------------------------------------!
110 dim A(12,12), B(12,12)
130 read n
140 rem !------------------------------------------------!
150 rem ! Lesen der komplexen Determinantenelemente      !
155 rem !------------------------------------------------!
160 for i=1 to n
```

```
190 for j=1 to n
200 read a(i,j), b(i,j)
220 next j
230 next i
240 d1 = 1
250 d2 = 0
260 i1 = 1
270 i3 = i1
280 s = abs(a(i1,i1))+abs(b(i1,i1))
290 for i=i1 to n
300 t = abs(a(i,i1))+abs(b(i,i1))
310 if s>=t then 340
320 i3 = i
330 s = t
340 next i
350 if i3=i1 then 440
360 for j=1 to n
370 s = -a(i1,j)
380 a(i1,j) = a(i3,j)
390 a(i3,j) = s
400 s1 = -b(i1,j)
410 b(i1,j) = b(i3,j)
420 b(i3,j) = s1
430 next j
440 i3 = i1 + 1
450 for i=i3 to n
460 s1 = a(i1,i1)*a(i1,i1) + b(i1,i1)*b(i1,i1)
470 s  = (a(i,i1)*a(i1,i1) + b(i,i1)*b(i1,i1))/s1
480 b(i,i1) = (a(i1,i1)*b(i,i1) - a(i,i1)*b(i1,i1))/s1
490 a(i,i1) = s
500 next i
510 j2 = i1 - 1
520 if j2=0 then 590
530 for j=i3 to n
540 for i=1 to j2
550 a(i1,j) = a(i1,j) - a(i1,i)*a(i,j) + b(i1,i)*b(i,j)
560 b(i1,j) = b(i1,j) - b(i1,i)*a(i,j) - a(i1,i)*b(i,j)
570 next i
580 next j
590 j2 = i1
600 i1 = i1+1
610 for i=i1 to n
620 for j=1 to j2
630 a(i,i1) = a(i,i1) - a(i,j)*a(j,i1) + b(i,j)*b(j,i1)
640 b(i,i1) = b(i,i1) - b(i,j)*a(j,i1) - a(i,j)*b(j,i1)
650 next j
660 next i
670 if i1<>n then 270
680 i3 = 1
690 j2 = int(n/2)
700 if n=2*j2 then 740
710 i3 = 0
720 d1 = a(n,n)
730 d2 = b(n,n)
```

```
740 for i=1 to j2
750 j = n - i + i3
760 s  = a(i,i)*a(j,j) - b(i,i)*b(j,j)
770 s1 = a(i,i)*b(j,j) + a(j,j)*b(i,i)
780 t  = d1*s - d2*s1
790 d2 = d2*s + d1*s1
800 d1 = t
810 next i
820 print
850 print"Determinante:  "; d1; " + i * "; d2
860 rem !-------------------------------------------!
870 rem ! Ordnung n der Determinante                !
880 rem !-------------------------------------------!
890 data 2
900 rem !-------------------------------------------!
910 rem ! Elemente zeilenweise ablegen              !
920 rem ! (jeweils Real- und Imaginärteil)          !
920 rem !-------------------------------------------!
930 data  10, -8,    12, 3
940 data  12, -3,    10, 8
950 end
```

5.6 Die inverse Matrix

Wir gehen noch auf die Berechnung der inversen Matrix INV(A) mit Hilfe
von Determinanten ein. Statt der Schreibweise INV(A) wird gewöhnlich die
Schreibweise

$$A^{-1}$$

verwendet. Wir wollen an dieser Stelle von dem linearen Gleichungssystem
A * X = Y ausgehen. Obwohl wir im folgenden nur 3 Gleichungen mit 3 Unbekannten betrachten wollen, ist dies keine Einschränkung. Eine Erweiterung der Betrachtungen auf n Gleichungen mit n Unbekannten liegt auf der
Hand. Die Lösung x_1 des vorgegebenen regulären Gleichungssystems

$$a_{11} \cdot x_1 + a_{12} \cdot x_2 + a_{13} \cdot x_3 = y_1$$

$$a_{21} \cdot x_1 + a_{22} \cdot x_2 + a_{23} \cdot x_3 = y_2$$

$$a_{21} \cdot x_1 + a_{32} \cdot x_2 + a_{33} \cdot x_3 = y_3$$

kann mit Hilfe der bekannten Cramerschen Regel durch

$$x_1 = \frac{d_1}{d} = \frac{\begin{vmatrix} y_1 & a_{12} & a_{13} \\ y_2 & a_{22} & a_{23} \\ y_3 & a_{32} & a_{33} \end{vmatrix}}{\begin{vmatrix} a_{11} & a_{12} & a_{13} \\ a_{21} & a_{22} & a_{23} \\ a_{31} & a_{32} & a_{33} \end{vmatrix}}$$

dargestellt werden. In der Zählerdeterminante ist die 1. Spalte der Determinante d durch die $Y = (y_1 \; y_2 \; y_3)'$-Spalte (rechte Gleichungsseite) ersetzt worden. Nach dem Laplaceschen Entwicklungssatz für Determinanten werden wir nun die Zählerdeterminante nach der 1. Spalte entwickeln. Ist z.B. d_{21} diejenige vorzeichenbehaftete Unterdeterminante, die durch Streichen der 2. Zeile und 1. Spalte aus d entsteht, so ergibt die Entwicklung von d_1 nach der 1. Spalte

$$d_1 = d_{11} \cdot y_1 + d_{21} \cdot y_2 + d_{31} \cdot y_3 \; .$$

Unsere Lösung x_1 ist dann

$$x_1 = d_1/d = (d_{11} \cdot y_1 + d_{21} \cdot y_2 + d_{31} \cdot y_3)/d \; .$$

Entsprechend können wir x_2 und x_3 berechnen und erhalten

$$x_1 = d_1/d = (d_{11} \cdot y_1 + d_{21} \cdot y_2 + d_{31} \cdot y_3)/d$$
$$x_2 = d_2/d = (d_{12} \cdot y_1 + d_{22} \cdot y_2 + d_{32} \cdot y_3)/d$$
$$x_3 = d_3/d = (d_{13} \cdot y_1 + d_{23} \cdot y_2 + d_{33} \cdot y_3)/d \; .$$

Schreiben wir diese 3 linearen Gleichungen in Matrizenform, so ergibt sich

$$\begin{pmatrix} x_1 \\ x_2 \\ x_3 \end{pmatrix} = \frac{1}{d} \begin{pmatrix} d_{11} & d_{21} & d_{31} \\ d_{12} & d_{22} & d_{32} \\ d_{13} & d_{23} & d_{33} \end{pmatrix} * \begin{pmatrix} y_1 \\ y_2 \\ y_3 \end{pmatrix}$$

Diese Darstellung des Lösungsvektors $X = (x_1\ x_2\ x_3)'$ des Gleichungssystems $A * X = Y$ mit Hilfe von Adjunkten d_{ij} zeigt, daß es bei einer von Null verschiedenen Koeffizientendeterminante $d = det(A)$ eine inverse Matrix INV(A) gibt, für die

$$X = A^{-1} * Y$$

gilt. Diese inverse Matrix kann explizit durch

$$A^{-1} = \frac{1}{d} \begin{pmatrix} d_{11} & d_{21} & d_{31} \\ d_{12} & d_{22} & d_{32} \\ d_{31} & d_{32} & d_{33} \end{pmatrix}$$

mit Hilfe der Adjunkten der Determinante

$$d = \begin{vmatrix} a_{11} & a_{12} & a_{13} \\ a_{21} & a_{22} & a_{23} \\ a_{31} & a_{32} & a_{33} \end{vmatrix}$$

dargestellt werden. Natürlich können diese Überlegungen auf n Gleichungen erweitert werden. Offensichtlich ist notwendig und hinreichend für die Existenz einer eindeutigen inversen Matrix INV(A), daß die gegebene quadratische Matrix A regulär, d.h. det(A) verschieden von Null ist. Für die inverse Matrix gilt:

$$A^{-1} * A = A * A^{-1} = E .$$

Existieren für die (n,n)-Matrizen A und B die Inversen, so existiert auch die Inverse der Produktmatrix $A * B$, und es gilt

$$(A * B)^{-1} = B^{-1} * A^{-1} .$$

Dies ist wegen

$$(A * B) * (B^{-1} * A^{-1}) = A * E * A^{-1} = E$$

$$(B^{-1} * A^{-1}) * (A * B) = B^{-1} * E * B = E$$

122

leicht einsichtig. Entsprechend gilt

$$(A * B * C)^{-1} = C^{-1} * (A * B)^{-1} = C^{-1} * B^{-1} * A^{-1} \quad ,\text{d.h.}$$

$$(A * B * C)^{-1} = C^{-1} * B^{-1} * A^{-1} \quad .$$

> **Weil die Produktbildung von Matrizen nicht kommutativ ist,
> müssen wir sorgfältig
> auf die Reihenfolge der Faktoren achten.**

5.6.1 Beispiele für inverse Matrizen

An einem Beispiel wollen wir die Berechnung der inversen Matrix mit
Hilfe von Determinanten durchführen. Gesucht sei die **Matrix X**, die
Lösung der **Matrizengleichung** A * X = Y ist. Die Matrix A sei vom Typ(A) =
(3,3), die Matrix Y sei vom Typ(Y) = (3,2). Ist A regulär, so ist notwendigerweise Typ(X) = (3,2). Die gegebene Matrizengleichung ist

$$A * X = Y$$

oder

$$\begin{pmatrix} 3 & 5 & 1 \\ 2 & 4 & 5 \\ 1 & 2 & 2 \end{pmatrix} * \begin{pmatrix} x_{11} & x_{12} \\ x_{21} & x_{22} \\ x_{31} & x_{32} \end{pmatrix} = \begin{pmatrix} 1 & 3 \\ 4 & 5 \\ 0 & -2 \end{pmatrix} .$$

Zunächst berechnen wir alle Adjunkten der Determinante d = det(A):

$$d_{11} = + \begin{vmatrix} 4 & 5 \\ 2 & 2 \end{vmatrix} = -2 , \quad d_{12} = - \begin{vmatrix} 2 & 5 \\ 1 & 2 \end{vmatrix} = 1 , \quad d_{13} = + \begin{vmatrix} 2 & 4 \\ 1 & 2 \end{vmatrix} = 0$$

$$d_{21} = - \begin{vmatrix} 5 & 1 \\ 2 & 2 \end{vmatrix} = -8 , \quad d_{22} = + \begin{vmatrix} 3 & 1 \\ 1 & 2 \end{vmatrix} = 5 , \quad d_{23} = - \begin{vmatrix} 3 & 5 \\ 1 & 2 \end{vmatrix} = -1$$

$$d_{31} = + \begin{vmatrix} 5 & 1 \\ 4 & 5 \end{vmatrix} = 21 , \quad d_{32} = - \begin{vmatrix} 3 & 1 \\ 2 & 5 \end{vmatrix} = -13, \quad d_{33} = + \begin{vmatrix} 3 & 5 \\ 2 & 4 \end{vmatrix} = 2 .$$

Die Determinante d = det(A) kann nach dem Laplaceschen Entwicklungssatz
z.B. durch Entwickeln nach der 1. Zeile erhalten werden:

$$d = a_{11} \cdot d_{11} + a_{12} \cdot d_{12} + a_{13} \cdot d_{13}$$

$$d = 3 \cdot (-2) + 5 \cdot 1 + 1 \cdot 0 = -1 \ .$$

Die inverse Matrix INV(A) ist nun durch

$$A^{-1} = \frac{1}{d} \begin{pmatrix} d_{11} & d_{21} & d_{31} \\ d_{12} & d_{22} & d_{32} \\ d_{13} & d_{23} & d_{33} \end{pmatrix} = \begin{pmatrix} 2 & 8 & -21 \\ -1 & -5 & 13 \\ 0 & 1 & -2 \end{pmatrix}$$

gegeben. Nach der Berechnung der inversen Matrix kann die Matrizengleichung A * X = Y von links mit INV(A) = A^{-1} multipliziert

$$A * X = Y$$

$$A^{-1} * A * X = A^{-1} * Y$$

werden. Wegen $A^{-1} * A = E$ erhalten wir die Lösungsmatrix

$$X = A^{-1} * Y$$

oder explizit

$$\begin{pmatrix} x_{11} & x_{12} \\ x_{21} & x_{22} \\ x_{31} & x_{32} \end{pmatrix} = \begin{pmatrix} 2 & 8 & -21 \\ -1 & -5 & 13 \\ 0 & 1 & -2 \end{pmatrix} * \begin{pmatrix} 1 & 3 \\ 4 & 5 \\ 0 & -2 \end{pmatrix}$$

und somit

$$\begin{pmatrix} x_{11} & x_{12} \\ x_{21} & x_{22} \\ x_{31} & x_{32} \end{pmatrix} = \begin{pmatrix} 34 & 88 \\ -21 & -54 \\ 4 & 9 \end{pmatrix} \ .$$

Enthält (in der Matrizengleichung A * X = Y) die Matrix Y viele Spalten,

124

so erscheint der größere, aber nur einmal durchzuführende Rechenaufwand
bei der Berechnung der inversen Matrix gerechtfertigt.

Wir wollen nun weitere (Zahlen-) Beispiele für spezielle inverse Matrizen angeben. Tridiagonale Matrizen der nachfolgend genannten Art kommen
z.B. in Differenzengleichungen vor. Die Berechnung der inversen Matrix wollen wir dem Leser überlassen und geben hier lediglich die Ergebnisse an:

$$
\begin{pmatrix}
2 & -1 & 0 & 0 & 0 \\
-1 & 2 & -1 & 0 & 0 \\
0 & -1 & 2 & -1 & 0 \\
0 & 0 & -1 & 2 & -1 \\
0 & 0 & 0 & -1 & 2
\end{pmatrix}
*
\begin{pmatrix}
5 & 4 & 3 & 2 & 1 \\
4 & 8 & 6 & 4 & 2 \\
3 & 6 & 9 & 6 & 3 \\
2 & 4 & 6 & 8 & 4 \\
1 & 2 & 3 & 4 & 5
\end{pmatrix}
= 6 \cdot
\begin{pmatrix}
1 & 0 & 0 & 0 & 0 \\
0 & 1 & 0 & 0 & 0 \\
0 & 0 & 1 & 0 & 0 \\
0 & 0 & 0 & 1 & 0 \\
0 & 0 & 0 & 0 & 1
\end{pmatrix}
$$

$$
\begin{pmatrix}
2 & -1 & 0 & 0 & 0 & 0 \\
-1 & 2 & -1 & 0 & 0 & 0 \\
0 & -1 & 2 & -1 & 0 & 0 \\
0 & 0 & -1 & 2 & -1 & 0 \\
0 & 0 & 0 & -1 & 2 & -1 \\
0 & 0 & 0 & 0 & -1 & 2
\end{pmatrix}
*
\begin{pmatrix}
6 & 5 & 4 & 3 & 2 & 1 \\
5 & 10 & 8 & 6 & 4 & 2 \\
4 & 8 & 12 & 9 & 6 & 3 \\
3 & 6 & 9 & 12 & 8 & 4 \\
2 & 4 & 6 & 8 & 10 & 5 \\
1 & 2 & 3 & 4 & 5 & 6
\end{pmatrix}
= 7 \cdot
\begin{pmatrix}
1 & 0 & 0 & 0 & 0 & 0 \\
0 & 1 & 0 & 0 & 0 & 0 \\
0 & 0 & 1 & 0 & 0 & 0 \\
0 & 0 & 0 & 1 & 0 & 0 \\
0 & 0 & 0 & 0 & 1 & 0 \\
0 & 0 & 0 & 0 & 0 & 1
\end{pmatrix}
$$

Die Systematik im Aufbau der einzelnen Matrizen ist zu erkennen und kann
auch auf größere und gleichartig aufgebaute Matrizen übertragen werden.

Ein weiteres wichtiges Beispiel soll hier angefügt werden. Wir wollen in
der (4,4)-Einheitsmatrix die 3. Spalte durch die Spalte $(a_1\ a_2\ a_3\ a_4)'$
ersetzen. Die entstehende Matrix A ist dann:

$$
A =
\begin{pmatrix}
1 & 0 & a_1 & 0 \\
0 & 1 & a_2 & 0 \\
0 & 0 & a_3 & 0 \\
0 & 0 & a_4 & 1
\end{pmatrix}
$$

Wie man leicht nachrechnet ist die inverse Matrix A^{-1} durch

$$A^{-1} = \begin{pmatrix} 1 & o & -a_1/a_3 & o \\ o & 1 & -a_2/a_3 & o \\ o & o & +1/a_3 & o \\ o & o & -a_4/a_3 & 1 \end{pmatrix}$$

gegeben, wobei a_3 von Null verschieden vorausgesetzt wird. Die Bildung der inversen Matrix INV(A) ist in der gleichen Art möglich, wenn in A statt der 3. Spalte eine andere Spalte der (4,4)-Einheitsmatrix durch die Spalte $(a_1\ a_2\ a_3\ a_4)'$ ersetzt wird. Auch ist die spezielle Wahl des Typ(A) = (4,4) nicht notwendig. Die explizite Angabe der hier genannten inversen Matrix INV(A) ist bei vielen Verfahren (Simplexalgorithmus, Lösung von Gleichungssystemen usw.) eine wesentliche Hilfe.

Als weiteres Zahlenbeispiel geben wir die inverse Matrix einer oberen Dreiecksmatrix

$$\begin{pmatrix} 1 & 1 & 1 & 1 \\ o & 1 & 1 & 1 \\ o & o & 1 & 1 \\ o & o & o & 1 \end{pmatrix} * \begin{pmatrix} 1 & -1 & o & o \\ o & 1 & -1 & o \\ o & o & 1 & -1 \\ o & o & o & 1 \end{pmatrix} = \begin{pmatrix} 1 & o & o & o \\ o & 1 & o & o \\ o & o & 1 & o \\ o & o & o & 1 \end{pmatrix}$$

an. Wie hier an diesem Beispiel, gilt auch allgemein, daß die Inverse einer regulären oberen Dreiecksmatrix wieder eine obere Dreiecksmatrix ist.

Die Inverse einer Diagonalmatrix mit nichtverschwindenden Diagonalelementen ist wieder eine Diagonalmatrix. Z.B. gilt

$$D = \begin{pmatrix} d_1 & o & o \\ o & d_2 & o \\ o & o & d_3 \end{pmatrix}, \quad D^{-1} = \begin{pmatrix} 1/d_1 & o & o \\ o & 1/d_2 & o \\ o & o & 1/d_3 \end{pmatrix}.$$

Zum Testen von Programmen zur Berechnung von inversen Matrizen wird oft die folgende (n,n)-Matrix K verwendet, deren Elemente durch

$$k_{ij} = \binom{n+i-1}{i-1} \cdot \binom{n-1}{n-j} \cdot \frac{n}{i+j-1}$$

gegeben sind. Die runden Klammern bedeuten hier Binomialkoeffizienten. Die Elemente der inversen Matrix $INV(K) = K^{-1}$ sind dann durch

$$(-1)^{i+j} \cdot k_{ij}$$

gegeben. Z.B. erhalten wir für $n = 3$ und $i = 1, 2, 3$ und $j = 1, 2, 3$ die Matrizen

$$\begin{pmatrix} 3 & 3 & 1 \\ 6 & 8 & 3 \\ 1o & 15 & 6 \end{pmatrix} * \begin{pmatrix} 3 & -3 & 1 \\ -6 & 8 & -3 \\ 1o & -15 & 6 \end{pmatrix} = \begin{pmatrix} 1 & o & o \\ o & 1 & o \\ o & o & 1 \end{pmatrix} \quad ,$$

deren Produkt die Einheitsmatrix ergibt.

Wir wollen nun noch die inverse Matrix für eine (2,2)-Matrix A mit den Elementen a_1, a_2, b_1, b_2 angeben. Wegen

$$\begin{pmatrix} a_1 & b_1 \\ a_2 & b_2 \end{pmatrix} * \begin{pmatrix} b_2 & -b_1 \\ -a_2 & a_1 \end{pmatrix} = \begin{pmatrix} d & o \\ o & d \end{pmatrix}$$

gilt $d = det(A) = a_1 \cdot b_2 - a_2 \cdot b_1$. Ist d von Null verschieden, so ist

$$A = \begin{pmatrix} a_1 & b_1 \\ a_2 & b_2 \end{pmatrix} , \quad A^{-1} = d^{-1} \begin{pmatrix} b_2 & -b_1 \\ -a_2 & a_1 \end{pmatrix} \quad .$$

5.6.2 Adjungierte Matrix

Wir wollen nun noch die adjungierte Matrix ADJ(A) einführen. Wir setzen jetzt lediglich voraus, daß die gegebene Matrix A quadratisch ist. Die Elemente der adjungierten Matrix ADJ(A) sind durch die Adjunkten von A (Unterdeterminanten mit Vorzeichen) gegeben. Für eine (3,3)-Matrix

$$A = \begin{pmatrix} a_{11} & a_{12} & a_{13} \\ a_{21} & a_{22} & a_{23} \\ a_{31} & a_{32} & a_{33} \end{pmatrix} \quad \text{ist} \quad ADJ(A) = \begin{pmatrix} d_{11} & d_{21} & d_{31} \\ d_{12} & d_{22} & d_{32} \\ d_{13} & d_{23} & d_{33} \end{pmatrix}.$$

Zu beachten ist die Indizierung der Elemente der adjungierten Matrix. Ist d = det(A) die Determinante von A so gilt

$$A * ADJ(A) = ADJ(A) * A = d * E$$

oder

$$\begin{pmatrix} a_{11} & a_{12} & a_{13} \\ a_{21} & a_{22} & a_{23} \\ a_{31} & a_{32} & a_{33} \end{pmatrix} * \begin{pmatrix} d_{11} & d_{21} & d_{31} \\ d_{12} & d_{22} & d_{32} \\ d_{13} & d_{23} & d_{33} \end{pmatrix} = \begin{pmatrix} d & o & o \\ o & d & o \\ o & o & d \end{pmatrix}.$$

Ausgeschrieben erhalten wir 9 lineare Gleichungen, die oft Ausgangspunkt weitergehender Betrachtungen sind. Natürlich sind diese durchgeführten Überlegungen nicht an eine (3,3)-Matrix A gebunden, sondern können leicht auf eine (n,n)-Matrix erweitert werden. Auch gelten diese Aussagen ebenso für eine singuläre Matrix A, für die d = o ist.

5.6.3 Programm zur Lösung der Matrizengleichung A * X = Y

Wir wollen zunächst ein Programm konzipieren, das für eine reguläre (n, n)-Matrix A und eine (n,m)-Matrix Y die Lösungsmatrix X berechnet. Die Matrix X ist vom Typ(X) = (n,m). Mit Matrizenbefehlen ist der Aufbau des Programmes denkbar einfach. Z.B. besetzt

$$80 \text{ mat } Y = ZER(n,m)$$

alle Elemente von Y mit O, und macht den Computer mit dem aktuellen Typ der Matrix Y bekannt. Auch ist die Berechnung der inversen Matrix gemäß

$$130 \text{ mat } B = INV(A)$$

mit einem Matrizenbefehl leicht zu realisieren. Die Elemente der inversen

Matrix sind dann in dem B-Feld abgespeichert. Mit den Matrizenbefehlen hat unser Programm die folgende Form:

```
 10 rem !---------------------------------------------!
 12 rem ! Lösung der Matrizengleichung  A * X = Y     !
 14 rem ! mit Matrizen-Befehlen                       !
 16 rem !---------------------------------------------!
 20 dim A(20,20), B(20,20), X(20,10), Y(20,10)
 30 input "Anzahl der Zeilen  von A"; n
 40 input "Anzahl der Spalten von Y"; m
 50 mat A = ZER(n,n)
 60 mat B = ZER(n,n)
 70 mat X = ZER(n,m)
 80 mat Y = ZER(n,m)
 90 print "A-Matrix zeilenweise eingeben"
100 mat input A
110 print "Y-Matrix zeilenweise eingeben"
120 mat input Y

130 mat B = INV(A)

140 mat X = B*Y
150 print "die Lösungsmatrix X ist"
160 mat print X
170 print "die A-Matrix lautet"
180 mat print A
190 print "die inverse Matrix B lautet"
200 mat print B
210 end
```

Bei Kleinrechnern stehen die mat-Befehle oft nicht zur Verfügung. Deshalb wollen wir, in Abänderung des bereits beschriebenen Programmes zum Gauß-Jordan-Verfahren zur Lösung von linearen Gleichungssystemen, ein Programm zur Berechnung der inversen Matrix angeben, das ohne Matrizen-Befehle auskommt. Enthält z.B. die (3,3)-Matrix A die Zeilen (3 5 1), (2 4 5), (1 2 2), so bilden wir eine (3,6)-Matrix (A,E) , die im gewissen Sinne als erweiterte Matrix aufgefaßt werden kann. Auf

$$
(A, E) = \begin{pmatrix} 3 & 5 & 1 & \vdots & 1 & 0 & 0 \\ 2 & 4 & 5 & \vdots & 0 & 1 & 0 \\ 1 & 2 & 2 & \vdots & 0 & 0 & 1 \end{pmatrix}
$$

werden rangerhaltende Zeilentransformationen (Rechteckregel) angewendet so, daß aus A die Einheitsmatrix E wird. Dadurch wird aus

$$(A, E) \longrightarrow (E, A^{-1}) \ .$$

Wesentliche Einzelheiten zu dem folgenden Basic-Programm wurden bereits im Kapitel "Gauß-Jordan-Verfahren" behandelt. Deshalb kann hier auf eine Wiederholung dieser Bemerkungen verzichtet werden. Unser Programm lautet:

```basic
100 rem !---------------------------------------!
102 rem ! Berechnung der inversen Matrix INV(A) !
103 rem !     der (n,n)-Matrix A  nach der       !
105 rem !        Methode von Gauß-Jordan.        !
107 rem !---------------------------------------!
110 dim A(12,12)
120 read n
130 rem !---------------------------------------!
140 rem ! Lesen der Elemente von A              !
150 rem !---------------------------------------!
160 for i=1 to n
165 a(i,n+i) = 1
170 for j=1 to n
180 read a(i,j)
190 if i<>j then a(i,n+j) = 0
200 next j
230 next i
250 print "die gegebene Matrix A ist:"
260 print
270 for i=1 to n
280 for j=1 to n+n
290 print a(i,j),
300 next j
310 print
320 next i
340 print
350 for k=1 to n
360 for i=k to n
370 if a(i,k)<>0 then 410
380 next i
390 print "die Matrix A ist singulär"
400 goto 730
410 for j=k to n+n
420 c = a(k,j)
430 a(k,j) = a(i,j)
440 a(i,j) = c
450 next j
460 c = 1/a(k,k)
470 for j=k to n+n
480 a(k,j) = c*a(k,j)
490 next j
500 for i=1 to n
510 if i=k then 560
520 c = -a(i,k)
530 for j=k to n+n
```

```
540 a(i,j) = a(i,j)+c*a(k,j)
550 next j
560 next i
570 next k
610 print "die inverse Matrix INV(A) ist:"
620 print
630 for i=1 to n
635 for j=1 to n
640 print a(i,n+j),
645 next j
647 print
650 next i
660 data 3
670 rem !----------------------------------------!
680 rem ! Elemente von A zeilenweise ablegen     !
690 rem !----------------------------------------!
700 data 3, 5, 1
710 data 2, 4, 5
720 data 1, 2, 2
730 end
```

Als Daten enthält das Programm ab der Zeile 700 die Elemente der $(3,3)$-
Matrix (Zeile 660)

$$A = \begin{pmatrix} 3 & 5 & 1 \\ 2 & 4 & 5 \\ 1 & 2 & 2 \end{pmatrix}$$

Das Programm berechnet die inverse Matrix

$$A^{-1} = \begin{pmatrix} 2 & 8 & -21 \\ -1 & -5 & 13 \\ 0 & 1 & -2 \end{pmatrix} .$$

5.7 Das Leontief-Modell

Als einführendes Beispiel betrachten wir einen Landwirt La, der Weizen,
einen Bäcker Bä, der Brote und einen Winzer Wi, der Wein produziert. Die
Vereinfachungen in diesem einführenden Beispiel dürfen nicht darüber hin-
wegtäuschen, daß dieses volkswirtschaftliche Verflechtungsmodell i.a.
sehr viele Variablen verarbeiten kann. In einem Monat produziert der
Landwirt x_1 = 1000 kg Weizen, verbraucht davon b_{11} = 30 kg selbst, liefert
b_{12} = 500 kg an den Bäcker und außerdem b_{13} = 10 kg Weizen an den Winzer.

Den Weizenüberschuß von y_1 = 460 kg verkauft der Landwirt anderweitig.
Wir bemerken, daß der erste Index 1 die Produktion bzw. Lieferung des
Landwirtes kennzeichnet. Analog können wir die Brotproduktion des Bäckers
(erster Index ist 2) und die Weinproduktion des Winzers (erster Index ist
3) aufschreiben. In der Tabelle

	Gesamt-produktion	Verbrauch La	Verbrauch Bä	Verbrauch Wi	Über-schuß
La	x_1=1000 kg	b_{11}=30 kg	b_{12}=500 kg	b_{13}=10 kg	y_1=460 kg
Bä	x_2= 100 br	b_{21}=10 br	b_{22}= 4 br	b_{23}= 6 br	y_2= 80 br
Wi	x_3= 200 l	b_{31}=10 l	b_{32}= 10 l	b_{33}=20 l	y_3=160 l

sind die entsprechenden Werte zusammengestellt. Wir nehmen an, daß der
Landwirt mehr Weizen an den Bäcker liefern muß, wenn der Bäcker mehr
produzieren will. Die Lieferung b_{12} des Landwirtes bezogen auf die Pro-
duktionsmenge x_2 des Bäckers sei konstant. Dann ist

$$a_{12} := b_{12}/x_2 \quad \text{konstant.}$$

Statt der Matrix B können wir die Matrix A mit $a_{ij} = b_{ij}/x_j$ einführen.
Natürlich gilt nun der Zusammenhang

$$B = A * D \quad \text{mit} \quad D = \begin{pmatrix} x_1 & 0 & 0 \\ 0 & x_2 & 0 \\ 0 & 0 & x_3 \end{pmatrix}.$$

Wir führen den "summierenden Vektor" Z = (1 1 1)' ein, durch den
D * Z = X wird. Die obige Tabelle kann durch die Matrizengleichung

$$X - B * Z = X - A * D * Z = X - A * X = Y$$

und wegen E * X = X durch

$$(E - A) * X = Y$$

umschrieben werden. Existiert zu (E-A) eine inverse Matrix, so können
wir auch

132

$$X = (E - A)^{-1} * Y$$

schreiben. Dieses Gleichungssystem legt bei einer bestimmten Konsum-
güternachfrage Y die Produktion X fest. Dies wird nun an dem obigen
Zahlenbeispiel gezeigt. Mit der bekannten Matrix A erhalten wir für

$$X - A * X = Y$$

nun

$$\begin{pmatrix} 1000 \\ 100 \\ 200 \end{pmatrix} - \begin{pmatrix} 0.03 & 5.00 & 0.05 \\ 0.01 & 0.04 & 0.03 \\ 0.01 & 0.10 & 0.10 \end{pmatrix} * \begin{pmatrix} 1000 \\ 100 \\ 200 \end{pmatrix} = \begin{pmatrix} 460 \\ 80 \\ 160 \end{pmatrix} .$$

Für E - A ergibt sich

$$E - A = \begin{pmatrix} 1 & 0 & 0 \\ 0 & 1 & 0 \\ 0 & 0 & 1 \end{pmatrix} - \begin{pmatrix} 0.03 & 5.00 & 0.05 \\ 0.01 & 0.04 & 0.03 \\ 0.01 & 0.10 & 0.10 \end{pmatrix}$$

$$E - A = \begin{pmatrix} 0.97 & -5.00 & -0.05 \\ -0.01 & 0.96 & -0.03 \\ -0.01 & -0.10 & 0.90 \end{pmatrix} .$$

Mit der inversen Matrix

$$(E - A)^{-1} = \begin{pmatrix} 1.0924 & 5.716 & 0.2512 \\ 0.0118 & 1.1070 & 0.03756 \\ 0.01345 & 0.1865 & 1.1181 \end{pmatrix}$$

können wir den Produktionsvektor $X = (E - A)^{-1} * Y$ berechnen. Angenommen, die (Fremd-) Nachfrage nach Broten steigt auf 100 br. Dann muß
die Gesamtproduktion durch

$$Y = \begin{pmatrix} 460 \\ 100 \\ 160 \end{pmatrix} \quad \text{auf} \quad X = (E - A)^{-1} * Y = \begin{pmatrix} 1114.3 \\ 122.0 \\ 203.7 \end{pmatrix} ,$$

also x_1 = 1114.3 kg, x_2 = 122 br, x_3 = 203.7 l erhöht werden, weil die An-
nahme für eine allgemeine Steigerung der Nachfrage zugrunde liegt. Mit abge-
rundeten Werten erhalten wir dann aus B = A * D

	Gesamt-produktion	Verbrauch La	Verbrauch Bä	Verbrauch Wi	Über-schuß
La	x_1=1114.3 kg	b_{11}= 33.4 kg	b_{12}=610.7 kg	b_{13}=10.2 kg	y_1=460 kg
Bä	x_2= 122.0 br	b_{21}= 11.0 br	b_{22}= 5.0 br	b_{23}= 6.0 br	y_2=100 br
Wi	x_3= 203.7 l	b_{31}= 11.1 l	b_{32}= 12.2 l	b_{33}=20.4 l	y_3=160 l

5.8 Black Box

Wir wollen nun noch ein Input-Output-Modell angeben, das den gleichen
Zusammenhang

$$X = (E - A)^{-1} * Y$$

wie das Leontief-Modell liefert. Bei einer linearen Black Box hängt
der Eingangsvektor U gemäß

$$U = A * X$$

mit dem Ausgangvektor X zusammen. Die Matrix A beschreibt das Verhalten der
Eingänge der Black Box in Abhängigkeit von den Ausgängen. Die Elemente der
Matrix A sind konstant (lineare Box). Bei vielen Betrachtungen (Kybernetik,
Regelungstechnik usw.) ist die Beschreibung komplexer Zusammenhänge in der
Black Box durch eine Matrix von Bedeutung. Wir setzen (Abb. 23), ähnlich wie
in der Regelungstechnik die Regelstrecke und den Regler, zwei Black Boxes
zusammen. Entsprechend der Abb. 23 werden die Black Boxes durch "Übertragungs-
matrizen" charakterisiert. Wir erhalten:

$$Z = Y + U$$

$$X = D * Z$$

$$X = D * (Y + U)$$

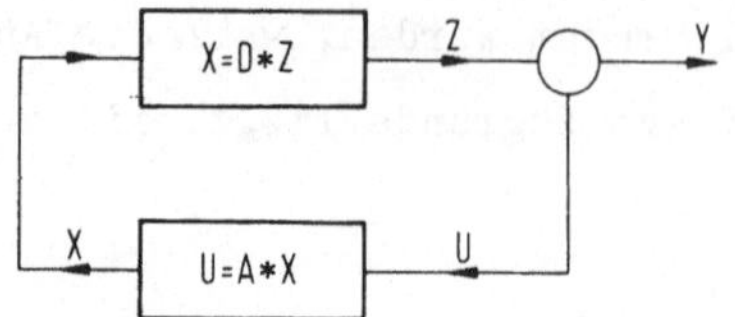

Abb. 23: Kybernetisches Modell
mit Black Boxes

Mit   A * X = U   wird

$$(E - D * A) * X = D * Y$$

oder

$$X = (E - D * A)^{-1} * D * Y .$$

Mit D = E geht diese <u>offene kybernetische System</u> in das Leontief-Modell
über. Mit Hilfe der Black Box ist es offensichtlich möglich, komplexe Sachver-
halte fachgebietübergreifend und übersichtlich darzustellen. Die Eingangs- und
Ausgangsgrößen der Black Boxes sind i.a. n-dimensionale Vektoren. Das "Innen-
leben" einer Black Box wird durch eine geeignete Matrix beschrieben.

5.9 Zusammenfassung

Wir nennen eine quadratische Matrix A regulär, wenn die Determinante von A
verschieden von Null ist. Ist $\det(A) = o$, so heißt A singulär. Für die reguläre Matrix A gilt:

$$A * A^{-1} = A^{-1} * A = E .$$

Die Lösung X des linearen Gleichungssystems A * X = Y kann bei regulärer Matr
A durch

$$X = A^{-1} * Y$$

dargestellt werden. Die Elemente a_{ij} der quadratischen Matrix A^{-1} können durc
$a_{ij} = d_{ji}/d$ ausgedrückt werden. Hierbei ist d_{ij} jene Adjunkte (Unterdeterminante mit Vorzeichen), die aus A durch Streichen der i-ten Zeile und j-ten
Spalte und einem Vorzeichen gemäß der "Schachbrettregel" entsteht.
Der folgende Vergleich einiger Formeln für die inverse Matrix mit entspre-

chenden Formeln für die transponierte Matrix zeigt Ähnlichkeiten und
Unterschiede auf

$(A^{-1})^{-1} = A$	$(A')' = A$
$A^{-1} * A = A * A^{-1} = E$	$A' * A = A * A'$
$(A^{-1} * A)^{-1} = A^{-1} * A$	$(A' * A)' = A' * A$
$(A * B)^{-1} = B^{-1} * A^{-1}$	$(A * B)' = B' * A'$
$(A * B * C)^{-1} = C^{-1} * B^{-1} * A^{-1}$	$(A * B * C)' = C' * B' * A'$
$(A + B)^{-1} \neq A^{-1} + B^{-1}$	$(A + B)' = A' + B'$

Für eine nichtquadratische Matrix A mit Typ(A) = (m,n) können einseitig
inverse Matrizen existieren. Ist m > n und H eine gewählte (n,m)-Matrix, so
folgt für eine reguläre Matrix H * A aus

$$(H * A)^{-1} * H * A = E$$

die <u>linksinverse Matrix L</u> vom Typ(L) = (n,m)

$$L = (H * A)^{-1} * H \quad .$$

Entsprechend nennen wir (falls A * H regulär ist) die Matrix

$$R = H * (A * H)^{-1}$$

mit Typ(H) = Typ(R) = (n,m) und m < n <u>rechtsinverse Matrix</u> von A.

6 Numerische Anwendungen in der Differentialrechnung

6.1 Der Gradient

Die jeweilige Geländehöhe $h = h(x_1,x_2)$ über dem Meeresspiegel hängt von den geographischen Koordinaten x_1 und x_2 ab (Abb. 24). In Landkarten werden zur Darstellung des Geländeverlaufes <u>Niveaulinien</u> eingezeichnet, die durch Verbinden von benachbarten Punkten mit gleichen Höhen entstehen. Mathematisch gesehen entspricht dieses Vorgehen der Darstellung der Funktion $h = h(x_1,x_2)$ in einem x_1,x_2-Koordinatensystem mit h als Parameter.

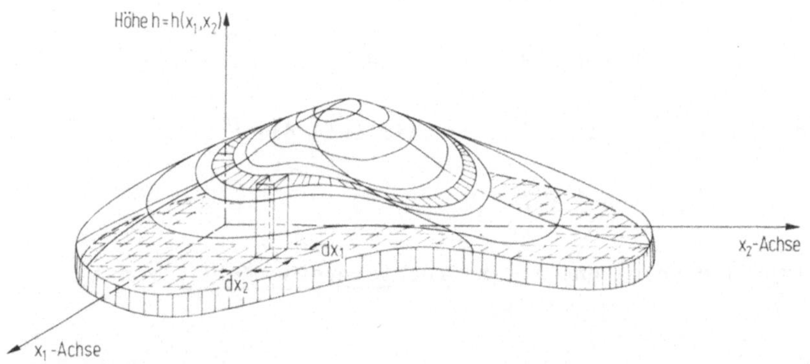

Abb. 24: Niveaulinien (Linien gleicher Höhe)

Wir wollen nun Höhenänderungen dh betrachten. Das totale Differential

$$dh = dx_1 \cdot \frac{\partial h}{\partial x_1} + dx_2 \cdot \frac{\partial h}{\partial x_2}$$

kann mit $dX = (dx_1 \; dx_2)'$ und $\dfrac{\partial}{\partial X} = \left(\dfrac{\partial}{\partial x_1} \; \dfrac{\partial}{\partial x_2} \right)'$, d.h.

$$\frac{\partial}{\partial X} = \begin{pmatrix} \dfrac{\partial}{\partial x_1} \\[2ex] \dfrac{\partial}{\partial x_2} \end{pmatrix}$$

auch als Skalarprodukt

$$dh = dX' * \frac{\partial h}{\partial X} = (dx_1 \quad dx_2) * \begin{pmatrix} \dfrac{\partial h}{\partial x_1} \\[2ex] \dfrac{\partial h}{\partial x_2} \end{pmatrix}$$

oder

$$dh = dX' * G \qquad \text{mit} \qquad G = \frac{\partial h}{\partial X} = \nabla h$$

dargestellt werden. Den Vektor $G = \nabla h$ nennen wir <u>Gradienten</u> der Funktion h. Hierbei ist ∇ (gelesen : Nabla) $= \dfrac{\partial}{\partial X}$ ein vektorieller Operator. Wir wollen hier noch eine Anmerkung zur Bildung des totalen Differentials machen. Für die Existenz des totalen Differentials dh ist die Differenzierbarkeit der Funktion $h = h(x_1, x_2)$ im Definitionsbereich erforderlich. Es genügt nämlich nicht, daß die beiden partiellen Ableitungen

$$\frac{\partial h}{\partial x_1} \qquad \text{und} \qquad \frac{\partial h}{\partial x_2}$$

existieren, sie müssen im Definitionsbereich auch stetig sein (Bedingung für die Differenzierbarkeit von h). Z.B. ist die Funktion

$$f(x_1, x_2) = \begin{cases} 0 & \text{für } x_1 = x_2 = 0 \\[2ex] \dfrac{x_1 \cdot x_2}{x_1^2 + x_2^2} & \text{sonst} \end{cases}$$

138

zwar immer definiert, im Nullpunkt jedoch <u>nicht</u> stetig, und daher sind
die partiellen Ableitungen

$$\frac{\partial f}{\partial x_1} = x_2 \cdot \frac{x_2^2 - x_1^2}{z} \qquad \text{mit} \quad z = \left(x_1^2 + x_2^2 \right)^2$$

$$\frac{\partial f}{\partial x_2} = x_1 \cdot \frac{x_1^2 - x_2^2}{z}$$

im Nullpunkt nicht definiert. Die Unstetigkeit von $f(x_1,x_2)$ erkennen wir,
wenn wir x_1= r.cos φ und x_2= r.sin φ setzen. Damit wird dann $f(x_1,x_2) =$
$\frac{1}{2}$ sin 2φ , also unabhängig von r, so daß $f(x_1,x_2)$ für r gegen Null jeden beliebigen Wert zwischen -o.5 und +o.5 annehmen kann, je nach Wahl des Winkels φ

Wir wollen nun eine anschauliche Bedeutung des Gradienten kennenlernen. Hier-
zu fassen wir den Vektor dX = $(dx_1\ dx_2)'$ als einen "Schritt" unseres gedachten
Weges in der x_1,x_2-Ebene auf. Ist dX senkrecht zum Gradienten G, so wird das
Skalarprodukt

$$dh = dX' * G$$

zu Null, d.h. wir "gehen" entlang einer Niveaulinie. Bei vorgegebener
"Schrittlänge" dx (dx bzw. g sei der Betrag von dX bzw. G) ist die Höhen-
änderung

$$dh = dX' * G$$

$$dh = dx \cdot g \cdot \cos(dX,G)$$

am größten, wenn $\cos(dX,G) = 1$ ist. Dies ist der Fall, wenn dX und G parallel
sind. Den <u>größten Höhenzuwachs</u> erhalten wir <u>in Gradientenrichtung</u>. Weil
ein auf der Geländefläche freigelassener Wassertropfen unter der Wirkung der
Erdanziehung den steilsten Weg ins Tal nimmt, können wir uns die Richtung des
Gradienten mit einem solchen Probetropfen klarmachen. Der Wassertropfen läuft
entgegengesetzt zur Gradientenrichtung.

6.2 Differenzenverfahren

Durch die 3 bekannten Punkte $P_1(x_1,y_1)$, $P_2(x_2,y_2)$, $P_3(x_3,y_3)$ der x,y-Ebene ist ein Polynom 2. Grades

$$y(x) = k_1 + k_2 * x + k_3 * x^2$$

festgelegt. Wir setzen voraus, daß $x_1 < x_2 < x_3$ gilt, d.h. die Punkte P_1, P_2, P_3 wohlunterschieden sind. Die folgenden Betrachtungen werden für ein Polynom 2. Grades durchgeführt. Eine Verallgemeinerung der Betrachtungen für ein Polynom n-ten Grades ist leicht möglich. Wir wollen nun Polynome l_1, l_2, l_3 zweiten Grades konstruieren, die an den "Stützstellen" x_1, x_2, x_3 den Wert 1 annehmen:

$$l_1(x) = \frac{(x-x_2)\cdot(x-x_3)}{(x_1-x_2)\cdot(x_1-x_3)}$$

$$l_2(x) = \frac{(x-x_1)\cdot(x-x_3)}{(x_2-x_1)\cdot(x_2-x_3)}$$

$$l_3(x) = \frac{(x-x_1)\cdot(x-x_2)}{(x_3-x_1)\cdot(x_3-x_2)}$$

Wie man sofort sieht ist $l_1(x_1) = 1$, $l_2(x_2) = 1$, $l_3(x_3) = 1$ und $l_1(x_2) = l_1(x_3) = 0$, $l_2(x_1) = l_2(x_3) = 0$, $l_3(x_1) = l_3(x_2) = 0$. Z.B. nimmt an der Stelle x_1 das Produkt $y_1 \cdot l_1(x)$ die gewünschte Stützhöhe y_1 an. Damit erhalten wir das gesuchte Polynom 2. Grades, das durch P_1, P_2, P_3 geht, zu

$$y(x) = y_1 \cdot l_1(x) + y_2 \cdot l_2(x) + y_3 \cdot l_3(x) \quad .$$

Dies ist die Lagrangesche Interpolationsformel für ein Polynom 2. Grades. Die <u>Lagrangeschen Interpolationsformel</u> für ein Polynom n-ten Grades bei n+1 vorgegebenen Punkten (ohne zusammenfallende x-Koordinaten) hat den gleichen Aufbau und braucht deshalb hier nicht aufgeschrieben zu werden. Wir führen nun (siehe Abb. 25)

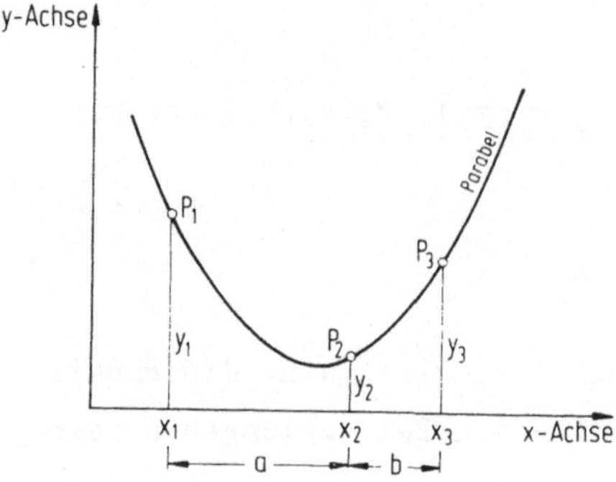

Abb. 25:

Interpolations-Polynom 2. Grades
(Parabel) durch die Punkte P_1, P_2, P_3

$$a = x_2 - x_1 \qquad \text{und} \qquad b = x_3 - x_2$$

ein und erhalten mit

$$l_1(x) = \frac{x^2 - (x_2 + x_3) \cdot x + x_2 \cdot x_3}{a \cdot (a+b)}$$

$$l_2(x) = \frac{x^2 - (x_1 + x_3) \cdot x + x_1 \cdot x_3}{- a \cdot b}$$

$$l_3(x) = \frac{x^2 - (x_1 + x_2) \cdot x + x_1 \cdot x_2}{b \cdot (a+b)}$$

für das Polynom 2. Grades die Parabelgleichung

$$y(x) = k_1 + k_2 \cdot x + k_3 \cdot x^2 = (\,1 \quad x \quad x^2\,) * \begin{pmatrix} k_1 \\ k_2 \\ k_3 \end{pmatrix}$$

mit dem Koeffizientenvektor

$$\begin{pmatrix} k_1 \\ k_2 \\ k_3 \end{pmatrix} = \frac{1}{a \cdot b \cdot (a+b)} \begin{pmatrix} b \cdot x_2 \cdot x_3 & -(a+b) \cdot x_1 \cdot x_3 & a \cdot x_1 \cdot x_2 \\ -b \cdot (x_2 + x_3) & (a+b) \cdot (x_1 + x_3) & -a \cdot (x_1 + x_2) \\ b & -(a+b) & a \end{pmatrix} \begin{pmatrix} y_1 \\ y_2 \\ y_3 \end{pmatrix} \cdot$$

Die Polynomkoeffizienten k_1, k_2, k_3 sind durch ein Matrizenprodukt dargestellt, das lediglich aus den vorgegebenen Stützstellen aufgebaut ist. Zur Ermittlung der Ableitungen $y_1' = y'(x_1)$, $y_2' = y'(x_2)$, $y_3' = y'(x_3)$ differenzieren wir

$$y(x) = \begin{pmatrix} 1 & x & x^2 \end{pmatrix} * \begin{pmatrix} k_1 \\ k_2 \\ k_3 \end{pmatrix}$$

nach x und erhalten für die 1. Ableitung $y'(x)$

$$y'(x) = \begin{pmatrix} 0 & 1 & 2x \end{pmatrix} * \begin{pmatrix} k_1 \\ k_2 \\ k_3 \end{pmatrix} \ .$$

Ersetzen wir den Vektor $(k_1\ k_2\ k_3)'$ durch das obige Matrizenprodukt, so ergeben sich mit $x = x_1$, bzw. $x = x_2$, bzw. $x = x_3$ die Ableitungen der Parabel an den Stützstellen zu

$$\begin{pmatrix} y_1' \\ y_2' \\ y_3' \end{pmatrix} = \begin{pmatrix} -\dfrac{2 \cdot a + b}{a \cdot (a+b)} & \dfrac{a + b}{a \cdot b} & -\dfrac{a}{b \cdot (a+b)} \\ -\dfrac{b}{a \cdot (a+b)} & \dfrac{b - a}{a \cdot b} & \dfrac{a}{b \cdot (a+b)} \\ \dfrac{b}{a \cdot (a+b)} & -\dfrac{a + b}{a \cdot b} & \dfrac{2 \cdot b + a}{b \cdot (a+b)} \end{pmatrix} * \begin{pmatrix} y_1 \\ y_2 \\ y_3 \end{pmatrix} \ .$$

Die Steigungen der Parabel an den Stützstellen sind durch ein Matrizenprodukt dargestellt. Die Matrix ist aus den x-Koordinaten der Stützhöhen aufgebaut. Ganz analog erhalten wir die 2. Ableitung $y''(x_1) = y''(x_2) = y''(x_3)$ der Parabel

$$y''(x) = \begin{pmatrix} 0 & 0 & 2 \end{pmatrix} * \begin{pmatrix} k_1 \\ k_2 \\ k_3 \end{pmatrix}$$

142

durch Einsetzen von $(k_1 \ k_2 \ k_3)'$

$$\left(y_1'' = y_2'' = y_3'' = \frac{2}{a\cdot(a+b)} - \frac{2}{a\cdot b} \quad \frac{1}{b\cdot(a+b)} \right) * \begin{pmatrix} y_1 \\ y_2 \\ y_3 \end{pmatrix} .$$

Setzen wir speziell $b = a$, so erhalten wir für __äquidistante__ Stützstellen

$$\begin{pmatrix} y_1' \\ y_2' \\ y_3' \end{pmatrix} = \frac{1}{2\cdot a} \begin{pmatrix} -3 & 4 & -1 \\ -1 & 0 & 1 \\ 1 & -4 & 3 \end{pmatrix} * \begin{pmatrix} y_1 \\ y_2 \\ y_3 \end{pmatrix}$$

und

$$y_1'' = y_2'' = y_3'' = \frac{1}{a\cdot a} (1 \quad -2 \quad 1) * \begin{pmatrix} y_1 \\ y_2 \\ y_3 \end{pmatrix} .$$

Sind nun von einer bekannten Funktion $f(x)$ die Stützhöhen y_1, y_2, y_3
an den Stützstellen x_1, x_2, x_3 berechnet, so kann $f(x)$ im abgeschlossenen
Intervall von x_1 bis x_3 durch die Lagrangesche Interpolationsformel

$$f(x) = y_1 \cdot l_1(x) + y_2 \cdot l_2(x) + y_3 \cdot l_3(x) +$$

$$+ (x-x_1) \cdot (x-x_2) \cdot (x-x_3) \cdot f'''(h) / \ 3!$$

ersetzt werden. Geometrisch bedeutet das den Ersatz eines Funktions-
graphen durch einen Parabelbogen (Polynom 2. Grades) mit gewissen Feh-
lerschranken. Hierbei setzen wir eine stetige dritte Ableitung f''' in
dem Intervall (x_1, x_3) voraus. Für h gilt $x_1 < h < x_3$. Wir wollen uns im
folgenden jedoch nicht mit der Fehlerabschätzung beschäftigen, sondern
betrachten $f(x)$ in einer "kleinen" Umgebung einer Stützstelle. In vielen
Fällen ist eine Fehlerabschätzung bei dem heutigen Stand der EDV-Technik
belanglos, weil eine bekannte Funktion bei hinreichender Prozessorwort-
länge i.a. mit gewünschter Genauigkeit berechnet werden kann. Auf Daten-
verarbeitungsanlagen mit angeschlossenem Plotter kann man die Funktion

graphisch darstellen lassen. In diesem Fall sind die klassischen Interpolationsverfahren oft nur noch von didaktischem Wert, wie z.B. Ersatz einer komplizierten Funktion durch ein Polynom.

Ist dagegen die Funktion nicht explizit gegeben, sondern beispielsweise aus Meßwerten nur punktweise darstellbar, so nehmen wir an, daß sich die unbekannte Funktion $f(x)$ in einer "kleinen" Umgebung hinreichend gut durch ein Polynom 2. Grades (Parabel) ersetzen läßt. Sind die Stützhöhen y_1, y_2, y_3 zu x_1, x_2, x_3 bekannt, so können wir zur numerischen Berechnung einer Funktion $f(x)$ an der Stelle $x = x_2$ ein hinreichend kleines a wählen und erhalten mit

$$y_1 = f(x_2-a) \ , \quad y_2 = f(x_2) \ , \quad y_3 = f(x_2+a)$$

näherungsweise die Ableitungen

$$f'(x_2) = \frac{y_3 - y_1}{2 \cdot a} = y_2'$$

und

$$f''(x_2) = \frac{y_1 - 2 \cdot y_2 + y_3}{a \cdot a} = y_2'' \ .$$

Diese Ableitungen sind durch <u>Differenzen</u> der Stützstellenwerte ausgedrückt und entsprechen den vorherigen Ableitungen der Interpolationsparabel. Die numerische Differentiation reduziert sich im wesentlichen auf die Berechnung von Funktionswerten. Allerdings sollten wir beachten, daß für $a \ll 1$ in den Zählern der obigen Formeln eine Ziffernauslöschung eintreten kann, d.h. bei beschränkter Stellenzahl ist die Genauigkeit der numerisch berechneten Ableitungen nicht beliebig steigerbar. Die unbekannte Funktion $f(x)$ kann in solchen Fällen durch Polynome höheren Grades interpoliert werden.

6.2.1 Programm zur numerischen Differentiation

Zur näherungsweisen Berechnung eines Differentialquotienten kann ein entsprechender Differenzenquotient verwendet werden. Mit Hilfe der Diffe-

144

renzenquotienten-Formeln ist der Aufbau eines Programmes denkbar einfach.
Zu beachten ist, daß i.a. bei immer kleineren Abszissendifferenzen eine
Ziffernauslöschung im Zähler und Nenner des Differenzenquotienten auf-
treten kann. Ist z.B. $y(x) = \ln x$, so zeigt ein Taschenrechner für $y_1 = y(x-h)$ und $y_3 = y(x+h)$ das gleiche Ergebnis ($y_1 = y_3$) an, wenn wir z.B.
$x = 3$ und $h = 1.10^{-10}$ einsetzen. Für den Differenzenquotienten

$$d = \frac{y_3 - y_1}{2h}$$

erhalten wir dann offensichtlich die falsche "Ableitung" $d = o$ an der
Stelle $x = 3$. Damit solche Ziffern-Auslöschungen vermieden werden, wird
in den Programmzeilen 10 bis 30 näherungsweise die Mantissengenauigkeit g
des jeweiligen Rechners ermittelt und abhängig von der Genauigkeitsschranke
g die Intervallverkleinerung (Zeile 80) durch die Abfrage in der Zeile 150
beendet.

```
 10 g = 1
 20 g = g/2
 30 if 1 <> 1+g then 20
 35 g = 5*g
 40 read x0
 50 data 3

 60 h = 1
 70 for i=1 to 14
 80 h = h/10
 90 x = x0 + h
100 gosub 1000
110 y3 = y
120 x = x0 - h
130 gosub 1000
140 y1 = y
150 if abs(y3-y1)<g  or  h<g then 210
170 d = (y3-y1)/2/h
180 print d
190 next i
210 print
220 print "Differenzenquotient bei "; x0; " ist "; d
230 print "Intervallbreite          "; 2*h
240 print "Genauigkeitsschranke     "; g
250 stop

1000 y = log(x)
1010 return
```

6.3 Lösung einer Differentialgleichung mit Differenzenformeln

Die Differenzenformeln zur Berechnung der Ableitungen lassen sich auch zur numerischen Lösung einer <u>Differentialgleichung</u> wie z.B.

$$y''(x) \; + \; p(x) \cdot y'(x) \; + \; q(x) \cdot y(x) \; = \; g(x)$$

verwenden. Hierzu betrachten wir z.B. das abgeschlossene Intervall von x_0 bis x_6, das wir gemäß

$$a = \frac{x_6 - x_0}{6} \;, \qquad
\begin{array}{ll}
 & y_0 = y(x_0) \\
x_1 = x_0 + 1 \cdot a \;, & y_1 = y(x_1) \\
x_2 = x_0 + 2 \cdot a \;, & y_2 = y(x_2) \\
x_3 = x_0 + 3 \cdot a \;, & y_3 = y(x_3) \\
\quad \cdot & \quad \cdot \\
\quad \cdot & \quad \cdot \\
x_6 = x_0 + 6 \cdot a \;, & y_6 = y(x_6)
\end{array}$$

in 6 Teilintervalle zerlegen. Für jeden inneren Knotenpunkt schreiben wir die Differentialgleichung an, wobei wir die Ableitungen durch die entsprechenden Differenzenformeln ersetzen. Z.B. erhalten wir für die Differentialgleichung

$$y''(x) \; + \; p(x) \cdot y'(x) \; + \; q(x) \cdot y(x) \; = \; g(x)$$

an der Stelle $x = x_1$ die lineare Gleichung

$$\frac{y_0 - 2 \cdot y_1 + y_2}{a^2} \; + \; p(x_1) \cdot \frac{y_2 - y_0}{2a} \; + \; q(x_1) \cdot y_1 \; = \; g(x_1)$$

oder umgeformt mit $p_1 = p(x_1)$, $q_1 = q(x_1)$, $g_1 = g(x_1)$

$$\left(1 - \frac{a \cdot p_1}{2} \right) \cdot y_0 \; + \; \left(-2 + a^2 \cdot q_1 \right) \cdot y_1 \; + \; \left(1 + \frac{a \cdot p_1}{2} \right) \cdot y_2 \; = \; a^2 \cdot g_1 \;.$$

Diese Gleichung verbindet die aufeinanderfolgenden Stützstellen y_0, y_1, y_2 miteinander. Für eine andere Stelle (z.B. $x = x_2$) erhalten wir den gleichen Aufbau der linearen Gleichung. Schreiben wir die zu den 5 inneren Stützpunkten gehörenden 5 Gleichungen auf, so erhalten wir das lineare Gleichungssystem

$$
\begin{pmatrix}
b_1 & c_1 & o & o & o \\
a_2 & b_2 & c_2 & o & o \\
o & a_3 & b_3 & c_3 & o \\
o & o & a_4 & b_4 & c_4 \\
o & o & o & a_5 & b_5
\end{pmatrix}
*
\begin{pmatrix}
y_1 \\ y_2 \\ y_3 \\ y_4 \\ y_5
\end{pmatrix}
= a^2
\begin{pmatrix}
g_1 - a_1 \cdot y_0/a/a \\
g_2 \\
g_3 \\
g_4 \\
g_5 - c_5 \cdot y_6/a/a
\end{pmatrix} .
$$

Hierbei haben wir die Abkürzungen

$$a_1 = 1 - a \cdot p_1/2 \ , \quad a_2 = 1 - a \cdot p_2/2 \ , \quad \ldots \ , \quad a_5 = 1 - a \cdot p_5/2$$

$$b_1 = -2 + a \cdot a \cdot q_1 \ , \quad b_2 = -2 + a \cdot a \cdot q_2 \ , \quad \ldots \ , \quad b_5 = -2 + a \cdot a \cdot q_5$$

$$c_1 = 1 + a \cdot p_1/2 \ , \quad c_2 = 1 + a \cdot p_2/2 \ , \quad \ldots \ , \quad c_5 = 1 + a \cdot p_5/2$$

verwendet. Durch die Vorgabe von y_0 und y_6 ist die rechte Seite des Gleichungssystems festgelegt. Unter Berücksichtigung der Anfangsbedingungen y_0 und y_6 wird dieses Gleichungssystem gelöst. Die Lösungen y_1, y_2, y_3, y_4, y_5 des Gleichungssystems sind die gesuchten Näherungswerte für die Lösungsfunktion $y(x)$ der gegebenen Differentialgleichung an den Stellen x_1, x_2, $\ldots$, x_5. Schreiben wir die Koeffizientenmatrix des linearen Gleichungssystems als Summe der Matrizen

$$
D =
\begin{pmatrix}
-2 & 1 & o & o & o \\
1 & -2 & 1 & o & o \\
o & 1 & -2 & 1 & o \\
o & o & 1 & -2 & 1 \\
o & o & o & 1 & -2
\end{pmatrix} , \quad
P = \frac{a}{2}
\begin{pmatrix}
o & p_1 & o & o & o \\
-p_2 & o & p_2 & o & o \\
o & -p_3 & o & p_3 & o \\
o & o & -p_4 & o & p_4 \\
o & o & o & -p_5 & o
\end{pmatrix} , \quad
Q = a^2
\begin{pmatrix}
q_1 & o & o & o & o \\
o & q_2 & o & o & o \\
o & o & q_3 & o & o \\
o & o & o & q_4 & o \\
o & o & o & o & q_5
\end{pmatrix} ,
$$

so ist die Entsprechung zwischen der Differentialgleichung

$$y''(x) \quad + \quad p(x) \cdot y'(x) \quad + \quad q(x) \cdot y(x) \quad = \quad g(x)$$

und dem Gleichungssystem

$$(D + P + Q) * Y = \begin{pmatrix} g_1 \\ g_2 \\ g_3 \\ g_4 \\ g_5 \end{pmatrix} - \frac{1}{a^2} \begin{pmatrix} (1-a \cdot p_1/2) \cdot y_0 \\ 0 \\ 0 \\ 0 \\ (1+a \cdot p_5/2) \cdot y_6 \end{pmatrix}$$

vermittels der Differenzenformeln leicht zu erkennen. Bei der zugrunde-
gelegten Intervalleinteilung ergeben sich 5 Gleichungen. Bei einer fei-
neren Intervallunterteilung mit n inneren Knotenpunkten erhalten wir n
Gleichungen.

Auf ein Computerprogramm zur numerischen Lösung der Differentialgleichung $y''(x) + p(x) \cdot y'(x) + q(x) \cdot y(x) = g(x)$ kann verzichtet werden, weil
mit den berechneten Vorgaben a, p_1, p_2, $\cdots$, p_5, q_1, q_2, $\cdots$, q_5, g_1,
g_2, $\cdots$, g_5 und y_0, y_6 lediglich das oben angegebene Gleichungssystem
besetzt und gelöst werden muß. Da in dem Gleichungssystem nur 3 Schräg-
reihen von Null verschieden sind, heißt dieses Gleichungssystem
tridiagonal. Die tridiagonale Form resultiert daraus, daß 3 aufeinanderfolgende Stützstellen über die Differenzenformeln miteinander in Beziehung gesetzt sind. Solche tridiagonalen Gleichungssysteme kommen bei
vielen Anwendungen vor. Deshalb werden wir später ein spezielles Programm zur Lösung von tridiagonalen Gleichungssystemen angeben.

6.4 Laplace-Operator

Zur Ableitung von Differenzenformeln für eine Funktion mit 2 Variablen betrachten wir nun ein Polynom 2. Grades mit den Variablen x und y. Ein solches
Polynom stellt eine im allgemeinen gekrümmte Fläche im 3-dimensionalen Raum
dar und kann durch

$$f(x,y) = k_1 + (\; k_2 \;\; k_3 \;) \begin{pmatrix} x \\ y \end{pmatrix} + (\; x \;\; y \;) \begin{pmatrix} k_4 & k_5 \\ 0 & k_6 \end{pmatrix} \begin{pmatrix} x \\ y \end{pmatrix}$$

$$f(x,y) = k_1 + k_2 \cdot x + k_3 \cdot y + k_4 \cdot x^2 + k_5 \cdot x \cdot y + k_6 \cdot y^2$$

oder

$$f(x,y) = (\; 1 \quad x \quad y \quad x^2 \quad xy \quad y^2 \;) \begin{pmatrix} k_1 \\ k_2 \\ k_3 \\ k_4 \\ k_5 \\ k_6 \end{pmatrix}$$

beschrieben werden. Enthält der Vektor $K = (\; k_1 \;\; k_2 \;\; k_3 \;\; k_4 \;\; k_5 \;\; k_6)'$ die Polynomkoeffizienten k_1, k_2, k_3, k_4, k_5, k_6, so lauten die partiellen Ableitungen 1. und 2. Ordnung

$$\frac{\partial f}{\partial x} = (\; 0 \quad 1 \quad 0 \quad 2x \quad y \quad 0 \;) * K$$

$$\frac{\partial f}{\partial y} = (\; 0 \quad 0 \quad 1 \quad 0 \quad x \quad 2y \;) * K$$

$$\frac{\partial^2 f}{\partial x^2} = (\; 0 \quad 0 \quad 0 \quad 2 \quad 0 \quad 0 \;) * K = 2 \cdot k_4$$

$$\frac{\partial^2 f}{\partial y^2} = (\; 0 \quad 0 \quad 0 \quad 0 \quad 0 \quad 2 \;) * K = 2 \cdot k_6$$

$$\frac{\partial^2 f}{\partial y \, \partial x} = (\; 0 \quad 0 \quad 0 \quad 0 \quad 1 \quad 0 \;) * K = \frac{\partial^2 f}{\partial x \, \partial y} = k_5 \; .$$

Die partiellen Ableitungen werden unter Konstanthalten der jeweils nicht-genannten Variablen gebildet. Z.B. ist bei der Ableitung nach x die Variable y wie eine Konstante zu behandeln. Geometrisch bedeutet dies, daß bei partiellen Ableitungen nach x die Schnittkurve zwischen f(x,y) und einer zur x,z-Ebene parallelen Ebene im Abstand y=const. betrachtet

wird. Entsprechendes gilt für partielle Ableitungen nach y.
Zur Herleitung von Differenzenformeln für die partiellen Ableitungen
nehmen wir an, daß in einem geeigneten Gebiet die Funktion $f(x,y)$
hinreichend gut durch ein Polynom 2. Grades in den Variablen x und
y zu beschreiben ist. Weil wir den Fehler nicht betrachten wollen,
werden wir zwischen der "unbekannten" Funktion und dem Polynom nicht unterscheiden und in beiden Fällen die Bezeichnung $f(x)$ wählen. Betrachten
wir die o.g. Schnittkurven, so reduziert sich das Problem auf die Bestimmung der Koeffizienten von Polynomen 2. Grades durch die Punkte
$(x-a, y, f_{12})$, (x, y, f_{22}) und $(x+b, y, f_{32})$, wenn wir

$$f_{12} = f(x-a,y)$$

$$f_{22} = f(x,y)$$

$$f_{32} = f(x+b,y)$$

setzen, bzw. durch die Punkte $(x, y-c, f_{21})$, (x, y, f_{22}) und $(x, y+d, f_{23})$ mit

$$f_{21} = f(x,y-c)$$

$$f_{22} = f(x,y)$$

$$f_{23} = f(x,y+d) \quad .$$

Geometrisch 3-dimensional interpretiert (Abb. 26) heißt das: In den
Punkten $(x-a,y)$, (x,y), $(x+b,y)$, $(x,y-c)$, $(x,y+d)$ der x,y-Ebene sind
die Stützhöhen f_{12}, f_{22}, f_{32}, f_{21}, f_{23} vorgegeben. Diese Höhen werden
als Elemente der Matrix

$$F = \begin{pmatrix} f_{11} & f_{12} & f_{13} \\ f_{21} & f_{22} & f_{23} \\ f_{31} & f_{32} & f_{33} \end{pmatrix}$$

geordnet dargestellt. Als Beispiel wollen wir den <u>Laplace-Operator</u>

$$\Delta = \frac{\partial^2}{\partial x^2} + \frac{\partial^2}{\partial y^2}$$

berechnen. Wegen der Gleichartigkeit der Formeln für die zweiten partiellen Ableitungen mit denen der vorangegangenen Interpolation 2. Grades können wir sofort schreiben

$$\frac{\partial^2 f}{\partial x^2} = \text{spur} \left\{ \begin{pmatrix} 0 & 0 & 0 \\ \frac{2}{a\cdot(a+b)} & -\frac{2}{a\cdot b} & \frac{2}{b\cdot(a+b)} \\ 0 & 0 & 0 \end{pmatrix} \begin{pmatrix} f_{11} & f_{12} & f_{13} \\ f_{21} & f_{22} & f_{23} \\ f_{31} & f_{32} & f_{33} \end{pmatrix} \right\}$$

$$\frac{\partial^2 f}{\partial y^2} = \text{spur} \left\{ \begin{pmatrix} 0 & \frac{2}{c\cdot(c+d)} & 0 \\ 0 & -\frac{2}{c\cdot d} & 0 \\ 0 & \frac{2}{d\cdot(c+d)} & 0 \end{pmatrix} \begin{pmatrix} f_{11} & f_{12} & f_{13} \\ f_{21} & f_{22} & f_{23} \\ f_{31} & f_{32} & f_{33} \end{pmatrix} \right\}$$

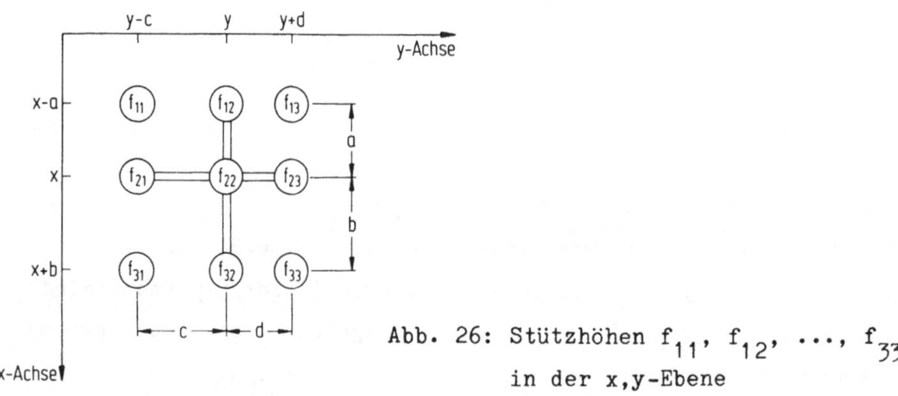

Abb. 26: Stützhöhen f_{11}, f_{12}, ..., f_{33} in der x,y-Ebene

Die Spur einer Matrix ist durch die Summe der Hauptdiagonalelemente definiert. So wie Matrizen addiert werden können, dürfen auch ihre Spuren addiert werden. Die Summenmatrix A + B enthält die Elemente $a_{ii} + b_{ii}$ auf der Hauptdiagonalen, d.h. es gilt

$$\text{spur}(\,A + B\,) = \text{spur}(\,A\,) + \text{spur}(\,B\,)$$

oder z.B.

$$\text{spur}(\,(A+B)*F\,) = \text{spur}(\,A*F\,) + \text{spur}(\,B*F\,)\,.$$

Damit erhalten wir für den Laplace-Operator

$$\Delta \;=\; \frac{\partial^2}{\partial x^2} \;+\; \frac{\partial^2}{\partial y^2}$$

die Darstellung

$$\Delta f \;=\; \text{spur}\left\{\begin{pmatrix} 0 & \dfrac{2}{c\cdot(c+d)} & 0 \\[2mm] \dfrac{2}{a\cdot(a+b)} & -\dfrac{2}{a\cdot b}-\dfrac{2}{c\cdot d} & \dfrac{2}{b\cdot(a+b)} \\[2mm] 0 & \dfrac{2}{d\cdot(c+d)} & 0 \end{pmatrix}\begin{pmatrix} f_{11} & f_{12} & f_{13} \\[2mm] f_{21} & f_{22} & f_{23} \\[2mm] f_{31} & f_{32} & f_{33} \end{pmatrix}\right\}.$$

Setzen wir speziell $a = b = c = d$, so erhalten wir

$$\Delta f \;=\; \text{spur}\left\{\begin{pmatrix} 0 & \dfrac{1}{a\cdot a} & 0 \\[2mm] \dfrac{1}{a\cdot a} & -\dfrac{4}{a\cdot a} & \dfrac{1}{a\cdot a} \\[2mm] 0 & \dfrac{1}{a\cdot a} & 0 \end{pmatrix}\begin{pmatrix} f_{11} & f_{12} & f_{13} \\[2mm] f_{21} & f_{22} & f_{23} \\[2mm] f_{31} & f_{32} & f_{33} \end{pmatrix}\right\}$$

oder

$$\Delta f \;=\; (\, f_{12} + f_{21} + f_{23} + f_{32} - 4\cdot f_{22} \,)/a/a\ .$$

6.4.1 Temperaturverteilung eines Dammes

Wir wollen die Temperaturverteilung eines Körpers betrachten. Die Temperatur f ist eine Funktion des Ortes und der Zeit t. Sind keine Wärmequellen vorhanden, so gilt

$$\frac{\partial f}{\partial t} = k\cdot \Delta f \qquad \text{mit} \qquad k = \frac{\lambda}{\rho\cdot c}$$

Hierbei ist ρ die Dichte und c die spezifische Wärme (bei konstantem

Volumen) des Körpers. Die Wärmeleitfähigkeit λ ist über den Wärme-
strom

$$dQ = -\lambda \cdot da \cdot \nabla f ,$$

der durch die Fläche da geht, definiert. Die Richtung des Wärmestromes ist entgegengesetzt zum Temperaturgradienten. Bei <u>stationärer</u> Temperaturverteilung unterliegt die Temperatur f keiner zeitlichen Änderung, und es gilt

$$\frac{\partial f}{\partial t} = o , \qquad \text{d.h.} \qquad \Delta f = o .$$

Wir betrachten nun (Abb. 27) die stationäre Temperaturverteilung eines trapezförmigen Staudammquerschnittes. Die Ränder des Querschnittes haben die Temperaturen 1° C , 0° C , 0° C , 2° C .

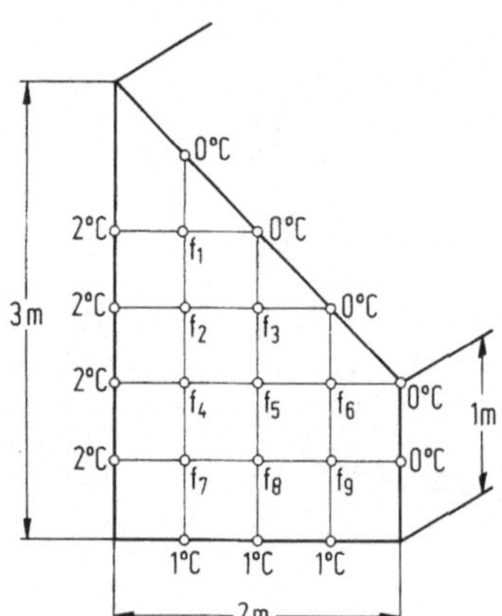

Abb. 27: Temperaturverteilung eines
Staudammquerschnittes

Mit Hilfe des <u>Differenzensterns</u> für ein äquidistantes Netz

wollen wir die Temperaturen f_1, f_2, f_3, f_4, f_5, f_6, f_7, f_8, f_9 im Innern

des Dammquerschnittes berechnen. Dieser Differenzenstern sagt aus, daß
im stationären Zustand die betrachtete zentrale Temperatur in der Mitte
des Differenzensterns gleich dem arithmetischen Mittel der Temperaturen
der 4 Nachbarpunkte ist. Z.B. gilt (Abb. 27)

$$f_5 = \frac{f_3 + f_4 + f_6 + f_8}{4} \ .$$

Zum Aufstellen des linearen Gleichungssystems betrachten wir nacheinander die Temperaturen

$$f_1 = \frac{0 + 0 + f_2 + 2}{4} \ , \qquad f_2 = \frac{f_1 + f_3 + f_4 + 2}{4} \qquad \text{usw.}$$

im Innern des Dammes. Wir erhalten das Gleichungssystem

$$\begin{pmatrix} 0 \\ 0 \\ 0 \\ 0 \\ 0 \\ 0 \\ 0 \\ 0 \\ 0 \end{pmatrix} = \begin{pmatrix} -4 & 1 & 0 & 0 & 0 & 0 & 0 & 0 & 0 \\ 1 & -4 & 1 & 1 & 0 & 0 & 0 & 0 & 0 \\ 0 & 1 & -4 & 0 & 1 & 0 & 0 & 0 & 0 \\ 0 & 1 & 0 & -4 & 1 & 0 & 1 & 0 & 0 \\ 0 & 0 & 1 & 1 & -4 & 1 & 0 & 1 & 0 \\ 0 & 0 & 0 & 0 & 1 & -4 & 0 & 0 & 1 \\ 0 & 0 & 0 & 1 & 0 & 0 & -4 & 1 & 0 \\ 0 & 0 & 0 & 0 & 1 & 0 & 1 & -4 & 1 \\ 0 & 0 & 0 & 0 & 0 & 0 & 1 & 0 & 1 & -4 \end{pmatrix} * \begin{pmatrix} f_1 \\ f_2 \\ f_3 \\ f_4 \\ f_5 \\ f_6 \\ f_7 \\ f_8 \\ f_9 \end{pmatrix} + \begin{pmatrix} 2 \\ 2 \\ 0 \\ 2 \\ 0 \\ 0 \\ 3 \\ 1 \\ 1 \end{pmatrix}$$

Als Lösung des Gleichungssystems ergeben sich die Temperaturen

$$f_1 = 0.785^\circ \ C \ , \qquad f_2 = 1.138^\circ \ C \ , \qquad f_3 = 0.472^\circ \ C$$

$$f_4 = 1.297^\circ \ C \ , \qquad f_5 = 0.749^\circ \ C \ , \qquad f_6 = 0.327^\circ \ C$$

$$f_7 = 1.3^\circ \ C \ , \qquad f_8 = 0.901^\circ \ C \ , \qquad f_9 = 0.557^\circ \ C \ .$$

Natürlich sind i.a. diese Temperaturen nur Näherungswerte der wirklichen
Temperaturverteilung. Mit einem engeren Gitter und damit mehr Gleichungen
ist eine verbesserte Approximation des Temperaturfeldes möglich.

7 Numerische Integration

7.1 Numerische Integration mit Parabelsegmenten

Wir gehen von den 3 bekannten Punkten P_1, P_2, P_3 der x,y-Ebene aus. Die
Koeffizienten k_1, k_2, k_3 der Parabel

$$y(x) = (\; 1 \quad x \quad x^2 \;) * \begin{pmatrix} k_1 \\ k_2 \\ k_3 \end{pmatrix}$$

durch diese Punkte können durch die Werte x_1, y_1, x_2, y_2, x_3, y_3 ausgedrückt werden. Dies wurde im Kapitel: "Differenzenverfahren" bereits
behandelt. Mit wohlunterschiedenen Punkten P_1, P_2, P_3 bildet die Parabel
die Teilflächen f_a und f_b (Abb. 28). Bei bekannter Parabelgleichung erhalten wir durch die Integration

$$f_a = \int_{x_1}^{x_2} y(x).dx$$

der Parabelgleichung die Teilfläche f_a . Diese Fläche hängt nicht von
der absoluten x-Position ab. Bei gleichen Stützhöhen kann die Fläche
entlang der x-Achse verschoben werden, ohne daß sich das Maß der Fläche
ändert. Mit $x_1 = x_2 - a$, $x_3 = x_2 + b$ wird vereinfachend

$$x_2 = 0 , \quad x_1 = -a , \quad x_3 = b$$

gesetzt und wir erhalten mit den speziellen Parabelkoeffizienten (siehe
Kapitel: "Differenzenverfahren")

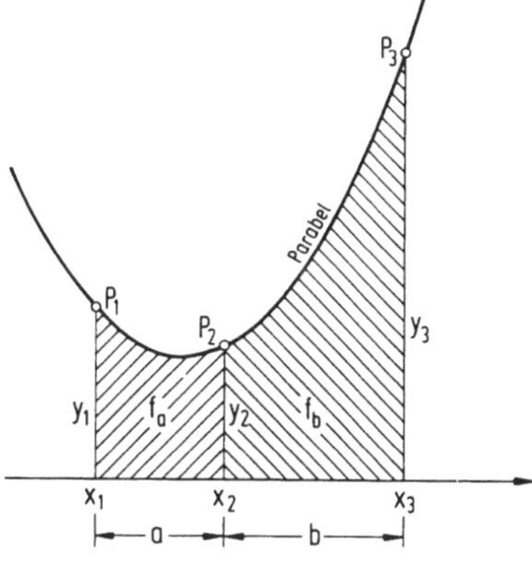

Abb. 28: Flächen f_a und f_b unter der Parabel durch die Punkte P_1, P_2, P_3

$$\begin{pmatrix} k_1 \\ k_2 \\ k_3 \end{pmatrix} = \frac{1}{a \cdot b \cdot (a+b)} \begin{pmatrix} o & a \cdot b \cdot (a+b) & o \\ -b^2 & b^2 - a^2 & a^2 \\ b & -(a+b) & a \end{pmatrix} * \begin{pmatrix} y_1 \\ y_2 \\ y_3 \end{pmatrix}$$

oder

$$k_1 = y_2$$

$$k_2 = -\frac{b}{a(a+b)} y_1 + \frac{b-a}{ab} y_2 + \frac{a}{b(a+b)} y_3$$

$$k_3 = \frac{1}{a(a+b)} y_1 - \frac{1}{ab} y_2 + \frac{1}{b(a+b)} y_3$$

durch Einsetzen von k_1, k_2, k_3 in

$$f_a = \int_{x_1=-a}^{x_2=o} (k_1 + k_2 \cdot x + k_3 \cdot x^2) \cdot dx = k_1 \cdot a - k_2 \cdot \frac{a^2}{2} + k_3 \cdot \frac{a^3}{3}$$

das Ergebnis

$$f_a = \frac{a}{6} \cdot \left[\left(3 - \frac{a}{a+b} \right) \cdot y_1 + \left(3 + \frac{a}{b} \right) \cdot y_2 - \frac{a}{b} \cdot \frac{a}{a+b} \cdot y_3 \right] \cdot$$

Ganz entsprechend erhalten wir aus

$$f_b = \int_{x_2=0}^{x_3=b} (k_1 + k_2 \cdot x + k_3 \cdot x^2) \cdot dx = k_1 \cdot b + k_2 \cdot \frac{b^2}{2} + k_3 \cdot \frac{b^3}{3}$$

156

durch Einsetzen von k_1, k_2, k_3 die Teilfläche

$$f_b = \frac{b}{6} \cdot \left[- \frac{b}{a} \cdot \frac{b}{a+b} \cdot y_1 + \left(3 + \frac{b}{a} \right) \cdot y_2 + \left(3 - \frac{b}{a+b} \right) \cdot y_3 \right]$$

und somit die Flächensumme

$$f_a + f_b = \frac{a+b}{6ab} \cdot \left(a^2-(a-b)^2 \quad (a+b)^2 \quad b^2-(a-b)^2 \right) * \begin{pmatrix} y_1 \\ y_2 \\ y_3 \end{pmatrix}$$

Weil die berechneten Flächen auf der x-Achse verschoben werden können,
ohne daß sich der Wert der Fläche ändert, kann für a und b auch

$$a = x_2 - x_1 \; , \qquad b = x_3 - x_2$$

angenommen werden. Damit sind in den obigen Flächenformeln die Flächen
unter der Parabel durch die Koordinaten der Punkte P_1, P_2, P_3 der x,y-
Ebene ausgedrückt. Für den Sonderfall a = b erhalten wir die Simp-
sonsche Formel

$$f_a + f_b = \frac{a}{3} \cdot \left(1 \quad 4 \quad 1 \right) * \begin{pmatrix} y_1 \\ y_2 \\ y_3 \end{pmatrix} \; ,$$

die der Gesamtfläche zwischen der x-Achse und der Parabel mit den Grenzen
$x = x_1$ und $x = x_1 + 2a$ entspricht.

7.1.1 Programm zur numerischen Integration

Wir nehmen an, daß n Meßpunkte P_1, P_2, P_3, ... , P_n vorgegeben sind.
Diese geordneten Punkte bilden in der x,y-Ebene eine Meßkurve. Wurden
z.B. für einen x_2-Werte verschiedene y-Werte gemessen, so bilden wir das
arithmetische Mittel y_2 dieser y-Werte. Auf diese Art können alle Punkte
wohlunterschieden und im Sinne wachsender x-Werte geordnet werden. Nun
soll näherungsweise die Gesamtfläche zwischen der gedachten Meßkurve
und der x-Achse ermittelt werden. Hierzu werden wir zunächst die Punkte
P_1, P_2, P_3 zur Parabelbestimmung verwenden und die "linke" Teilfläche

zwischen x_1 und x_2 berechnen (Abb. 28). Dann werden wir P_2, P_3, P_4 verwenden und die Teilfläche zwischen x_2 und x_3 berechnen.

Beim Fortschreiten um einen Punkt wird der ursprüngliche "rechte" Parabelbogen durch einen neuen "linken" ersetzt. Beide Parabelbögen werden i.a. verschieden sein. Erst im letzten Berechnungsschritt wird der rechte Parabelbogen verwendet und diese rechte Teilfläche berechnet. Die Summe aller Teilflächen stellt einen Näherungswert für die gesuchte Fläche unter der Meßkurve dar. Ein Basic-Programm zur Berechnung der Flächen bei vorgegebenen Stützhöhen hat dann z.B. folgende Gestalt:

```
10 rem !-----------------------------------------------!
20 rem ! Numerische Integration mit Parabelsegmenten!
30 rem !-----------------------------------------------!
40 read   n, x1,y1, x2,y2

50 for i=3 to n
60 read  x3, y3
70 a = x2-x1 : b = x3-x2

90 f = f + a*((3-a/(a+b))*y1 + (3+a/b)*y2 - a/b*a/(a+b)*y3)

100 if i<>n then 120
110 f = f + b*(-b/a*b/(a+b)*y1 + (3+b/a)*y2 + (3-b/(a+b))*y3)
120 x1 = x2 : y1 = y2 : x2 = x3 : y2 = y3
130 next i

140 print "Fläche="; f/6 ; "Flächeneinheiten"
150 data 5
160 data  0,-4,    1,-3,    2, 0,    3, 5,    6, 32
170 end
```

In dem Zahlenbeispiel wurden n = 5 Punkte mit den Koordinaten (0,-4), (1,-3), (2,0), (3,5), (6,32) verwendet. Diese Punkte liegen "zufällig" auf der Parabel $y = x^2 - 4$. Die Fläche unter der Messkurve zwischen den Punkten (0,-4) und (6,32) beträgt 48 Flächeneinheiten. Dieses Ergebnis liefert natürlich auch unser Programm. Abweichungen ergeben sich erst, wenn die "Messpunkte" nicht exakt auf der Parabel $y = x^2 - 4$ liegen. Eine Verbesserung des Verfahrens dürfte darin bestehen, daß wir alle 2., 3., ..., (n-2)-ten Teilflächen jeweils mit den Formeln für f_a und f_b berechnen und den Mittelwert aus den Ergebnissen nehmen. Diese geringfügige Programmänderung wollen wir dem Leser überlassen.

7.2 Mittelwerte

Wir betrachten wieder eine Parabel, die durch die 3 Punkte P_1, P_2, P_3 der x,y-Ebene (Abb. 29) festgelegt sein soll. Unser Ziel wird es sein, "mittlere Stützhöhen" m_1, m_2, m_3 zu berechnen. Der Wert m_1 stellt ein gewichtetes Mittel der Parabel im Intervall von x_1 bis $(x_1 + a/2)$, m_2 ein gewichtetes Mittel im Intervall von $(x_2 - a/2)$ bis $(x_2 + b/2)$ und m_3 ein gewichtetes Mittel im Intervall von $(x_3 - b/2)$ bis x_3 dar. Setzen wir die Teilflächen

$$f_1 = m_1 \cdot \frac{a}{2} \; ,$$

$$f_2 = m_2 \cdot \frac{a + b}{2} \; ,$$

$$f_3 = m_3 \cdot \frac{b}{2} \; ,$$

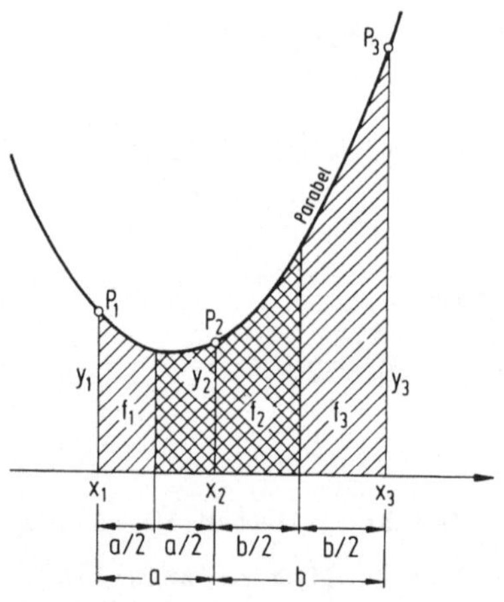

Abb. 29:

Flächen f_1, f_2 und f_3 unter der Parabel

wobei m_1, m_2, m_3 Höhen der die Teilflächen ersetzenden Rechtecke darstellen, so folgt mit

$$a_{11} = \frac{7a+9b}{12(a+b)} \quad , \quad a_{12} = \frac{2a+3b}{12b} \quad , \quad a_{13} = \frac{-2 \cdot a^2}{12b(a+b)}$$

$$a_{21} = \frac{a+b}{12a} - \frac{3 \cdot b^2}{12a(a+b)} \; , \quad a_{22} = \frac{2a^2+2b^2+7ab}{12ab} \quad , \quad a_{23} = \frac{a+b}{12b} - \frac{3 \cdot a^2}{12b(a+b)}$$

$$a_{31} = \frac{-2 \cdot b^2}{12a(a+b)} \quad , \quad a_{32} = \frac{2b+3a}{12a} \quad , \quad a_{33} = \frac{9a+7b}{12(a+b)}$$

für diese Mittelwerte die Beziehung

$$\begin{pmatrix} m_1 \\ m_2 \\ m_3 \end{pmatrix} = \begin{pmatrix} a_{11} & a_{12} & a_{13} \\ a_{21} & a_{22} & a_{23} \\ a_{31} & a_{32} & a_{33} \end{pmatrix} * \begin{pmatrix} y_1 \\ y_2 \\ y_3 \end{pmatrix} \, .$$

Für den Sonderfall a = b ergibt sich

$$\begin{pmatrix} m_1 \\ m_2 \\ m_3 \end{pmatrix} = \frac{1}{24} \begin{pmatrix} 16 & 10 & -2 \\ 1 & 22 & 1 \\ -2 & 10 & 16 \end{pmatrix} * \begin{pmatrix} y_1 \\ y_2 \\ y_3 \end{pmatrix} \, .$$

Die Anwendung dieser Koeffizientenmatrix auf $(y_1 \; y_2 \; y_3)'$ ergibt die "mittleren" Stützhöhen $(m_1 \; m_2 \; m_3)'$. Wenden wir nun diese Koeffizientenmatrix von links auf die im Kapitel "Differenzenverfahren" behandelten Ableitungen an (Achtung: $y_1' = y'(x_1)$ bedeutet die erste Ableitung der Parabel und keine Transposition):

$$\begin{pmatrix} y_1' \\ y_2' \\ y_3' \end{pmatrix} = \frac{1}{2a} \begin{pmatrix} -3 & 4 & -1 \\ -1 & 0 & 1 \\ 1 & -4 & 3 \end{pmatrix} * \begin{pmatrix} y_1 \\ y_2 \\ y_3 \end{pmatrix}$$

so erhalten wir

$$\frac{1}{24} \begin{pmatrix} 16 & 10 & -2 \\ 1 & 22 & 1 \\ -2 & 10 & 16 \end{pmatrix} * \begin{pmatrix} y_1' \\ y_2' \\ y_3' \end{pmatrix} = \frac{1}{4a} \begin{pmatrix} -5 & 6 & -1 \\ -2 & 0 & 2 \\ 1 & -6 & 5 \end{pmatrix} * \begin{pmatrix} y_1 \\ y_2 \\ y_3 \end{pmatrix} \, .$$

Z.B. lautet die 2. Gleichung

$$(y_1' + 22 \cdot y_2' + y_3')/24 = (y_3 - y_1)/2/a \quad .$$

Ganz analog ergibt die Anwendung der obigen Koeffizientenmatrix auf die 2. Ableitungen die <u>Mehrstellenformel</u>

$$(y_1'' + 22 \cdot y_2'' + y_3'')/24 \; = \; (y_1 - 2 \cdot y_2 + y_3)/a/a \; ,$$

die bei der numerischen Behandlung von Differentialgleichungen verwendet
werden.

7.3 Doppelintegrale

Wir wollen zunächst Doppelintegrale mit konstanten Integrationsgrenzen
berechnen. Die konstanten Integrationsgrenzen entsprechen einem rechteckigen Grundgebiet A (**Abb. 30**). Das Integral

$$\iint\limits_{A} f(x,y) \cdot dx \cdot dy$$

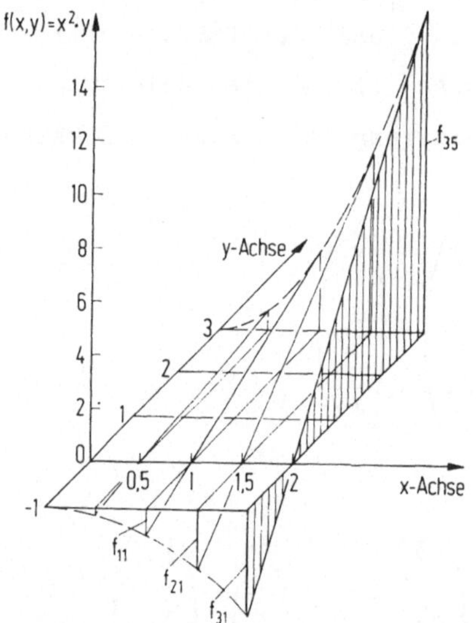

Abb. 30:

Stützhöhen über einem

rechteckigen Grundgebiet

enthält die Funktion f(x,y), die durch Stützhöhen über der Grundfläche
A veranschaulicht werden kann. Der Wert des Doppelintegrales entspricht
dem vorzeichenrichtigen Volumen des Körpers über A.

Zunächst wollen wir die <u>Integrationsformel von Simpson</u> herleiten. Dazu gehen wir von 3 äquidistanten Stützstellen $f(x_1)$, $f(x_2)$, $f(x_3)$ aus. Die Grenzen des Integrationsintervalles seien x_1 und x_3, die Intervallänge sei $2h = x_3 - x_1$. Wir machen den Ansatz

$$\int_{x_1}^{x_3} f(x).dx = 2h.\left[k_1.f(x_1) + k_2.f(x_2) + k_3.f(x_3) \right] + r .$$

Diese Formel soll exakt gültig sein ($r = 0$) für $f(x) = a$, $f(x) = x$ und $f(x) = x^2$. Das ergibt die Gleichungen

$$\int_{x_1}^{x_3} a.dx = a.x \Big|_{x_1}^{x_3} = a(x_3 - x_1) = a.2h = 2h.a.\left[k_1 + k_2 + k_3 \right]$$

$$\int_{x_1}^{x_3} x.dx = \frac{x^2}{2} \Big|_{x_1}^{x_3} = \frac{x_3^2 - x_1^2}{2} = \frac{x_1 + x_3}{2} . 2h$$

$$= 2h.\left[k_1.x_1 + k_2.x_2 + k_3.x_3 \right]$$

$$\int_{x_1}^{x_3} x^2.dx = \frac{x^3}{3} \Big|_{x_1}^{x_3} = \frac{x_3^3 - x_1^3}{3} =$$

$$= 2h.\left[k_1.x_1^2 + k_2.x_2^2 + k_3.x_3^2 \right] .$$

Mit $x_2 = x_1 + h$ und $x_3 = x_1 + 2h$ erhalten wir daraus das Gleichungssystem

$$k_1 + k_2 + k_3 = 1$$
$$k_2 + 2.k_3 = 1$$
$$k_2 + 4.k_3 = 4/3$$

und die Lösung $k_1 = 1/6$, $k_2 = 4/6$, $k_3 = 1/6$, so daß

$$\int_{x_1}^{x_3} f(x).dx = \frac{x_3 - x_1}{6} \cdot \left(f(x_1) + 4.f(x_2) + f(x_3) \right) + r$$

gilt. Polynome 1., 2. und 3. Grades werden durch die <u>Simpson-Formel</u> exakt (Restglied r=o) integriert. Im folgenden werden wir auf das Restglied nicht mehr eingehen. Wir setzen deshalb voraus, daß r vernachlässigt werden kann. An dieser Stelle wollen wir erwähnend einfügen, daß nach ganz ähnlicher Rechnung der Ansatz

$$\int_{x_1}^{x_4} f(x).dx = 3h. \left[k_1.f(x_1) + k_2.f(x_2) + k_3.f(x_3) + k_4.f(x_4) \right]$$

für 3 gleichlange Teilintervalle mit $3h = x_4 - x_1$ das Gleichungssystem

$$\begin{pmatrix} 1 & 1^0 & 2^0 & 3^0 \\ o & 1^1 & 2^1 & 3^1 \\ o & 1^2 & 2^2 & 3^2 \\ o & 1^3 & 2^3 & 3^3 \end{pmatrix} \begin{pmatrix} k_1 \\ k_2 \\ k_3 \\ k_4 \end{pmatrix} = \begin{pmatrix} 3^0/1 \\ 3^1/2 \\ 3^2/3 \\ 3^3/4 \end{pmatrix}$$

und die Koeffizienten $k_1 = 1/8$, $k_2 = 3/8$, $k_3 = 3/8$, $k_4 = 1/8$ liefert. Der Aufbau des Gleichungssystems zur Bestimmung der Koeffizienten k_i ist offensichtlich und gilt auch für mehr als 3 Teilintervalle. Die für 2 Intervalle geltende <u>Simpson-Formel</u> soll nun <u>mehrfach</u> in dem Intervall mit den Grenzen a und b angewendet werden, das in n/2 Doppelstreifen der Streifenbreite 2h mit $h=(b-a)/n$ geteilt ist, also n+1 Stützstellen enthält. Für jeden Doppelstreifen gilt die Simpson-Formel, und wir erhalten die <u>summierte Simpson-Formel</u> zu

$$\int_a^b f(x).dx = \frac{b-a}{3n} \cdot \left(1 \quad 4 \quad 2 \quad 4 \quad 2 \quad \ldots \quad 4 \quad 1 \right) \begin{pmatrix} f_1 \\ f_2 \\ f_3 \\ \vdots \\ f_{n+1} \end{pmatrix}$$

Verstehen wir unter $W' = (\;1\; 4\; 2\; 4\; 2\; \dots\; 4\; 1\;)$ den Vektor der Simpson-Koeffizienten und unter $F = (\; f_1\; f_2\; f_3\; \dots\; f_{n+1}\;)'$ den Vektor der Stützstellenhöhen mit $f_i = f(a-h+ih)$, so kann die letzte Formel auch als Skalar-Produkt

$$\int_a^b f(x).dx \;=\; \frac{b-a}{3n} \cdot W' * F$$

geschrieben werden. Wir kommen nun auf das Doppelintegral

$$\iint_A f(x,y).dx.dy$$

zurück und betrachten die durch die obige Simpson-Formel berechneten Flächeninhalte der Schnittebenen parallel zur x,z-Ebene (y ist konstant) der Funktion $f(x,y)$ mit den x-Integrationsgenzen a und b. Sind m+1 solcher x,z-Flächen a_1, a_2, a_3, $\dots$, a_{m+1} an den y-Stellen $y_1 = c$, $y_2 = c + 1.k$, $y_3 = c + 2.k$, $\dots$, $y_{m+1} = c + m.k$, mit $k = (d-c)/m$ vorhanden (vergleiche Abb. 30 mit m=4), so kann das Volumen gemäß

$$v = \iint_A f(x,y).dx.dy = \frac{b-a}{3.n} \cdot \frac{d-c}{3.m} \cdot (\; a_1 + 4.a_2 + 2.a_3 + \dots + a_{m+1})$$

$$v = \iint_A f(x,y).dx.dy = \frac{b-a}{3.n} \cdot \frac{d-c}{3.m} \cdot (a_1 \quad a_2 \quad a_3 \; \dots \; a_{m+1}) \begin{pmatrix} 1 \\ 4 \\ 2 \\ \vdots \\ 1 \end{pmatrix}$$

entsprechend der Simpson-Formel berechnet werden. Setzen wir nun

$$a_1 = \frac{b-a}{3.n} \cdot W' * F_1 \; , \qquad a_2 = \frac{b-a}{3.n} \cdot W' * F_2 \qquad \text{usw.}$$

ein, so erhalten wir

$$v = \iint_A f(x,y).dx.dy = \frac{b-a}{3.n} \cdot \frac{d-c}{3.m} \; W' * (\; F_1 \quad F_2 \quad F_3 \; \dots \; F_{m+1} \;) \begin{pmatrix} 1 \\ 4 \\ 2 \\ \vdots \\ 1 \end{pmatrix} \cdot$$

Die Spaltenvektoren F_1, F_2, ..., F_{m+1} enthalten die Stützhöhen der Funktion $f(x,y)$ an den entsprechenden Stellen (s. Abb. 31). Z.B. ist

$$F_1 = \begin{pmatrix} f(x_1,y_1) \\ f(x_2,y_1) \\ f(x_3,y_1) \\ \vdots \\ f(b, y_1) \end{pmatrix} = \begin{pmatrix} f_{11} \\ f_{21} \\ f_{31} \\ \vdots \\ f_{n+1,1} \end{pmatrix} , \quad F_2 = \begin{pmatrix} f(x_1,y_2) \\ f(x_2,y_2) \\ f(x_3,y_2) \\ \vdots \\ f(b, y_2) \end{pmatrix} = \begin{pmatrix} f_{12} \\ f_{22} \\ f_{32} \\ \vdots \\ f_{n+1,2} \end{pmatrix} .$$

Enthalten die Vektoren $W = (\ 1\ 4\ 2\ 4\ ...\ 4\ 1\ )'$ mit $\mathrm{Typ}(W) = (n+1,1)$ und $U = (\ 1\ 4\ 2\ 4\ ...\ 4\ 1\ )'$ mit $\mathrm{Typ}(U) = (m+1,1)$ die Simpson-Koeffizienten und die Matrix F mit $\mathrm{Typ}(F) = (n+1,m+1)$ die Stützhöhen an den o.g. Stellen, so kann das Doppelintegral über das rechteckige Grundgebiet (x-Grenzen sind a und b, y-Grenzen sind c und d) numerisch durch

$$v = \iint\limits_{A} f(x,y).dx.dy = \frac{b-a}{3.n} \cdot \frac{d-c}{3.m} \cdot W' * F * U$$

berechnet werden.

Wir wollen nun über ein <u>polygonal begrenztes Grundgebiet</u> (n-Eck) integrieren. Bei bekannten Integranden $f(x,y)$ können in diskreten Punkten $Q(x_i,y_i)$ der x,y-Ebene die Stützhöhen $f_i = f(x_i,y_i)$ über dem Grundgebiet G berechnet werden. Mit diesen Höhen wollen wir dann das Doppelintegral

$$v = \iint\limits_{G} f(x,y).dx.dy$$

numerisch berechnen. Zunächst betrachten wir lediglich <u>ein</u> Dreieck (**Abb. 32**) als Integrationsgebiet. Später setzen wir das gesamte Grundgebiet (n-Eck) aus mehreren Dreiecken zusammensetzen. Die Höhen f_1, f_2, f_3, f_4, f_5, f_6 über den Randpunkten $P_1(0,0)$, $P_2(1,0)$, $P_3(0,1)$, $P_4(.5, 0)$, $P_5(.5,.5)$, $P_6(0,.5)$ eines Dreiecks in der u,v-Ebene seien bekannt. Wir wollen nun die Koeffizienten $K = (\ k_1\ k_2\ k_3\ ...\ k_6\ )'$ des <u>interpolierenden Polynoms</u>

$$f(u,v) = k_1 + (k_2\ k_3)\begin{pmatrix} u \\ v \end{pmatrix} + (u\ \ v)\begin{pmatrix} k_4 & k_5 \\ o & k_6 \end{pmatrix}\begin{pmatrix} u \\ v \end{pmatrix}$$

$$f(u,v) = k_1 + k_2 \cdot u + k_3 \cdot v + k_4 \cdot u^2 + k_5 \cdot u \cdot v + k_6 \cdot v^2$$

$$f(u,v) = (\ 1 \quad u \quad v \quad u^2 \quad u \cdot v \quad v^2\ ) * K$$

berechnen. Jede der 6 bekannten Stützhöhen f_1, f_2, f_3, f_4, f_5, f_6 liefert eine Gleichung. Z.B. lautet die Gleichung für f_2:

$$f_2 = \left(\ 1 \quad u_2 \quad v_2 \quad u_2^2 \quad u_2 \cdot v_2 \quad v_2^2\ \right) * K$$

und mit $P_2(1,0)$

$$f_2 = (\ 1 \quad 1 \quad 0 \quad 1 \quad 0 \quad 0\ ) * K\ .$$

Mit $F = (\ f_1 \quad f_2 \quad f_3 \quad \cdots \quad f_6\ )'$ und $K = (\ k_1 \quad k_2 \quad k_3 \quad \cdots \quad k_6\ )'$ kann dieses Gleichungssystem durch

$$F = A * K$$

mit bekannter Matrix A und F dargestellt werden. Mit den obigen Randpunkten des Grundgebietes ergeben sich die folgenden 6 Gleichungen:

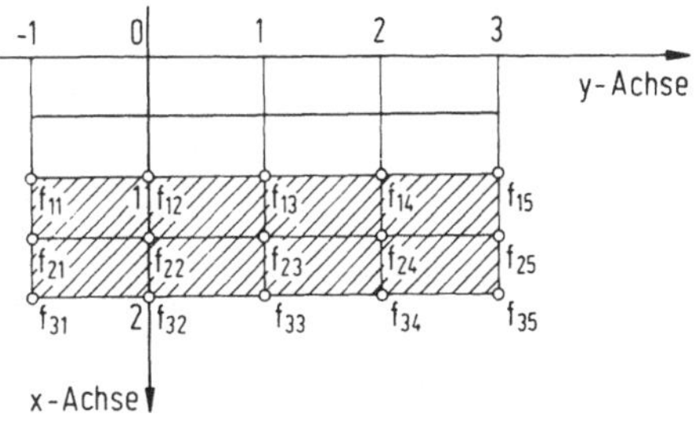

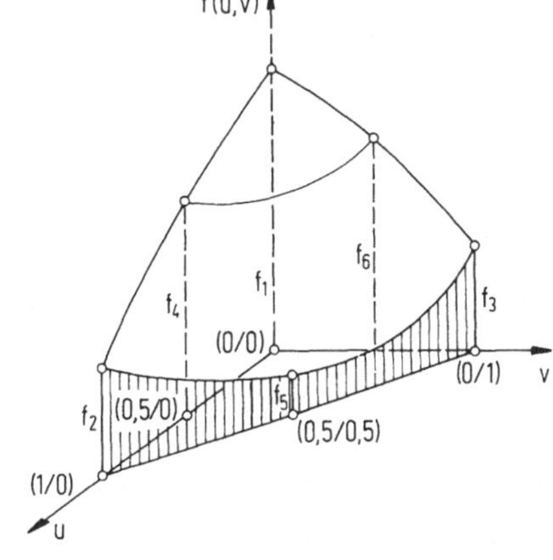

Abb. 31:
Rechteckiges Grundgebiet mit
m = 4 und n = 2, d.h. mit
(m+1)(n+1) Stützhöhen

Abb. 32:
Fläche des interpolierenden Polynoms
durch die Stützhöhen f_1, f_2, $\cdots$, f_6
über der u,v-Ebene

$$
\begin{pmatrix} f_1 \\ f_2 \\ f_3 \\ f_4 \\ f_5 \\ f_6 \end{pmatrix} = \begin{pmatrix} 1 & o & o & o & o & o \\ 1 & 1 & o & 1 & o & o \\ 1 & o & 1 & o & o & 1 \\ 1 & .5 & o & .25 & o & o \\ 1 & .5 & .5 & .25 & .25 & .25 \\ 1 & o & .5 & o & o & .25 \end{pmatrix} * \begin{pmatrix} k_1 \\ k_2 \\ k_3 \\ k_4 \\ k_5 \\ k_6 \end{pmatrix}
$$

Bilden wir die inverse Matrix INV(A) , so erhalten wir

$$
\begin{pmatrix} k_1 \\ k_2 \\ k_3 \\ k_4 \\ k_5 \\ k_6 \end{pmatrix} = \begin{pmatrix} 1 & o & o & o & o & o \\ -3 & -1 & o & 4 & o & o \\ -3 & o & -1 & o & o & 4 \\ 2 & 2 & o & -4 & o & o \\ 4 & o & o & -4 & 4 & -4 \\ 2 & o & 2 & o & o & -4 \end{pmatrix} * \begin{pmatrix} f_1 \\ f_2 \\ f_3 \\ f_4 \\ f_5 \\ f_6 \end{pmatrix} .
$$

Die Polynomkoeffizienten sind nach dieser Invertierung von A durch

$$
K = A^{-1} * F
$$

ausgedrückt. Mit A^{-1} kann das gesuchte Interpolationspolynom durch

$$
f(u,v) = (1 \quad u \quad v \quad u^2 \quad u.v \quad v^2) * K
$$

oder

$$
f(u,v) = (1 \quad u \quad v \quad u^2 \quad u.v \quad v^2) * A^{-1} * F
$$

durch die 6 Stützhöhen f_1, f_2, f_3, ... , f_6 ausgedrückt werden.

Nun wollen wir die Transformation behandeln, die die speziell gewählten
Punkte P_1, P_2, ..., P_6 der u,v-Ebene in die Dreieckspunkte eines Dreiecks in allgemeiner Lage wirft. Die Transformation

$$
x = x(u,v) = x_1 + (x_2-x_1).u + (x_3-x_1).v ,
$$
$$
y = y(u,v) = y_1 + (y_2-y_1).u + (y_3-y_1).v
$$

macht aus den obigen Dreieckspunkten $P_1(0,0)$, $P_2(1,0)$, $P_3(0,1)$, $P_4(.5,\ 0)$,

$P_5(.5,.5)$, $P_6(0,.5)$ der u,v-Ebene die Punkte $Q_1(x_1,y_1)$, $Q_2(x_2,y_2)$, $Q_3(x_3,y_3)$, $Q_4((x_1+x_2)/2,(y_1+y_2)/2)$, $Q_5((x_2+x_3)/2,(y_2+y_3)/2)$, $Q_6((x_1+x_3)/2,(y_1+y_3)/2)$ eines Dreiecks G der x,y-Ebene <u>in allgemeiner Lage</u> (Abb. 33). Zur Berechnung des Integrales

$$v = \iint\limits_G f(x,y)\cdot dx\cdot dy$$

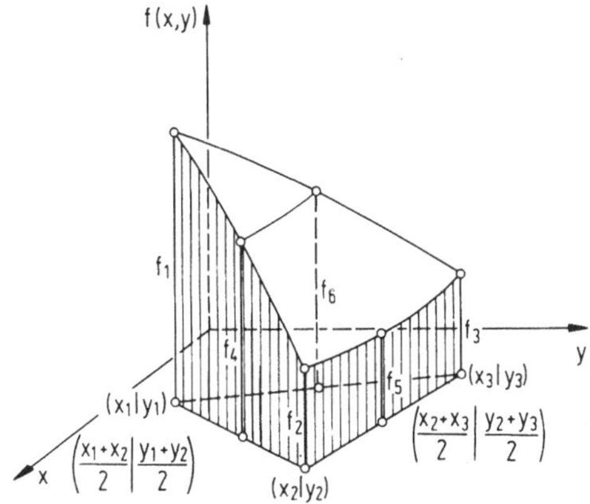

Abb. 33: Fläche des interpolierenden Polynoms durch die Stützhöhen
f_1, f_2, ..., f_6 über der x,y-Ebene

verwenden wir die obigen Transformationen $x = x(u,v)$, $y = y(u,v)$, d.h. wir gehen auf die Variablen u und v zurück. Ganz allgemein ausgedrückt ist das eine Transformation von einem Koordinatensystem auf ein anderes, wobei es sich durchaus um ein krummliniges Koordinatensystem handeln kann. Die Umkehrtransformation beschreiben wir durch

$$u = u(x,y) \ ,$$
$$v = v(x,y) \ ,$$

woraus sich umgekehrt $x = x(u,v)$, $y = y(u,v)$ ergeben soll. Vorübergehend verwenden wir nun die Bezeichnungen P_1, P_2, P_3, P_4 in einem anderen Zusammenhang. Betrachten wir ein Flächenelement $\overline{P_1\,P_2\,P_3\,P_4}$ in einem (krummlinigen) u,v-Koordinatensystem, das von 2 Paaren infinitesimal benachbarter Koordinaten gebildet wird (Abb. 34), so ist

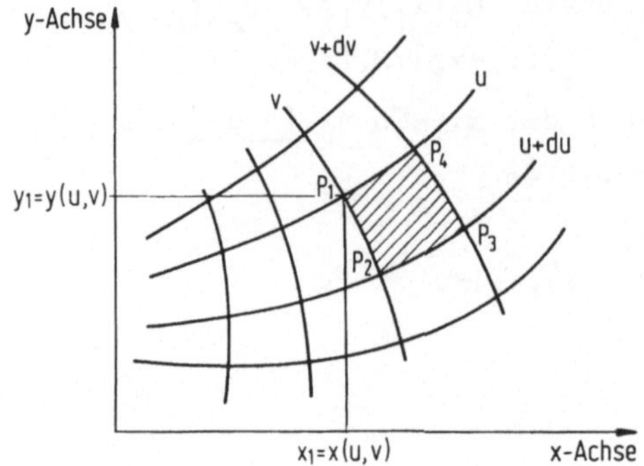

Abb. 34: Parametrische Darstellung der Funktionen

$$x = x(u,v), \quad y = y(u,v)$$

P_1:	$x_1 = x(u,v)$	$y_1 = y(u,v)$
P_2:	$x_2 = x(u+du, \, v)$ $= x(u,v) + \dfrac{\partial x}{\partial u}\, du$	$y_2 = y(u+du, \, v)$ $= y(u,v) + \dfrac{\partial y}{\partial u}\, du$
P_3:	$x_3 = x(u+du, \, v+dv)$ $= x(u,v) + \dfrac{\partial x}{\partial u}\, du + \dfrac{\partial x}{\partial v}\, dv$	$y_3 = y(u+du, \, v+dv)$ $= y(u,v) + \dfrac{\partial y}{\partial u}\, du + \dfrac{\partial y}{\partial v}\, dv$
P_4:	$x_4 = x(u, \, v+dv)$ $= x(u,v) + \dfrac{\partial x}{\partial v}\, dv$	$y_4 = y(u, \, v+dv)$ $= y(u,v) + \dfrac{\partial y}{\partial v}\, dv$

Hieraus folgt sofort

$$x_2 - x_1 = x_3 - x_4$$

und

$$y_2 - y_1 = y_3 - y_4 \; ,$$

d.h. die Strecke $\overline{P_1\,P_2}$ ist parallel zur Strecke $\overline{P_4\,P_3}$ und entsprechend ist $\overline{P_2\,P_3}$ parallel zu $\overline{P_1\,P_4}$. Bis auf kleine Größen höherer Ordnung ist das Viereck $\overline{P_1\,P_2\,P_3\,P_4}$ ein Parallelogramm, dessen Flächeninhalt dann doppelt so groß wie der Flächeninhalt des Dreiecks $\overline{P_1\,P_2\,P_3}$ ist. Für die Parallelogrammfläche erhalten wir

$$da = (x_2 - x_1) \cdot (y_3 - y_1) - (y_2 - y_1) \cdot (x_3 - x_1)$$

$$da = \left(\frac{\partial x}{\partial u} \cdot \frac{\partial y}{\partial v} - \frac{\partial x}{\partial v} \cdot \frac{\partial y}{\partial u} \right) \cdot du \cdot dv$$

$$da = \det \frac{\partial(x,y)}{\partial(u,v)} \cdot du \cdot dv \quad ,$$

wobei die Funktionalmatrix durch

$$\frac{\partial(x,y)}{\partial(u,v)} = \begin{pmatrix} \dfrac{\partial}{\partial u} \\[2ex] \dfrac{\partial}{\partial v} \end{pmatrix} * (x \quad y) = \begin{pmatrix} \dfrac{\partial x}{\partial u} & \dfrac{\partial y}{\partial u} \\[2ex] \dfrac{\partial x}{\partial v} & \dfrac{\partial y}{\partial v} \end{pmatrix}$$

bezeichnet wird. Wir betrachten nun die oben erwähnte Transformation

$$x = x(u,v) = x_1 + (x_2 - x_1) \cdot u + (x_3 - x_1) \cdot v$$

$$y = y(u,v) = y_1 + (y_2 - y_1) \cdot u + (y_3 - y_1) \cdot v \quad ,$$

die die Randpunkte $P_1(0,0)$, $P_2(1,0)$, $P_3(0,1)$, $P_4(.5,0)$, $P_5(.5,.5)$, $P_6(0,.5)$ eines Dreiecks (**Abb. 32**) in der u,v-Ebene in die Randpunkte eines Dreiecks A in der x,y-Ebene in allgemeiner Lage transformiert. Zur Berechnung des Integrales über dieser Dreiecksfläche G

$$v = \iint\limits_G f(x,y) \cdot dx \cdot dy$$

verwenden wir die obige spezielle Transformation

$$x = x(u,v) \quad , \qquad y = y(u,v)$$

und erhalten für die Funktionaldeterminante

$$d = \det \frac{\partial(x,y)}{\partial(u,v)} = (x_2 - x_1) \cdot (y_3 - y_1) - (x_3 - x_1) \cdot (y_2 - y_1)$$

einen konstanten Wert. Die Gerade $v = 1 - u$ durch $(1,0)$ und $(0,1)$ in der u,v-Ebene begrenzt das Integrationsgebiet G; deshalb erhalten wir

$$v = \iint\limits_G f(x,y) \cdot dx \cdot dy$$

oder

$$v = \int\limits_{u=0}^{1} \int\limits_{v=0}^{1-u} f(\, x(u,v),\ y(u,v)\,)\ \cdot\ \frac{\partial(x,y)}{\partial(u,v)}\ \cdot du \cdot dv$$

und mit der konstanten Funktionaldeterminante d

$$v = d \cdot \int\limits_{u=0}^{1} \int\limits_{v=0}^{1-u} f(\, x(u,v),\ y(u,v)\,)\ \cdot dv\ \cdot du\ \ .$$

Mit dem konstanten Koeffizientenvektor $K = (\, k_1\ \ k_2\ \ \ldots\ k_6\,)'$ erhalten wir weiter

$$f(\, x(u,v),\ y(u,v)\,) = (\, 1\quad u\quad v\quad u^2\quad uv\quad v^2\,)\ *\ K$$

$$v = d \cdot \int\limits_{u=0}^{1} \int\limits_{v=0}^{1-u} (\, 1\quad u\quad v\quad u^2\quad uv\quad v^2\,)\ \cdot\ dv\ \cdot\ du\ *\ K$$

oder

$$v = \frac{d}{6}\ (\, 3\quad 1\quad 1\quad .5\quad .25\quad .5\,)\ *\ K$$

$$v = \frac{d}{6}\ (\, 3\quad 1\quad 1\quad .5\quad .25\quad .5\,)\ *\ A^{-1}\ *\ F$$

$$v = \frac{d}{6}\ (\, 0\quad 0\quad 0\quad 1\quad 1\quad 1\,)\ *\ F$$

$$v = \frac{d}{6}\ (\, f_4 + f_5 + f_6\,)$$

mit

$$d = (x_2 - x_1)(y_3 - y_1) - (x_3 - x_1)(y_2 - y_1)$$

Diese beiden letzten Formeln bestimmen den Integralwert des zweidimensionalen Interpolationspolynoms über der Dreiecksfläche der x,y-Ebene. Diese Dreiecksfläche ist durch die Eckpunkte $P_1(x_1,y_1)$, $P_2(x_2,y_2)$,

$P_3(x_3,y_3)$ festgelegt. Der Mittelwert der Stützhöhen

$$m = \frac{f_4 + f_5 + f_6}{3}$$

über den Seitenmittelpunkten des Dreiecks multipliziert mit der Dreiecks-grundfläche

$$g = \frac{(x_2 - x_1)(y_3 - y_1) - (x_3 - x_1)(y_2 - y_1)}{2}$$

ergibt den gesuchten Integralwert $v = g \cdot m$ als Volumen über der Dreiecks-fläche G.

7.4 Programm für Doppelintegrale

Wir nehmen an, daß das konvexe Integrationsgebiet G der x,y-Ebene durch einen geschlossenen Polygonzug eingegrenzt ist. Unter Berücksichtigung der Umlaufrichtung sind die n Eckpunkte entlang der eingrenzenden Linien $P_1(x_1,y_1)$, $P_2(x_2,y_2)$, $P_3(x_3,y_3)$, ..., $P_n(x_n,y_n)$ angeordnet. Ebenso ist die Funktion

$$f = f(x,y)$$

gegeben und auf G erklärt. Ausgehend von den Betrachtungen des vorhergehenden Kapitels wollen wir nun ein Programm zur numerischen Berechnung des Doppelintegrales

$$v = \iint\limits_{G} f(x,y) \cdot dx \cdot dy$$

schreiben. Das Gebiet G werden wir in n Dreiecke zerlegen (Abb. 35). Hierzu wählen wir einen geeigneten inneren Punkt $P_0(x_0,y_0)$ (z.B. das arithmetische Mittel der n Eckpunkte) und verbinden diesen mit jedem Eckpunkt. Nun kann z.B. für das Dreieck P_0, P_1, P_2 ein anteiliger Näherungswert v_1 des Doppelintegralwertes v gemäß "mittlere Höhe m_1" mal "Dreiecksfläche g_1", d.h.

$$v_1 = m_1 \cdot g_1$$

mit

$$m_1 = \frac{f_4 + f_5 + f_6}{3} \quad , \qquad g_1 = \frac{(x_1 - x_0)(y_2 - y_0) - (x_2 - x_0)(y_1 - y_0)}{2}$$

und analog v_2, v_3,..., v_n berechnet werden. Hierbei sind f_4, f_5, f_6 die Stützhöhen in den Mittelpunkten der Dreiecksseiten. Natürlich wäre der auf diese Weise ermittelte Wert von v infolge der Welligkeit von f(x,y) in vielen Fällen zu ungenau. Eine Verbesserung kann erwartet werden, wenn "automatisch" jedes Dreieck in weitere Dreiecke unterteilt und die obige Methode auf jedes Teildreieck angewendet wird. In dem folgenden Programm wird dieser Verfeinerungsprozeß immer weiter fortgeführt bis sich das Ergebnis nur noch unwesentlich (siehe Zeile 610) ändert.

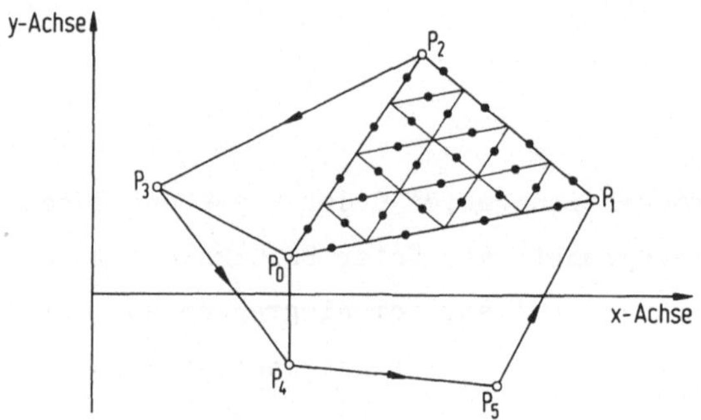

Abb. 35: Zerlegung eines polygonal begrenzten Grundgebietes
(hier 5-Eck) in 5 Dreiecke durch Wahl von P_0

```
10 rem !---------------------------------------------!
20 rem ! Lesen der Anzahl n der Eckpunkte P1(x1,y1),  !
30 rem ! P2(x2,y2),..., Pn(xn,yn) eines n-Ecks und   !
40 rem ! Lesen der Anzahl m der anfänglichen Unter-  !
50 rem ! teilungen einer Dreiecksseite; ergibt m*m    !
60 rem ! Teildreiecke. Lesen des "Mittenpunktes P0",  !
70 rem ! dessen Koordinaten durch x0, y0 gegeben sind. !
80 rem !---------------------------------------------!
90 dim x(12), y(12)
100 read n, m, x0, y0
110 rem !---------------------------------------------!
120 rem ! Lesen der Eckpunktkoordinaten                !
130 rem !---------------------------------------------!
140 for i=1 to n
150 read x(i), y(i)
160 next i
```

```
170 x(n+1) = x(1)
180 y(n+1) = y(1)
190 m = m + 1
200 f1 = f2
210 f2 = 0

212 rem !-------------------------------------------------!
214 rem ! j kennzeichnet einen Eckpunkt und l den        !
216 rem !    nachfolgenden Eckpunkt                       !
218 rem !-------------------------------------------------!
220 for j=1 to n
230 l = j + 1
240 print j;
250 f0 = ((x(j)-x0)*(y(l)-y0) - (x(l)-x0)*(y(j)-y0))/6
260 a1 = (x(j)-x0)/m
270 a2 = (y(j)-y0)/m
280 b1 = (x(l)-x0)/m/2
290 b2 = (y(l)-y0)/m/2
300 c1 = (x(l)-x(j))/m/2
310 c2 = (y(l)-y(j))/m/2
320 x = x0 - a1/2
330 y = y0 - a2/2
340 h = 0

350 for k=1 to m
360 d1 = x0 + k*a1
370 d2 = y0 + k*a2

380 for i=1 to k
390 x = d1
400 y = d2
410 gosub 760
420 h = h + f + f
430 if i=1 then h = h-f
440 x = d1 + b1
450 y = d2 + b2
460 gosub 760
470 h = h + f + f
480 if k=m then h = h-f
490 x = d1 + c1
500 y = d2 + c2
510 d1 = x + c1
520 d2 = y + c2
530 gosub760
540 h = h + f + f
550 next i

560 h = h-f
570 next k

580 f2 = f2 + h/m/m*f0
590 next j

600 print "m = "; m; ".  Naeherung = "; f2
```

```
610 if 1000*abs(f2-f1) > abs(f1+f2)   and   m < 100 then 190

615 print "Fuer "; m*m; " Teilflaechen der "; n; " Dreiecke"
617 print
620 print "ist der Wert des Doppelintegrales = "; f2
630 print
640 print "Eckpunkte:"
650 print "x(i)", "y(i)"
660 for i=1 to n
670 print x(i), y(i)
680 next i
685 stop
686 rem !----------------------------------------------------!
687 rem ! Anz.Eckpunkte, anfaengliche Partition, x0, y0 !
688 rem !----------------------------------------------------!
690 data 4, 0,     6, 4
710 rem !----------------------------------------------------!
712 rem ! Koordinaten der Eckpunkte des Grundgebietes    !
714 rem !----------------------------------------------------!
720 data 0.00000000, 0.00000000
730 data 9.65925826, 2.58819045
740 data 8.66025404, 5.00000000
750 data 7.07106781, 7.07106781

752 rem !----------------------------------------------------!
754 rem ! Unterprogramm für die zu integrierende Fkt.    !
756 rem ! 760  f = f (x,y)                               !
758 rem !----------------------------------------------------!
760 f = sqr(100 - x*x - y*y)
770 return
780 end
```

Mit diesem Programm kann auch eine numerische Integration über ein analytisch festgelegtes konvexes Grundgebiet G durchgeführt werden. Hierzu teilen wir die Begrenzungslinie von G in hinreichend viele Geradenstücke und geben die Eckpunktkoordinaten (siehe Zeile 720 und folgende) des entstehenden n-Ecks ein. Die in den Zeilen 720 bis 750 abgelegten Koordinaten beschreiben z.B. in der x,y-Ebene näherungsweise einen Kreissektor mit dem Radius 10. Die Schenkel bilden mit der x-Achse die Winkel 15° und 45°. Als Funktion $f = f(x,y)$ wurde die Kugelfunktion

$$f = sqr(100 - x*x - y*y)$$

in der Zeile 760 eingegeben. Damit berechnet dieses Programm näherungsweise das Volumens eines Kugelsegmentes, das dem 24. Teil des Kugelvolumens (Radius = 10) entspricht. Dieses Programm erzeugt die Ausgabe:

```
1  2  3  4   164.091        Diese Werte ver-
1  2  3  4   170.816        mitteln dem Beob-
1  2  3  4   172.404        achter einen Ein-
1  2  3  4   173.038        druck vom Zeitbedarf
1  2  3  4   173.363        der Iterationen
```

Fuer 25 Teilflaechen der 4 Dreiecke ist der
Wert des Doppelintegrales = 173.363

Eckpunkte:

```
x(i)              y(i)
0                 0
9.65926           2.58819
8.66025           5
7.07107           7.07107
```

Zum Vergleich soll der "exakte" Wert von 174.5329 für das Kugelsegment
angegeben werden. Der Fehler der numerischen Berechnung des Doppelintegrales ist u.a. von der Güte der Approximation des Integrationsgebie-
tes durch einen geschlossenen Polygonzug (Anzahl der Eckpunkte) und der
Fehlerschranke der Zeile 610 abhängig.

An dieser Stelle wollen wir erwähnen, daß durch geeignete Wahl der Stützstellen, die nicht notwendigerweise auf dem Rand eines Dreieckes liegen,
eine Verbesserung des Approximationsfehlers bei der numerischen Integra-
tion einer vorgegebenen Funktion zu erwarten ist. Seien $P_0 = (x_0, y_0)'$, $P_1 = (x_1\ y_1)'$, $P_2 = (x_2, y_2)'$ die vorgegebenen Eckpunkte eines Dreiecks, so kann
z.B. wie folgt gerechnet werden:

$$W_0 = (u_0\ v_0)' = (P_0 + P_1 + P_2)/3$$
$$W_i = (u_i\ v_i)' = W_0 + c \cdot (P_i - W_0) \qquad \text{mit } i = 1, 2, 3$$
$$W_i = (u_i\ v_i)' = W_0 + d \cdot (P_{i-3} - W_0) \qquad \text{mit } i = 4, 5, 6$$

mit $c = (1+\text{sqr}(15))/7 = 0.6961405$ und $d = (1-\text{sqr}(15))/7 = -0.4104262$.
Ist g die Dreiecksfläche, so ergibt sich dann mit $f_i = f(u_i, v_i)$ das
Volumen

$$v = g \cdot \left[k_0 \cdot f_0 + k_1 \cdot (f_1 + f_2 + f_3) + k_2 \cdot (f_4 + f_5 + f_6) \right]$$

mit $k_0 = 270/1200 = 0.225$, $k_1 = (155-\text{sqr}(15))/1200 = 0.1259392$,
$k_2 = (155+\text{sqr}(15))/1200 = 0.1323942$.

8 Hypermatrizen

8.1 Vierpole

Um bei unserer Symbolik bleiben zu können, werden wir Großbuchstaben für
Matrizen und Vektoren reservieren. Dies bedeutet z.B., daß die elektrische Spannung nicht wie üblich mit "U" sondern mit "u" bezeichnet
wird. Das Ohmsche Gesetz der Elektrotechnik lautet in dieser Schreibweise

$$i = \frac{u}{r} = u \cdot g \, ,$$

wobei u die elektrische Spannung (Volt), r den elektrischen Widerstand
(Ohm), i den elektrischen Strom (Ampere) und g den Leitwert (Siemens)
bedeuten. Wir wollen nun die Transformationsmatrizen von einfachen <u>Vier-
polen</u> aufschreiben. Ein Vierpol hat einen Eingang (Index 1) und einen
Ausgang (Index 2). Befindet sich zwischen dem Eingang und dem Ausgang
nur der parallelgeschaltete Leitwert g (Abb. 36), so gilt

$$u_1 = u_2$$
$$i_1 = i + i_2 = g \cdot u_2 + i_2$$

Diese beiden Gleichungen bilden ein lineares Gleichungssystem, das in
der Matrizenschreibweise die Gestalt

$$\begin{pmatrix} u_1 \\ i_1 \end{pmatrix} = \begin{pmatrix} 1 & 0 \\ g & 1 \end{pmatrix} * \begin{pmatrix} u_2 \\ i_2 \end{pmatrix}$$

hat. Die Anwendung der Transformationsmatrix

$$\begin{pmatrix} 1 & 0 \\ g & 1 \end{pmatrix}$$

für einen parallelen Widerstand auf die Ausgangsgrößen $(u_2\ i_2)'$ ergibt die Eingangsgrößen $(u_1\ i_1)'$.

Analog können wir die Transformationsmatrix für einen <u>Reihenwiderstand r</u> erhalten (Abb. 37). Diese Gleichungen lauten nun

$$u_1 = u_2 + i_2 \cdot r$$
$$i_1 = i_2$$

oder

$$\begin{pmatrix} u_1 \\ i_1 \end{pmatrix} = \begin{pmatrix} 1 & r \\ 0 & 1 \end{pmatrix} * \begin{pmatrix} u_2 \\ i_1 \end{pmatrix} \quad .$$

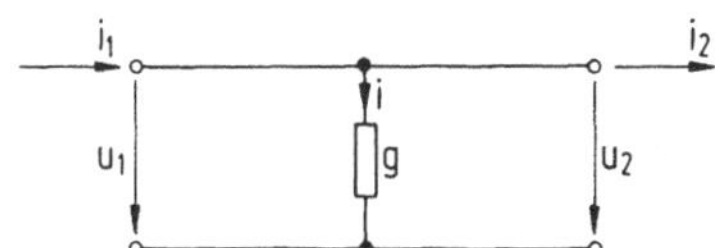

Abb. 36:

Vierpol mit Parallel-Leitwert g

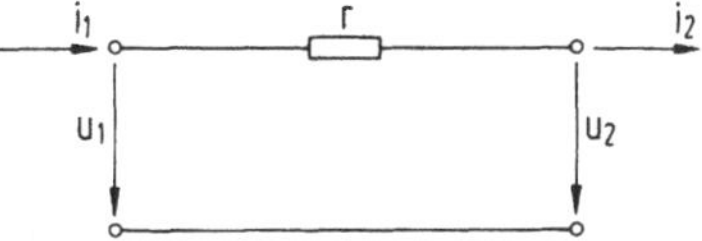

Abb. 37:

Vierpol mit Reihenwiderstand r

Nun setzen wir diese einzelnen Vierpole zu einer größeren Schaltung zusammen. Der π-Vierpol (Abb. 38) ist durch einen Reihenwiderstand zwischen zwei parallelen Widerständen gegeben. Weil die Ausgangsgrößen des einen Vierpoles die Eingangsgrößen des nächsten Vierpoles (<u>Kettenschaltung</u>) darstellen, erhalten wir mit

$$\begin{pmatrix} u_1 \\ i_1 \end{pmatrix} = \begin{pmatrix} 1 & 0 \\ g_1 & 1 \end{pmatrix} * \begin{pmatrix} 1 & r \\ 0 & 1 \end{pmatrix} * \begin{pmatrix} 1 & 0 \\ g_2 & 1 \end{pmatrix} * \begin{pmatrix} u_2 \\ i_2 \end{pmatrix} \quad .$$

die Transformationsmatrix für den π-Vierpol zu

$$\begin{pmatrix} u_1 \\ i_1 \end{pmatrix} = \begin{pmatrix} 1 + r \cdot g_2 & r \\ g_1 + g_2 + g_1 \cdot r \cdot g_2 & 1 + r \cdot g_1 \end{pmatrix} * \begin{pmatrix} u_2 \\ i_2 \end{pmatrix} .$$

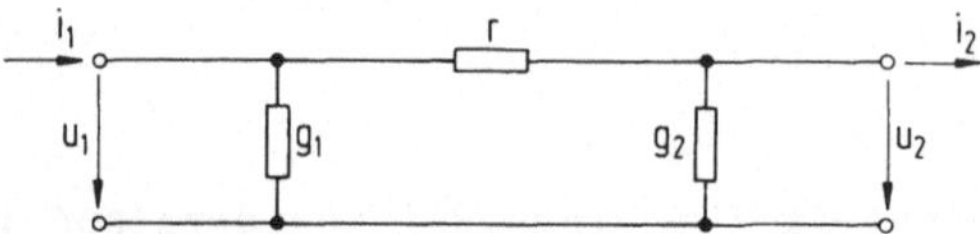

Abb. 38:

Vierpol in π-Schaltung

Die Determinante dieser Transformationsmatrix ist, wie man leicht nachrechnet gleich 1. Diese Eigenschaft besitzen alle Kettenmatrizen von
passiven Vierpolen. Jeder passive Vierpol kann z.B. durch ein π-Ersatz-
bild dargestellt werden.

Die hier dargelegten Betrachtungen gelten nicht nur für Gleichstrom sondern auch für einen eingeschwungenen, harmonischen Wechselspannungszu-
stand eines Vierpolnetzwerkes. Hierbei sind natürlich im allgemeinen
Falle r, g_1, g_2 <u>komplexe</u> Größen (Kapazitäten, Induktivitäten), die sich
durch einen Real- und Imaginärteil ausdrücken lassen. Die Elemente der
obigen Kettenmatrizen sind dann komplexe Größen. Ebenso sind dann die
Ströme i_1, i_2 und die Spannungen u_1, u_2 durch komplexe Zahlen zu
repräsentieren. Unsere obigen Betrachtungen gelten auch für komplexe
Elemente.

8.2 Komplexe Gleichungssysteme

Wir wollen das komplexe Gleichungssystem

$$K * W = T,$$

bestehend aus n komplexen Gleichungen behandeln. Wie üblich sei i die
imaginäre Einheit. In der Elektrotechnik wird oft der Buchstabe j verwendet, um eine Verwechselung mit der Wechselstromgröße i zu vermeiden.

Durch

$$W = U + iV$$

$$T = R + iS$$

und

$$K = B + iC$$

fassen wir die Real- und Imaginärteile der Elemente in getrennten Matrizen zusammen. Die Spalten U, V, R, S enthalten jeweils n reelle Elemente und die (n,n)-Matrizen B, C enthalten jeweils n.n reelle Elemente. U, R und B enthalten die Realteile und V, S und C die Imaginärteile der komplexen Elemente der Matrizen W, T und K. Wir setzen W, T und K in K * W = T ein und erhalten

$$(B + iC) * (U + iV) = R + iS .$$

Die Trennung von Real- und Imaginärteil ergibt die beiden reellen Gleichungssysteme

$$B * U - C * V = R$$

$$C * U + B * V = S ,$$

die wir in der sogenannten Übermatrizenschreibweise (Hypermatrix)

$$\begin{pmatrix} B & -C \\ C & B \end{pmatrix} * \begin{pmatrix} U \\ V \end{pmatrix} = \begin{pmatrix} R \\ S \end{pmatrix}$$

durch ein reelles Gleichungssystem

$$A * X = Y$$

bestehend aus 2n Gleichungen darstellen können. Die Übermatrizen A, X und Y

$$A = \begin{pmatrix} B & -C \\ C & B \end{pmatrix} , \quad X = \begin{pmatrix} U \\ V \end{pmatrix} , \quad Y = \begin{pmatrix} R \\ S \end{pmatrix}$$

sind Zusammenfassungen von anderen Matrizen. Die Lösung des reellen Gleichungssystems A * X = Y ergibt X, d.h. U und V. Die komplexen Lösungen W von K * W = T sind dann durch W = U + iV gegeben.

Als Beispiel betrachten wir das gegebene komplexe Gleichungssystem

$$\begin{pmatrix} 3+i4 & -2+i \\ 4+i5 & -6-i7 \end{pmatrix} * \begin{pmatrix} u_1 + iv_1 \\ u_2 + iv_2 \end{pmatrix} = \begin{pmatrix} -17+i7 \\ 5-i21 \end{pmatrix} \; ,$$

das umgeformt

$$\left[\begin{pmatrix} 3 & -2 \\ 4 & -6 \end{pmatrix} + i \begin{pmatrix} 4 & 1 \\ 5 & -7 \end{pmatrix} \right] * \left[\begin{pmatrix} u_1 \\ u_2 \end{pmatrix} + i \begin{pmatrix} v_1 \\ v_2 \end{pmatrix} \right] = \begin{pmatrix} -17 \\ 5 \end{pmatrix} + i \begin{pmatrix} 7 \\ 21 \end{pmatrix}$$

oder

$$\left(\begin{array}{cc|cc} 3 & -2 & -4 & -1 \\ 4 & -6 & -5 & 7 \\ \hline 4 & 1 & 3 & -2 \\ 5 & -7 & 4 & -6 \end{array} \right) * \begin{pmatrix} u_1 \\ u_2 \\ \hline v_1 \\ v_2 \end{pmatrix} = \begin{pmatrix} -17 \\ 5 \\ \hline 7 \\ -21 \end{pmatrix} \; .$$

Mit den Lösungen $u_1 = 1$, $u_2 = 2$, $v_1 = 3$, $v_2 = 4$ erhalten wir als Lösung des komplexen Gleichungssystems

$$K \; * \; W \; = \; T$$

den komplexen Lösungsvektor

$$W \; = \; U + iV \; = \; \begin{pmatrix} 1+i3 \\ 2+i4 \end{pmatrix} \; .$$

Steht uns z.B. ein Taschenrechner zur Verfügung, der reelle Gleichungssysteme zu lösen vermag, so können wir entsprechend dem obigen Weg die
Elemente der reellen (n,n)-Matrizen B und C in dem (reellen) Feld A,
die reellen Elemente der Spalten R und S in der (reellen) Y-Spalte ablegen. Die Lösung von $A * X = Y$ liefert in der Spalte X die Real- und Imaginärteile der komplexen Lösung W.
Wir wollen nun noch die Kehrmatrix $INV(A) = A^{-1}$ bilden. Da

$$A \; * \; A^{-1} \; = \; E$$

ist, gilt das Matrizengleichungssystem

$$\begin{pmatrix} B & -C \\ C & B \end{pmatrix} * \begin{pmatrix} F_1 & G_1 \\ F_2 & G_2 \end{pmatrix} = \begin{pmatrix} B*F_1-C*F_2 & B*G_1-C*G_2 \\ C*F_1+B*F_2 & C*G_1+B*G_2 \end{pmatrix} = \begin{pmatrix} E & 0 \\ 0 & E \end{pmatrix}$$

mit

$$A^{-1} = \begin{pmatrix} F_1 & G_1 \\ F_2 & G_2 \end{pmatrix}$$

oder

$$B*F_1 - C*F_2 = E \ , \qquad B*G_1 - C*G_2 = 0$$
$$C*F_1 + B*F_2 = 0 \ , \qquad C*G_1 + B*G_2 = E \ .$$

Diese Matrizengleichungen sind folgendermaßen auflösbar:

$$C^{-1} * B * F_1 - F_2 \qquad = C^{-1}$$
$$B^{-1} * C * F_1 + F_2 \qquad = 0$$
$$\overline{\left(B^{-1} * C + C^{-1} * B \right) * F_1 \ = \ C^{-1}}$$

und damit

$$\left(C * B^{-1} * C + B \right) * F_1 \ = C * C^{-1} = E \ , \ d.h.$$
$$F_1 \ = (C * B^{-1} * C + B)^{-1} \ .$$

Entsprechend erhalten wir F_2, G_1 und G_2, und die Inverse von A lautet

$$A^{-1} = \begin{pmatrix} (C*B^{-1}*C + B)^{-1} & (C + B*C^{-1}*B)^{-1} \\ -(C + B*C^{-1}*B)^{-1} & (C*B^{-1}*C + B)^{-1} \end{pmatrix}$$

Wir greifen nun wieder das obige Zahlenbeispiel auf. Die Hypermatrix A besteht aus den Matrizen

$$B = \begin{pmatrix} 3 & -2 \\ 4 & -6 \end{pmatrix} \ und \quad C = \begin{pmatrix} 4 & 1 \\ 5 & -7 \end{pmatrix} \ .$$

Mit ihren Inversen

$$B^{-1} = \frac{1}{10} \begin{pmatrix} 6 & -2 \\ 4 & -3 \end{pmatrix} \ , \qquad C^{-1} = \frac{1}{33} \begin{pmatrix} 7 & 1 \\ 5 & -4 \end{pmatrix}$$

bilden wir $C*B^{-1}*C + B$ und erhalten

$$\begin{pmatrix} 4 & 1 \\ 5 & -7 \end{pmatrix} \begin{pmatrix} .6 & -.2 \\ .4 & -.3 \end{pmatrix} \begin{pmatrix} 4 & 1 \\ 5 & -7 \end{pmatrix} + \begin{pmatrix} 3 & -2 \\ 4 & -6 \end{pmatrix} = \begin{pmatrix} 8.7 & 8.5 \\ 10.3 & -13.5 \end{pmatrix}$$

und die Inverse $(C*B^{-1}*C + B)^{-1}$

$$(C*B^{-1}*C + B)^{-1} = \frac{1}{2050} \begin{pmatrix} 135 & 85 \\ 103 & -135 \end{pmatrix}$$

Analog erhalten wir

$$B*C^{-1}*B + C = \frac{1}{33} \left[\begin{pmatrix} 3 & -2 \\ 4 & -6 \end{pmatrix} \begin{pmatrix} 7 & 1 \\ 5 & -4 \end{pmatrix} \begin{pmatrix} 3 & -2 \\ 4 & -6 \end{pmatrix} + \begin{pmatrix} 4 & 1 \\ 5 & -7 \end{pmatrix} \right]$$

und damit

$$(B*C^{-1}*B + C)^{-1} = \frac{1}{2050} \begin{pmatrix} 395 & -55 \\ 271 & -209 \end{pmatrix} \quad ,$$

so daß die Lösung von $A * X = Y$ durch

$$X = A^{-1}* Y = \frac{1}{2050} \begin{pmatrix} 135 & 85 & 395 & -55 \\ 103 & -87 & 271 & -209 \\ -395 & 55 & 135 & 85 \\ -271 & 209 & 103 & -87 \end{pmatrix} * \begin{pmatrix} -17 \\ 5 \\ 3 \\ 4 \end{pmatrix} = \begin{pmatrix} 1 \\ 2 \\ 3 \\ 4 \end{pmatrix}$$

gegeben ist. Also lautet die Lösung des Gleichungssystems

$$K * W = T$$

$$W = \begin{pmatrix} 1 + i3 \\ 2 + i4 \end{pmatrix} \quad \text{oder} \quad \begin{aligned} w_1 &= 1 + i3 \\ w_2 &= 2 + i4 \end{aligned}$$

8.3 Vermaschte Netze

Wir betrachten zunächst die Abb. 39, um die Zählrichtungen der Spannungspfeile und die Stromrichtungen zu verdeutlichen. Die Spannungspfeile zei-

gen immer vom negativeren zum positiveren Potential, d.h. sie sind von "Plus nach Minus" gerichtet. Außerhalb der Spannungsquelle ist die technische Stromrichtung von "Plus nach Minus" gerichtet. Diese Stromrichtung ist immer entgegengesetzt zur Bewegungsrichtung von freien Elektronen in Metallen.

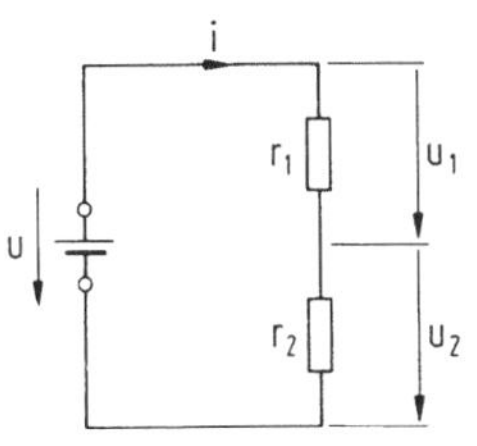

Abb. 39:

Definition der Richtung für die Strom- und Spannungspfeile

Wir betrachten das skizzierte elektrische Netz (Abb. 40) und bezeichnen z.B. den Leitwert zwischen den Kontenpunkten 1 und 2 mit g_{12} , die Speisespannung des Knotenpunktes 2 mit u_{22} und die Spannung im Zweig von 1 nach 2, die einen Strom von 1 nach 2 erzeugen will, mit u_{12}. Den Entnahmestrom im Knoten 2 bezeichnen wir mit i_2 und das Potential des Knotenpunktes 2 mit v_2. Entsprechende Bezeichnungen gelten für die anderen Knoten. Wir wollen nun die Potentiale aller Knotenpunkte berechnen. Betrachten wir z.B. den Knoten 1 (Abb. 40) , so gilt wegen der Stromerhaltung (i kennzeichnet hier wieder einen Strom und nicht die imaginäre Einheit)

$$i_{10} + i_{12} + i_{13} + i_1 = o$$

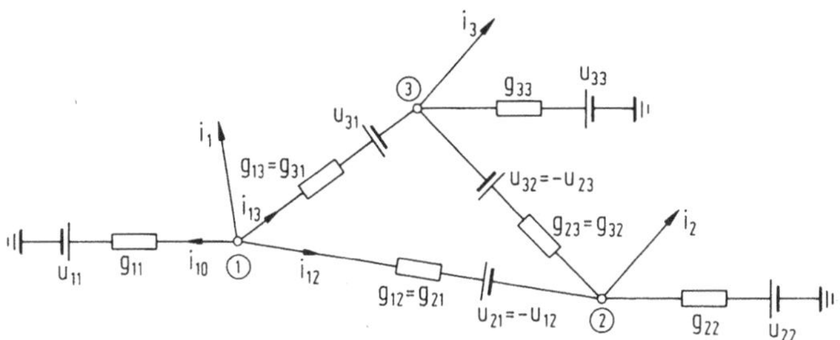

Abb. 40: Stromerhaltung in den Knoten eines n-Poles

Setzen wir in diese Gleichung

$$v_1 = u_{11} + \frac{i_{10}}{g_{11}} \quad , \qquad \text{d.h.} \qquad i_{10} = g_{11} \cdot (v_1 - u_{11})$$

$$v_1 - v_2 = u_{21} + \frac{i_{12}}{g_{12}} \quad , \qquad \text{d.h.} \qquad i_{12} = g_{12} \cdot (v_1 - v_2 - u_{21})$$

$$v_1 - v_3 = u_{31} + \frac{i_{13}}{g_{13}} \quad , \qquad \text{d.h.} \qquad i_{13} = g_{13} \cdot (v_1 - v_3 - u_{31})$$

ein, so erhalten wir für den Knoten 1 die Gleichung

$$(g_{11} + g_{12} + g_{13}) \cdot v_1 - g_{12} \cdot v_2 - g_{13} \cdot v_3 = g_{11} \cdot u_{11} + g_{12} \cdot u_{21} + g_{13} \cdot u_{31} - i_1 \cdot$$

Die Wirkung der Spannung u_{31} ist derart, daß eine Potentialerhöhung vom Knoten 3 zum Knoten 1 zustande kommt. Bei Vertauschung der Indizes gilt

$$u_{31} = -u_{13} \qquad \text{und} \qquad g_{13} = g_{31} \cdot$$

Schreiben wir ganz analog die Gleichungen für die Stromerhaltung in den Knoten 2 und 3 auf, so erhalten wir das lineare Gleichungssystem

$$\begin{pmatrix} g_{11} + g_{12} + g_{13} & -g_{12} & -g_{13} \\ -g_{21} & g_{21} + g_{22} + g_{23} & -g_{23} \\ -g_{31} & -g_{32} & g_{31} + g_{32} + g_{33} \end{pmatrix} * \begin{pmatrix} v_1 \\ v_2 \\ v_3 \end{pmatrix} = \begin{pmatrix} g_{11} \cdot u_{11} + g_{12} \cdot u_{21} + g_{13} \cdot u_{31} \\ g_{21} \cdot u_{12} + g_{22} \cdot u_{22} + g_{23} \cdot u_{32} \\ g_{31} \cdot u_{13} + g_{32} \cdot u_{23} + g_{33} \cdot u_{33} \end{pmatrix} - \begin{pmatrix} i_1 \\ i_2 \\ i_3 \end{pmatrix}$$

das wir abkürzend mit den Matrizen S, V, G, U und I durch

$$S * V = \text{DIAG}(G * U) - I$$

darstellen können. Die Quellspannungsmatrix U und die Leitwertmatrix G sind hierbei durch

$$U = \begin{pmatrix} u_{11} & u_{12} & u_{13} \\ u_{21} & u_{22} & u_{23} \\ u_{31} & u_{32} & u_{33} \end{pmatrix} \quad , \qquad G = \begin{pmatrix} g_{11} & g_{12} & g_{13} \\ g_{21} & g_{22} & g_{23} \\ g_{31} & g_{32} & g_{33} \end{pmatrix}$$

gegeben. G enthält die vorgegebenen Leitwerte des Netzes. Unter DIAG(G * U) verstehen wir den Vektor, dessen Elemente durch die Hauptdiagonal-Elemente von G * U gegeben sind. Der Spaltenvektor $V = (v_1\ v_2\ v_3)'$ enthält die gesuchten Potentiale der Knotenpunkte und $I = (i_1\ i_2\ i_3)'$ die Entnahmeströme in den Knotenpunkten. Liegt ein vermaschtes <u>Netz mit n Knotenpunkten</u> vor, so bleibt der Aufbau der Matrix S gleich, u.zw. besteht ein Element der Hauptdiagonalen aus der Summe der Elemente der zugehörigen Zeile der Matrix G. Mit den gegebenen Netzdaten kann dieses lineare Gleichungssystem mit n Gleichungen unmittelbar angeschrieben werden. Wir nennen ein solches vermaschtes Netz mit n-Knoten, bei dem jeder Knoten mit jedem anderen Knoten verknüpft sein kann, einen <u>n-Pol</u>. An dieser Stelle wollen wir erwähnen, daß die inverse Matrix S^{-1} keine negativen Elemente enthält. Diese Tatsache ist im Aufbau von S mit positiven Diagonalelementen und nichtpositiven Nichtdiagonalelementen begründet.

Unsere obigen Betrachtungen können ohne Schwierigkeiten auch auf Wechselstrom oder Drehstrom übertragen werden, wenn lediglich der eingeschwungene Zustand des Netzes betrachtet wird. Die Elemente der Matrizen S, G, V, U und I sind in diesem Fall durch komplexe Zahlen gegeben. Eine komplexe Zahl repräsentiert dann entweder den Betrag und die Phase einer elektrischen Größe oder den Real- und Imaginärteil dieser komplexen Größe.

Die hier durchgeführten Betrachtungen eines n-Poles spielen auch in der Graphentheorie eine große Rolle. Die Leitungen des n-Poles entsprechen den Kanten und die Leitwerte der Bewertung des Graphen. Weiterhin hat dieses Kapitel deutliche Querverbindungen zu dem Kapitel "Räumliches Kraftnetz", das zur Statik gehört.

8.3.1 Programm zum n-Pol

Wir wollen nun ein Programm schreiben, das bei Vorgabe der <u>komplexen</u> Netzwiderstände bzw. Leitwerte und der Speisespannungen in den Knotenpunkten die komplexen Knotenpotentiale berechnet. Bei einem solchen n-Pol kann jeder Knoten mit jedem anderen verknüpft sein. Hat z.B. der Knoten 1 mit dem Knoten 3 <u>keine</u> Verbindung, so ist der zugehörige Leitwert

$g_{13}=$ o Siemens. In dem Programm wird angenommen, daß Quellspannungen lediglich zwischen einem Knoten und der Masse vorhanden sind. Eine Programmerwei-
terung zur Berücksichtigung von Quellspannungen zwischen den Knoten kann
ohne Schwierigkeiten durchgeführt werden. Nähere Erläuterungen zur Lösung
des Gleichungssystems sind im Kapitel über die Methode der konjugierten
Gradienten enthalten.

```
100 rem !-------------------------------------------------------!
105 rem ! Programm zur Berechnung von komplexen Knoten- !
110 rem ! potentialen v(k) von vermaschten Netzen.            !
115 rem ! n0    Anz.der Knotenpunkte                          !
120 rem ! u(k), u(k+n0) Real- u. Imaginärteil der             !
122 rem !                     Speisespannung am Knoten k      !
124 rem ! i(k), i(k+n0) Real- und Imaginärteil der            !
126 rem !                     Entnahmeströme im Knoten k      !
128 rem ! x(k), x(k+n0) Real- und Imaginärteil des            !
130 rem !                     Leitwertes im k-ten Speisezweig !
132 rem ! v(k), v(k+n0) Real- und Imaginärteil des            !
134 rem !                     k-ten Knotenpotentials          !
136 rem ! s( , ) kompl. Matrixelemente des Gl.systems         !
138 rem !-------------------------------------------------------!
150 dim U(20), V(20), I(20), X(20), S(20,20)
160 read n0
170 n1 = 2*n0
172 rem !-------------------------------------------------------!
174 rem ! Lesen mit Endekriterium  k1 < 1                      !
176 rem !-------------------------------------------------------!
180 read k1
190 if k1 < 1 then 220
200 read i(k1), i(k1+n0), u(k1), u(k1+n0), x(k1), x(k1+n0)
210 goto 180
220 for k1=1 to n1
230 s(k1,n1+1) = i(k1) - x(k1)*u(k1)
240 next k1

242 rem !-------------------------------------------------------!
244 rem ! Lesen der Verbindungsdaten von Knoten k1 zum         !
246 rem ! Knoten k2 mit dem Endekriterium  k1 < 1             !
248 rem !-------------------------------------------------------!
250 read k1
260 if k1 < 1 then 320
270 read  k2, r9, i9
280 s(k1,k2) = s(k2,k1) = s(k1+n0,k2+n0) = s(k2+n0,k1+n0) = r9
290 s(k1+n0,k2) = s(k2+n0,k1) =  i9
300 s(k1,k2+n0) = s(k2,k1+n0) = -i9
310 goto 250

312 rem !-------------------------------------------------------!
314 rem ! Besetzen der Matrixelemente von S                   !
316 rem !-------------------------------------------------------!
```

```
320 for k1=1 to n0
330 r9 = i9 = 0
340 for k2=1 to n0
350 if k1=k2 then 380
360 r9 = r9 + s(k1,k2)
370 i9 = i9 + s(k1+n0,k2)
380 next k2
390 s(k1,k1) = s(k1+n0,k2+n0) = -r9 - x(k1)
400 s(k1,k1+n0) = i9 + x(k1+n0)
410 s(k1+n0,k1) = -s(k1,k1+n0)
420 next k1


422 rem !-----------------------------------------------!
424 rem ! Lösen des Gleichungssystems                  !
426 rem !-----------------------------------------------!
430 gosub 9000
440 for k2=1 to n0
450 print "Knoten "; k2; "   re (v) ="; s(n1+1,k2)
455 print        "              im (v) ="; s(n1+1,k2+n0)
460 next k2
470 stop


9000 rem !----------------------------------------------!
9010 rem ! Unterprogramm zum Lösen des Gleichungssystems !
9020 rem ! S * X = Y  nach der Methode der konjugierten  !
9030 rem ! Gradienten.                                   !
9040 rem !----------------------------------------------!
9120 n2 = n1
9130 for i1=1 to n1
9180 s(i1,n2+2) = -s(i1,n2+1)
9190 next i1
9200 rem
9210 h4 = 1e99
9220 for i=1 to n1+n2
9230 h3 = h4
9280 h4 = 0
9290 for i2=1 to n2
9300 h1 = 0
9310 for i1=1 to n1
9320 h1 = h1 + s(i1,i2)*s(i1,n2+2)
9330 next i1
9340 s(n1+3,i2) = h1
9350 h4 = h4 + h1*h1
9360 next i2
9400 h1 = h4/h3
9410 for i2=1 to n1
9420 s(n1+2,i2) = -s(n1+3,i2) + h1*s(n1+2,i2)
9430 next i2
9470 h1 = 0
9480 for i1=1 to n1
9490 h2 = 0
9500 for i2=1 to n2
9510 h2 = h2 + s(i1,i2)*s(n1+2,i2)
9520 next i2
```

```
9530 s(i1,n2+3) = h2
9540 h1 = h1 + h2*h2
9550 next i1
9555 if h1 < 1e-20 then return
9590 h2 = h4/h1
9600 for i2 = 1 to n2
9610 s(n1+1,i2) = s(n1+1,i2) + h2*s(n1+2,i2)
9630 next i2
9670 for i1=1 to n1
9680 s(i1,n2+2) = s(i1,n2+2) + h2*s(i1,n2+3)
9690 next i1
9700 if h4 < 1e-20 then return
9710 next i
9720 return

9730 rem !--------------------------------------------!
9740 rem ! Anzahl der Knoten n0                       !
9750 rem !--------------------------------------------!
9760 data 4
9770 rem !--------------------------------------------!
9780 rem ! KnotenNr.k, Entnahmestrom re und im von i(k), !
9790 rem ! Speisespg. re und im von u(k), Leitwert re    !
9800 rem ! und im der k-ten Speiseleitung             !
9810 rem !--------------------------------------------!
9820 data    1 ,   0 , 0 ,    100 , 0 ,    30 , 0
9830 data    2 ,   0 , 0 ,      0 , 0 ,     0 , 0
9840 data    3 ,   0 , 0 ,      0 , 0 ,     0 , 0
9850 data    4 ,   0 , 0 ,      0 , 0 , 1e10 , 0
9860 rem !--------------------------------------------!
9870 rem ! Endemarkierung der Knotendaten             !
9880 rem !--------------------------------------------!
9890 data 0
9900 rem !--------------------------------------------!
9910 rem ! Anfangs- und Endknotennummer einer Verbindung !
9920 rem ! und re und im des zugehörigen Leitwertes   !
9930 rem !--------------------------------------------!
9940 data 1, 2,    2, 0
9950 data 1, 3,    3, 0
9960 data 2, 3,    5, 0
9970 data 2, 4,    4, 0
9980 data 3, 4,    6, 0
9990 rem !--------------------------------------------!
9992 rem ! Endekriterium für die Verbindungs-Leitwerte !
9994 rem !--------------------------------------------!
9996 data 0
9998 end
```

Die Laufergebnisse für das oben angegebene Programm (Wheatstonesche
Brückenschaltung, Abb. 41) sollen nun angefügt werden. Bei der Eingabe der
Daten ist darauf zu achten, daß zu einer widerstandslosen Verbindung (siehe

z.B. Knoten 4) ein unendlich hoher Leitwert gehört. Wegen der besseren Übersicht sind nur Gleichstromdaten eingegeben worden. Die Laufergebnisse des Programmes sind:

$$
\begin{aligned}
\text{Knoten} \quad 1 \quad &\text{re}\,(v) = 90.\\
&\text{im}\,(v) = 0\\
\text{Knoten} \quad 2 \quad &\text{re}\,(v) = 30.\\
&\text{im}\,(v) = 0\\
\text{Knoten} \quad 3 \quad &\text{re}\,(v) = 30.\\
&\text{im}\,(v) = 0\\
\text{Knoten} \quad 4 \quad &\text{re}\,(v) = 3.00000e\text{-}8\\
&\text{im}\,(v) = 0
\end{aligned}
$$

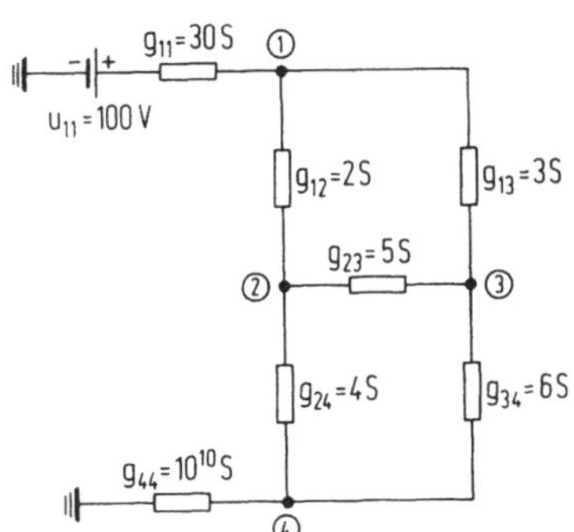

Abb. 41:

Wheatstonesche Brückenschaltung

9 Tridiagonale Matrizen

9.1 Tridiagonale Gleichungssysteme

Bei unterschiedlichen Problemen kommen dreigliedrige Gleichungssysteme

$$A * X = Y$$

vor. Für solche Gleichungssysteme wollen wir einen Lösungsalgorithmus
angeben. Obwohl wir lediglich eine (4,4)-Matrix A betrachten, ist die
Verallgemeinerung auf eine (n,n)-Matrix A problemlos und kann dem Leser
überlassen werden. Die <u>gegebene Matrix A</u> besteht aus den Hauptdiagonal-
elementen b_1, b_2, b_3, b_4 und den Elementen c_1, c_2, c_3 und a_2, a_3, a_4 neben der Hauptdiagonalen. Entlang der Hauptdiagonalen ist lediglich ein
dreigliedriges Band von Elementen von Null verschieden. Die gegebene
Matrix ist

$$A \; = \; \begin{pmatrix} b_1 & c_1 & 0 & 0 \\ a_2 & b_2 & c_2 & 0 \\ 0 & a_3 & b_3 & c_3 \\ 0 & 0 & a_4 & b_4 \end{pmatrix} .$$

Wir zerlegen diese tridiagonale Matrix A in das Produkt

$$A = H * V$$

mit

$$H \;=\; \begin{pmatrix} h_1 & o & o & o \\ a_2 & h_2 & o & o \\ o & a_3 & h_3 & o \\ o & o & a_4 & h \end{pmatrix}, \qquad V \;=\; \begin{pmatrix} 1 & v_1 & o & o \\ o & 1 & v_2 & o \\ o & o & 1 & v_3 \\ o & o & o & 1 \end{pmatrix}.$$

Die Multiplikation H * V ergibt

$$H * V \;=\; \begin{pmatrix} h_1 & h_1 \cdot v_1 & o & o \\ a_2 & h_2 + a_2 \cdot v_1 & h_2 \cdot v_2 & o \\ o & a_3 & h_3 + a_3 \cdot v_2 & h_3 \cdot v_3 \\ o & o & a_4 & h_4 + a_4 \cdot v_3 \end{pmatrix}.$$

Durch elementweisen Vergleich der Matrixelemente von H * V mit den Elementen der Matrix A ist der Algorithmus

$$\begin{aligned}
h_1 &= b_1 & v_1 &= c_1/h_1 \\
h_2 &= b_2 - a_2 \cdot v_1 & v_2 &= c_2/h_2 \\
h_3 &= b_3 - a_3 \cdot v_2 & v_3 &= c_3/h_3 \\
h_4 &= b_4 - a_4 \cdot v_3 &&
\end{aligned}$$

zur Berechnung von h_1, h_2, h_3, h_4 und nachfolgend v_1, v_2, v_3 aus den gegebenen Elementen der Matrix A zu erkennen. Sind auf diese Weise die Elemente von H und V ermittelt, so wird aus dem Gleichungssystem

$$A * X = Y$$

nun

$$H * V * X = Y$$

d.h.

$$H * U = Y \qquad \text{mit} \qquad U = V * X$$

Das tridiagonale Gleichungssystem A * X = Y kann nach X aufgelöst werden, indem zunächst H und V aus A berechnet werden, dann das Gleichungssystem H * U = Y nach U aufgelöst und dann das Gleichungssystem V * X = U nach X aufgelöst wird. Die Lösung des Gleichungssystems

192

$$H * U = Y$$

$$
\begin{pmatrix}
h_1 & o & o & o \\
a_2 & h_2 & o & o \\
o & a_3 & h_3 & o \\
o & o & a_4 & h_4
\end{pmatrix}
\begin{pmatrix}
u_1 \\
u_2 \\
u_3 \\
u_4
\end{pmatrix}
=
\begin{pmatrix}
y_1 \\
y_2 \\
y_3 \\
y_4
\end{pmatrix}
$$

ist durch den Algorithmus

$$
\begin{aligned}
u_1 &= y_1/h_1 \\
u_2 &= (\, y_2 - a_2 \cdot u_1 \,)/h_2 \\
u_3 &= (\, y_3 - a_3 \cdot u_2 \,)/h_3 \\
u_4 &= (\, y_4 - a_4 \cdot u_3 \,)/h_4
\end{aligned}
$$

rekursiv berechenbar. Mit diesen berechneten Elementen von U kann nun das Gleichungssystem

$$V * X = U$$

$$
\begin{pmatrix}
1 & v_1 & o & o \\
o & 1 & v_2 & o \\
o & o & 1 & v_3 \\
o & o & o & 1
\end{pmatrix}
\begin{pmatrix}
x_1 \\
x_2 \\
x_3 \\
x_4
\end{pmatrix}
=
\begin{pmatrix}
u_1 \\
u_2 \\
u_3 \\
u_4
\end{pmatrix}
$$

gemäß

$$
\begin{aligned}
x_4 &= u_4 \\
x_3 &= u_3 - v_3 \cdot x_4 \\
x_2 &= u_2 - v_2 \cdot x_3 \\
x_1 &= u_1 - v_1 \cdot x_2
\end{aligned}
$$

gelöst werden. Damit haben wir die gesuchten Lösungen des tridiagonalen Gleichungssystems A * X = Y gefunden.

Die Verallgemeinerung des Lösungsalgorithmus auf n Gleichungen ist offensichtlich. In dem folgenden Programm werden n Gleichungen behandelt.

9.1.1 Programm zur Lösung von tridiagonalen Gleichungssystemen

Weil bei vielen Anwendungen symmetrische tridiagonale Gleichungssysteme vorkommen, wollen wir das folgende Basic-Programm für symmetrische Gleichungssysteme spezialisieren. Dieses Programm ist an die Betrachtungen des vorhergehenden Kapitels angelehnt. Zur besseren Speicherplatzausnutzung werden die Speicher a(i-1) durch v(i) und y(i-1) durch u(i) überschrieben, d.h. es werden keine U- und V-Speicherbereiche benötigt.

```
100 rem !---------------------------------------------------------!
110 rem !    Loesung eines tridiagonalen, symmetrischen           !
120 rem !    Gleichungssystems       A * X = Y                    !
130 rem !    Die Hauptdiagonale von A besteht aus b(1),           !
140 rem !    b(2), ....., b(n). Neben der Hauptdiagonalen         !
150 rem !    ist a(2), a(3), ....., a(n) angeordnet.              !
160 rem !---------------------------------------------------------!
180 dim A(11), B(10), Y(10), X(10)
190 rem !---------------------------------------------------------!
200 rem !    Lesen der Anzahl n der Gleichungen                   !
210 rem !---------------------------------------------------------!
220 read n
230 rem !---------------------------------------------------------!
240 rem !    Besetzen der Elemente des Gleichungssystems          !
250 rem !---------------------------------------------------------!
260 for i=1 to n
270 read a(i),  b(i),  y(i)
280 next i

290 rem !---------------------------------------------------------!
300 rem !    Beginn des Loesungsalgorithmus                       !
310 rem !---------------------------------------------------------!
320 a(1) = a(2)/b(1)
330 y(1) = y(1)/b(1)
340 a(n+1) = 0

350 for i=2 to n
360 h = b(i) - a(i)*a(i-1)
370 y(i) = (y(i) - a(i)*y(i-1))/h
380 a(i) = a(i+1)/h
390 next i

400 rem !---------------------------------------------------------!
410 rem !    Berechnung der Loesung                               !
420 rem !---------------------------------------------------------!
```

```
430 x(n) = y(n)
440 for i=n-1 to 1 step -1
450 x(i) = y(i) - a(i)*x(i+1)
460 next i

470 print "Die Loesungen sind:"
480 for i=1 to n
490 print x(i),
500 next i
510 rem !--------------------------------------------------------!
520 rem !    Ablegen der Anzahl n der Gleichungen                !
530 rem !--------------------------------------------------------!
540 data 3
550 rem !--------------------------------------------------------!
560 rem !    Ablegen der Daten für das Gleichungssystem          !
570 rem !--------------------------------------------------------!
580 data 0, 2,        4
590 data    1, 3,     13
600 data       2, 4,  16
610 end
```

Die Elemente der tridiagonalen Matrix A werden zeilenweise (siehe Zeilen
580 und folgende) unter Data abgelegt. In der 1. Zeile der Matrix A wird
für a_1 die Zahl 0 vorangestellt. Die abgespeicherten Daten entsprechen dem
Gleichungssystem

$$\begin{pmatrix} 2 & 1 & 0 \\ 1 & 3 & 2 \\ 0 & 2 & 4 \end{pmatrix} \begin{pmatrix} x_1 \\ x_2 \\ x_3 \end{pmatrix} = \begin{pmatrix} 4 \\ 13 \\ 16 \end{pmatrix} \quad \text{und ergeben} \quad X = \begin{pmatrix} 1 \\ 2 \\ 3 \end{pmatrix}.$$

9.2 Kubische Splines

In der x,y-Ebene seien 6 Punkte vorgegeben. Die x-Koordinaten seien der
Größe nach geordnet und alle x-Koordinaten seien verschieden. Wir wollen
an diesem Beispiel mit 6 Punkten die Splinefunktionen einführen. Die
Verallgemeinerung auf n+1 vorgegebe Punkte ist einfach und kann dem
Leser überlassen werden. Die gesuchte zusammengesetzte Kurve soll
"möglichst glatt" sein und durch die vorgegebenen Punkte $P_1(x_1,y_1)$,
$P_2(x_2,y_2)$, ..., $P_6(x_6,y_6)$ gehen. Mit Hilfe einer biegsamen, dünnen
Latte (englisch Spline) oder einem elastischen Kurvenlineal erkennen wir
die Form der glatten Kurve (Abb. 42). Zur mathematischen Beschreibung

werden wir in <u>jedem</u> (Teil)-Intervall ein <u>kubisches Polynom</u> verwenden.
Im 1. Intervall $x_1 \leq x \leq x_2$ verwenden wir das kubische Polynom

$$f(x) = a_1 \cdot (x-x_1)^3 + b_1 \cdot (x-x_1)^2 + c_1 \cdot (x-x_1) + d_1$$

mit seinen beiden Ableitungen

$$f'(x) = 3 \cdot a_1 \cdot (x-x_1)^2 + 2 \cdot b_1 \cdot (x-x_1) + c_1$$

und

$$f''(x) = 6 \cdot a_1 \cdot (x-x_1) + 2 \cdot b_1 \ .$$

Die Indizes von a_1, b_1, c_1, d_1 deuten an, daß dieses Polynom $f(x)$ zum
1. (Teil)-Intervall gehört. Mit der Abkürzung

$$h_1 = x_2 - x_1$$

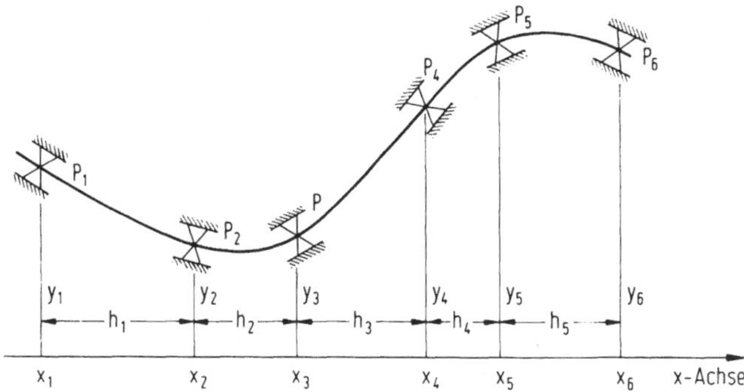

Abb. 42: Darstellung eines Splines durch die
Punkte P_1, P_2, ..., P_6 mit bereichs-
weisen Polynomen 3. Grades

gilt in den Randpunkten dieses Intervalles

$$y_1 = f(x_1) = d_1$$
$$y_2 = f(x_2) = a_1 \cdot h_1^3 + b_1 \cdot h_1^2 + c_1 \cdot h_1 + d_1$$

und

$$y_1'' = f''(x_1) = 2 \cdot b_1$$

$$y_2'' = f''(x_2) = 6 \cdot a_1 \cdot h_1 + 2 \cdot b_1$$

Hierbei wurde bewußt nicht über $f'(x)$ verfügt. Wir werden $y_2' = f'(x_2)$ im nächsten Schritt einbeziehen, während $y_1' = f'(x_1)$ in gewissen Grenzen frei verfügbar bleibt. Aus den vorhergehenden Gleichungen erhalten wir nacheinander die Polynomkoeffizienten

$$b_1 = \frac{y_1''}{2}$$

$$a_1 = \frac{y_2'' - y_1''}{6 \cdot h_1}$$

$$d_1 = y_1$$

$$c_1 = \frac{y_2 - y_1}{h_1} - \frac{y_2'' + 2 \cdot y_1''}{6} \cdot h_1 .$$

Sind die Randpunkte und die 2. Ableitungen in den Randpunkten bekannt, so legen diese Formeln die Koeffizienten des Polynoms $f(x)$ fest. Betrachten wir nun im Intervall von x_2 bis x_3 ein gleichartig aufgebautes Polynom $g(x)$, so folgt aus der Stetigkeit der 1. Ableitung der Gesamtkurve die Gleichheit

$$f'(x_2) = g'(x_2)$$

der 1. Ableitung von f und von g an der Stelle x_2. Diese Stetigkeitsforderung ist notwendig, damit die resultierende Gesamtkurve an den Stützstellen x_2, x_3, x_4, x_5 abgesehen von den Randpunkten $P_1(x_1,y_1)$ und $P_6(x_6,y_6)$ keine Knickstellen aufweist. Um nun einen "möglichst glatten" Kurvenverlauf an den Stützstellen zu erreichen, muß dort auch der Krümmungsradius stetig verlaufen, d.h. es muß in dem inneren Punkt P_2

$$f''(x_2) = g''(x_2)$$

gelten. Dies wurde bereits in den obigen Polynom-Ansätzen berücksichtigt. Aus

$$g(x) = a_2 \cdot (x-x_2)^3 + b_2 \cdot (x-x_2)^2 + c_2 \cdot (x-x_2) + d_2$$

mit $x_2 \leq x \leq x_3$ folgt wie oben für die Polynomkoeffizienten des Polynoms im 2. (Teil)-Intervall mit $h_2 = x_3 - x_2$

$$y_2 = g(x_2) = d_2$$

$$y_3 = g(x_3) = a_2 \cdot h_2^3 + b_2 \cdot h_2^2 + c_2 \cdot h_2 + d_2$$

und

$$y_2'' = g''(x_2) = 2 \cdot b_2$$

$$y_3'' = g''(x_3) = 6 \cdot a_2 \cdot h_2 + 2 \cdot b_2 \; .$$

Die Polynomkoeffizienten lauten damit

$$b_2 = \frac{y_2''}{2}$$

$$a_2 = \frac{y_3'' - y_2''}{6 \cdot h_2}$$

$$d_2 = y_2$$

$$c_2 = \frac{y_3 - y_2}{h_2} - \frac{y_3'' + 2 \cdot y_2''}{6} \cdot h_2 \; .$$

Zur Berechnung der Koeffizienten ist die Kenntnis der 2. Ableitungen in den Randpunkten erforderlich. Diese 2. Ableitungen werden wir nun ermitteln. Die Stetigkeitsforderung

$$g'(x_2) = f'(x_2)$$

für die 1. Ableitung in dem Zwischenpunkt P_2 liefert

$$c_2 = 3 \cdot a_1 \cdot h_1^2 + 2 \cdot b_1 \cdot h_1 + c_1 \; .$$

Setzen wir die obigen Koeffizienten a_1, b_1, c_1, d_1 ein, so erhalten wir

$$h_1 \cdot y_1'' + 2 \cdot (h_1 + h_2) \cdot y_2'' + h_2 \cdot y_3'' = 6 \cdot \left(\frac{y_3 - y_2}{h_2} - \frac{y_2 - y_1}{h_1} \right) \ .$$

Diese Gleichung, die der Bestimmung der Ableitungen 2. Ordnung in den inneren Stützpunkten dienen wird, werden wir nach Division durch $(h_1 + h_2)$ mit den Abkürzungen

$$u_1 = \frac{6}{h_1 + h_2} \cdot \left(\frac{y_3 - y_2}{h_2} - \frac{y_2 - y_1}{h_1} \right)$$

$$p_1 = \frac{h_1}{h_1 + h_2} = \frac{x_2 - x_1}{x_3 - x_1}$$

$$q_1 = 1 - p_1 = \frac{h_2}{h_1 + h_2} = \frac{x_3 - x_2}{x_3 - x_1}$$

auf die Form

$$p_1 \cdot y_1'' + 2 \cdot y_2'' + q_1 \cdot y_3'' = u_1$$

bringen. Die Zahlen p_1, q_1, u_1 sind durch die Koordinaten der Punkte P_1, P_2, P_3 festgelegt. Mit P_2, P_3, P_4 können wir ganz analog u_2, p_2, q_2 berechnen usw. Schreiben wir diese Gleichungen für die 2. Ableitungen untereinander, so erhalten wir das lineare Gleichungssystem

$$\begin{pmatrix} 2 & q_1 & 0 & 0 \\ p_2 & 2 & q_2 & 0 \\ 0 & p_3 & 2 & q_3 \\ 0 & 0 & p_4 & 2 \end{pmatrix} * \begin{pmatrix} y_2'' \\ y_3'' \\ y_4'' \\ y_5'' \end{pmatrix} = \begin{pmatrix} u_1 - p_1 \cdot y_1'' \\ u_2 \\ u_3 \\ u_4 - q_4 \cdot y_6'' \end{pmatrix} \ .$$

Dieses Gleichungssystem zur Bestimmung von y_2'' , y_3'' , y_4'' , y_5'' ist von tridiagonaler Gestalt. Die vorgegebenen Punkte P_1, P_2, $\ldots$, P_6 ergeben die Elemente p_1, p_2, p_3, p_4 sowie q_1, q_2, q_3, q_4 und u_1, u_2, u_3, u_4 . Hierbei ist zunächst über y_1'' und y_6'' nicht verfügt. Für <u>natürliche Spline-Funktionen</u> wählt man

$$y_1'' = y_6'' = 0 \ .$$

Diese Wahl entspricht physikalisch dem Verschwinden der Drehmomente an
den Lattenenden und mathematisch dem stetigen Übergang in eine Gerade in
den Endpunkten. Bei <u>periodischen Spline-Funktionen</u> hingegen wird das
obige Verfahren über den 6. Punkt hinaus periodisch fortlaufend mit dem
1. Punkt fortgesetzt. Mit $y_6'' = y_1''$, $y_7'' = y_2''$ erhalten wir dann das lineare Gleichungssystem

$$
\begin{pmatrix}
2 & q_1 & 0 & 0 & p_1 \\
p_2 & 2 & q_2 & 0 & 0 \\
0 & p_3 & 2 & 0 & 0 \\
0 & 0 & p_4 & 2 & q_4 \\
q_5 & 0 & 0 & p_5 & 2
\end{pmatrix}
*
\begin{pmatrix}
y_2'' \\ y_3'' \\ y_4'' \\ y_5'' \\ y_6''
\end{pmatrix}
=
\begin{pmatrix}
u_1 \\ u_2 \\ u_3 \\ u_4 \\ u_5
\end{pmatrix} .
$$

Dies ist ein zyklisch tridiagonales Gleichungssystem. Nach der Lösung
des Gleichungssystems sind die 2. Ableitungen an den Stützstellen bekannt, und die Koeffizienten der kubischen Polynome für das jeweilige
Teilintervall können berechnet werden.

10 Methoden zur Lösung von linearen Gleichungssystemen

10.1 Relaxation

Wir wollen das Gleichungssystem A * X = Y lösen. Wir nehmen an, wir hätten
bereits eine Lösung X, die aber nur annähernd richtig sei. Der <u>Fehler-</u>
oder <u>Residuum-Vektor</u>

$$R = A * X - Y$$

weicht dann geringfügig vom Nullvektor ab. Wir wollen nun X durch eine
verbesserte Lösung $\underline{X}$

$$\underline{X} = X + h.H$$

ersetzen, wobei h den Betrag der X-Änderung und H die Richtung der X-
Änderung angibt. Als verbessertes Residuum $\underline{R}$ erhalten wir dann

$$\underline{R} = A * (X + h.H) - Y$$

$$\underline{R} = R + h . A * H$$

Nun wollen wir h so wählen, daß das neue Residuum $\underline{R}$ dem Betrage nach
(Gauß) möglichst klein wird. Das Betragsquadrat von $\underline{R}$ ist

$$q = \underline{R}'*\underline{R} = (R + h.A*H)' * (R + h.A*H)$$

$$= R'*R + h.R'*(A*H) + h.(A*H)'*R + h^2.(A*H)'*(A*H)$$

$$= R'*R + 2h.(A*H)'*R + h^2.(A*H)'*(A*H) ,$$

und als Ableitung nach h ergibt sich

$$\frac{dq}{dh} = 2h \cdot (A*H)' * (A*H) + 2 \cdot (A*H)' * R$$

oder

$$\frac{dq}{dh} = 2 \cdot (A*H)' * (R + h \cdot A*H) = 2 \cdot (A*H)' * \underline{R} \; .$$

Diese letzte Gleichung ist Ausgangspunkt vieler Iterationsverfahren zur Lösung von linearen Gleichungssystemen. Aus der notwendigen Bedingung $dq/dh = o$ folgt:

$$h = - \frac{H'*A' * R}{H'*A' * A*H}$$

Wir wählen nun als Richtung H der X-Änderungen zyklisch die Koordinatenrichtungen, d.h. für H wählen wir den Einheitsvektor

$$H_j = (\; o \; o \; \ldots \; o \; 1 \; o \; \ldots \; o \;)' \; ,$$

der an der j-ten Stelle eine 1 und sonst nur Nullen enthält. Das Produkt

$$A * H_j = A_j$$

liefert die j-te Spalte

$$A_j = (\; a_{1j} \; a_{2j} \; a_{3j} \; \ldots \; a_{mj} \;)'$$

der (m,n)-Matrix A. Damit erhalten wir

$$h_j = - \frac{A'_j * R}{A'_j * A_j}$$

oder ausgeschrieben

$$h_j = - \frac{\displaystyle\sum_{i=1}^{m} a_{ij} \cdot r_i}{\displaystyle\sum_{i=1}^{m} a_{ij}^2}$$

202

und die j-te Komponente von $\underline{X} = X + h.H$ zu

$$\underline{x}_j = x_j + h_j \ ,$$

und die i-te Komponente von $\underline{R} = R + h.A * H$ zu

$$\underline{r}_i = r_i + h_j \cdot a_{ij} \qquad \text{mit} \quad i = 1, 2, \ldots, m \ .$$

Bei bekannter (m,n)-Matrix A und vorgegebenenem Startvektor X ergibt
sich der folgende Relaxationsalgorithmus zur Verbesserung von $A * X = Y$
im obigen Sinne

```
        for j=1 to n : s = 0
        for i=1 to m : s = s + a(i,j)*a(i,j) : next i
        s(j) = s
        next j

(**)    s1 = s
        for j=1 to n : s = 0
        for i=1 to m : s = s + r(i)*a(i,j) : next i
        h = - s/s(j) : x(j) = x(j) + h : s = 0
        for i=1 to m : r(i) = r(i) + h*a(i,j)
        if s < abs(r(i)) then s = abs(r(i))
        next i
        next j
        if abs(s1-s) > 1e-6 then goto (**)
        for j=1 to n : print x(j) : next j
```

Wir wollen nun eine Verbesserung des bisherigen Relaxationsalgorithmus
einführen. Durch Einsetzen von

$$R = A * X - Y$$

in

$$h = - \frac{H'*A' * R}{H'*A' * A*H}$$

wird das Residuum R eliminiert. Für den verbesserten Lösungsvektor ergibt sich dann der Ausdruck

$$\underline{X} = X + h.H = X - \frac{H'*A' * (A*X-Y)}{H'*A' * A*H} * H \ .$$

Mit dem speziellen Einheitsvektor H_j (1 an der j-ten Stelle) wird mit

$$A * H_j = A_j \qquad \text{(j-te Spalte von A)}$$

dann

$$\underline{x}_j = x_j + A'_j * \frac{Y - A*X}{A'_j * A_j}$$

oder ausgeschrieben

$$\underline{x}_j = x_j + \frac{\sum_{i=1}^{m} a_{ij} \cdot (y_i - \sum_{k=1}^{n} a_{ik} \cdot x_k)}{\sum_{i=1}^{m} a_{ij} \cdot a_{ij}}$$

Bei gegebenen $a(i,j)$ und $y(i)$ stellt diese Gleichung eine Iterationsvorschrift für die Lösungen $x(j)$ dar. Eine Verbesserung gegenüber diesem
<u>Gesamtschrittverfahren</u> dürfen wir erhoffen, wenn wir die bereits ver-
fügbaren, verbesserten Näherungen

$$\underline{x}_1 \ , \quad \underline{x}_2 \ , \quad \cdots \quad , \ \underline{x}_{j-1}$$

im Sinne eines Einzelschrittverfahrens auf der rechten Gleichungsseite
verwenden. Die Iterationsvorschrift lautet dann

$$\underline{x}_j = x_j + \frac{\sum_{i=1}^{m} a_{ij} \cdot (y_i - \sum_{k=1}^{j-1} a_{ik} \cdot \underline{x}_k - \sum_{k=j}^{n} a_{ik} \cdot x_k)}{\sum_{i=1}^{m} a_{ij} \cdot a_{ij}}$$

$$\underline{x}_j = x_j + h_j \ .$$

204

Mit einem Faktor c in $\underline{x}_j = x_j + c \cdot h_j$ können wir die Korrektur
beeinflussen. Wählen wir c > 1, so sprechen wir von <u>Überrelaxation</u>
und für c < 1 von <u>Unterrelaxation</u>. Praktische Erfahrungen zeigen,
daß z.B. bei vielen Gleichungssystemen für finite Elemente die Lösung
mit c = 1.7 wesentlich schneller konvergiert als bei c = 1.

Betrachten wir den Sonderfall, daß die Diagonalelemente a_{jj} alle anderen
Elemente der j-ten Spalte einer (n,n)-Matrix "überwiegen", so erhalten wir
in diesem Fall mit

$$\underline{x}_j = x_j + (y_j - \sum_{k=1}^{j-1} a_{jk} \cdot \underline{x}_k - \sum_{k=j}^{n} a_{jk} \cdot x_k) / a_{jj}$$

das Einzelschrittverfahren nach Gauß-Seidel.

10.1.1 Programme zum Relaxationsverfahren

Zunächst wollen wir an die obigen Bemerkungen ein Programm zum Einzelschrittverfahren nach Gauß-Seidel anfügen. Die Konvergenz des Verfahrens
ist nur unter bestimmten Voraussetzungen gegeben.

```
100 rem !-------------------------------------------------!
110 rem ! Iterative Loesung eines (n,n)-Gleichungssystems !
120 rem ! nach Gauß-Seidel ( Einzelschrittverfahren )     !
130 rem !-------------------------------------------------!
140 dim A(10,10), X(10), Y(10)
150 rem !-------------------------------------------------!
160 rem ! Lesen der Anzahl n der Gleichungen              !
170 rem !-------------------------------------------------!
180 read n
190 rem !-------------------------------------------------!
200 rem ! Lesen der Matrix A und Y                        !
210 rem !-------------------------------------------------!

220 for i=1 to n
230 for j=1 to n
240 read a(i,j)
250 next j
260 read y(i)
270 next i
```

```
280 rem !---------------------------------------------------!
290 rem ! Beginn der Iterationen                            !
300 rem !---------------------------------------------------!
310 for i1=1 to 1000
320 h = 0

330 for i=1 to n
340 h1 = x(i)
350 x(i) = y(i)
360 for j=1 to n
370 if i=j then 390
380 x(i) = x(i) - a(i,j)*x(j)
390 next j
400 x(i) = x(i)/a(i,i)
410 if h > abs(x(i)-h1) then 430
420 h = abs(x(i)-h1)
430 next i

440 h1 = i1
450 if h < 1e-6 then 480
460 next i1
470 print "Nach ";h1;" Iterationen keine Konvergenz"
480 print "Nach ";h1;" Iterationen sind die Loesungen:"
490 for i=1 to n
500 print x(i),
510 next i
520 rem !-------------------------------------------------!
530 rem ! Ablegen von n                                   !
540 rem !-------------------------------------------------!
550 data 3
560 rem !-------------------------------------------------!
570 rem ! Ablegen von a(i,1), a(i,2),...., a(i,n) und y(i) !
580 rem !-------------------------------------------------!
590 data 3,  1,  2,  6
600 data 2,  4,  1,  7
610 data 1,  2,  2,  5
620 end
```

Nun wollen wir ein allgemeineres Relaxationsprogramm zur Lösung von
linearen Gleichungen anfügen. Der Aufbau dieses Programmes folgt im
wesentlichen dem vorhergehenden Kapitel "Relaxation".

```
100 rem !------------------------------------------------------!
110 rem !    Relaxationsalgorithmus zur Berechnung der Loesung !
120 rem !    eines (m,n)-Gleichungssystems    A * X = Y        !
130 rem !------------------------------------------------------!
150 dim A(6,5), Y(6), S(5), X(5)
160 rem !------------------------------------------------------!
170 rem !    Lesen der Anzahl m der Gleichungen und der Anzahl !
180 rem !    n der Unbekannten                                 !
190 rem !------------------------------------------------------!
```

```
200 read m, n
210 rem !-----------------------------------------------------------!
220 rem !    Besetzen der Matrix A und von Y                        !
230 rem !-----------------------------------------------------------!

240 for i=1 to m
250 for j=1 to n
260 read a(i,j)
270 next j
280 read y(i)
290 next i

300 rem !-----------------------------------------------------------!
310 rem !    Besetzen der Startwerte                                !
320 rem !-----------------------------------------------------------!
330 for j=1 to n
340 read x(j)
350 next j
360 rem !-----------------------------------------------------------!
370 rem !    Bilden der Quadratsumme s(j) jeder Spalte von A   !
390 rem !-----------------------------------------------------------!
400 for j=1 to n
410 h = 0
420 for i=1 to m
430 h = h + a(i,j)*a(i,j)
440 next i
450 s(j) = h/1.6
460 next j
470 rem !-----------------------------------------------------------!
480 rem !    Beginn des Loesungsalgorithmus                        !
490 rem !-----------------------------------------------------------!
500 for i1=1 to 200
510 h = 0

520 for j=1 to n
530 h2 = 0
540 h1 = x(j)
550 for i=1 to m
560 h3 = 0
570 for k=1 to n
580 h3 = h3 + a(i,k)*x(k)
590 next k
600 h2 = h2 + a(i,j)*(y(i)-h3)
610 next i
620 x(j) = x(j) + h2/s(j)
630 print x(j),
640 if abs(x(j)-h1) < h then 660
650 h = abs(x(j)-h1)
660 next j

670 h1 = i1
680 if h < 1e-4 then 710
690 next i1
```

```
700 print "Nach ";h1;" Iterationsschritten keine Konvergenz"
710 print "Nach ";h1;" Iterationsschritten sind die Loesungen"
720 for j=1 to n
730 print x(j)
740 next j
750 rem !-------------------------------------------------!
760 rem !    Ablegen von m und n                          !
770 rem !-------------------------------------------------!
780 data 3, 3
790 rem !-------------------------------------------------!
800 rem !    Zeilenweises Ablegen von A und Y             !
810 rem !-------------------------------------------------!
820 data  1,  3,  4,  8
830 data  5,  3, -2,  6
840 data -4, -2,  6,  0
850 rem !-------------------------------------------------!
860 rem !    Startwerte für x(1), x(2),..., x(n)          !
870 rem !-------------------------------------------------!
880 data  0,  0,  0
890 end
```

Wir wollen nun die Ausgabe anfügen, die dieses Programm erzeugt. An den
vielen Iterationen wird deutlich, daß die "Relaxationgeschwindigkeit"
neben weiteren Kriterien für den jeweiligen Relaxationsalgorithmus wesentlich ist.

1.44762	.317229	1.86663	2.39813	-.855905
1.36026	2.41108	-.397481	1.75377	2.39898
-.477931	1.4935	2.18847	-.145182	1.52627
2.02265	-1.69771E-2	1.38645	1.83536	.199223
1.34688	1.68837	.330196	1.26708	1.55564
.467767	1.22477	1.45067	.565253	1.17689
1.36237	.652829	1.14495	1.2921	.719216
1.11527	1.23458	.775194	1.09337	1.18863
.818952	1.07462	1.15143	.854855	1.06014
1.12164	.883322	1.04818	1.09764	.906399
1.03874	1.0784	.924817	1.03107	1.06293
.939667	1.02496	1.05052	.951557	1.02003
1.04055	.961119	1.01608	1.03256	.968786
1.01291	1.02613	.974946	1.01036	1.02098
.979888	1.00832	1.01684	.983856	1.00668
1.01352	.987041	1.00536	1.01085	.989598
1.0043	1.00871	.99165	1.00345	1.00699
.993297	1.00277	1.00561	.99462	1.00222
1.0045	.995681	1.00179	1.00362	.996533
1.00143	1.0029	.997217	1.00115	1.00233
.997766	1.00092	1.00187	.998207	1.00074
1.0015	.998561	1.0006	1.00121	.998845
1.00048	1.00097	.999073	1.00038	1.00078

```
.999256      1.00031      1.00062      .999402      1.00025
1.0005       .99952       1.0002       1.0004       .999615
1.00016      NACH  42 ITERATIONSSCHRITTEN SIND DIE LOESUNGEN

1.0004

.999615

1.00016
```

Die exakten Lösungen des Gleichungssystems

$$\begin{pmatrix} 1 & 3 & 4 \\ 5 & 3 & -2 \\ -4 & -2 & 6 \end{pmatrix} * \begin{pmatrix} x_1 \\ x_2 \\ x_3 \end{pmatrix} = \begin{pmatrix} 8 \\ 6 \\ 0 \end{pmatrix}$$

sind $x_1 = 1$, $x_2 = 1$, $x_3 = 1$.

10.2 Überbestimmte Gleichungssysteme

An einem einfachen Beispiel wollen wir eine Methode zur Behandlung
von überbestimmten Gleichungssystemen einführen. Häufig treten solche
Gleichungssysteme bei überzähligen Messungen auf. Wir betrachten
die 3 Punkte O, P, Q, die auf einer Geraden (Abb. 43) liegen. Wir
führen nun Längenmessungen aus und erhalten für die Länge

$$\begin{aligned}
\text{von O bis P} \quad \text{den Wert} \quad & x_1 = 2.31 \text{ cm} + r_1 , \\
\text{von P bis Q} \quad \text{den Wert} \quad & x_2 = 4.25 \text{ cm} + r_2 \quad \text{und} \\
\text{von O bis Q} \quad \text{den Wert} \quad & x_1 + x_2 = 6.57 \text{ cm} + r_3 .
\end{aligned}$$

Diese Werte x_1, x_2 werden i.a. trotz sorgfältigster Messung um den wah-
ren Wert streuen. Wir müssen mit gewissen kleinen Abweichungen (Meßfeh-
lern) rechnen. Die Meßfehler bezeichnen wir mit r_1, r_2, r_3. Wären die
Meßfehler Null, so müßten die 3 linearen Gleichungen

$$\begin{pmatrix} 1 & 0 \\ 0 & 1 \\ 1 & 1 \end{pmatrix} * \begin{pmatrix} x_1 \\ x_2 \end{pmatrix} = \begin{pmatrix} 2.31 \\ 4.25 \\ 6.57 \end{pmatrix}$$

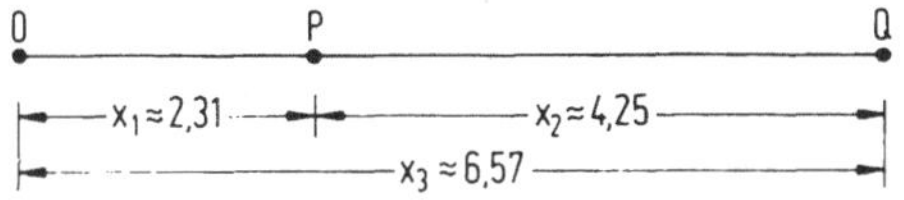

O———————P———————————————Q

$|\!\!\!-x_1 \approx 2{,}31\cdots-\!\!|\cdots-x_2 \approx 4{,}25-\!\!\!|$

$|\!\!-\cdots\cdots\cdots-x_3 \approx 6{,}57\cdots\cdots-\!\!\!|$

Abb. 43:

Längenmessungen x_1, x_2, x_3 zwischen
den Punkten O, P, Q

mit den beiden Unbekannten x_1 und x_2 gelten. Diese 3 Gleichungen sind
aber widersprüchlich. Ist die Anzahl von Gleichungen größer als die Anzahl der Unbekannten, so nennen wir das Gleichungssystem __überbestimmt__.
Allgemein kann sich ein solches __unverträgliches__ Gleichungssystem

$$A * X = Y \qquad \text{mit} \quad \text{Typ}(A) = (m,n) \ , \quad m > n$$

bei meßtechnischen Problemen ergeben. Der Fehlervektor, hier $R = (r_1 \ r_2 \ r_3)'$,

$$R = A * X - Y$$

wird nicht gleich dem Nullvektor sein. Wir wollen die Lösung X des unverträglichen Gleichungssystems nun so bestimmen, daß die __Länge des Feh-
lervektors R möglichst klein__ ist, d.h.

$$q = R' * R$$

soll möglichst klein werden (Methode der kleinsten Fehlerquadrate). Differenzieren wir

$$q = (X'*A' - Y') * (A*X - Y)$$

$$q = Y'*Y + (A*X)'*(A*X) - Y'*(A*X) - (A*X)'*Y$$

nach dem Vektor X (Gradientenbildung), so erhalten wir mit

$$Y'*(A*X) = (A*X)'*Y \qquad \text{(Skalarprodukt)}$$

das Ergebnis

$$\frac{\partial q}{\partial X} = 2.A'*(A*X) - 2.A'*Y = 2.A'* (A*X - Y) \ ,$$

denn aus der Vertauschbarkeit des Produktes

$$\begin{array}{cccc} (1) & (2) & (2) & (1) \\ (A*X)'*(A*X) & = & (A*X)'*(A*X) \end{array}$$

folgt

$$\frac{\partial}{\partial X} \; \overset{(1)}{(A*X)'}*\overset{(2)}{(A*X)} \;=\; \overset{(1)}{A'}*\overset{(2)}{(A*X)} \;+\; \overset{(2)}{A'}*\overset{(1)}{(A*X)} \;=\; 2.A'*(A*X) \; .$$

Wir bemerken, daß ein Strich an einer Matrix keine Ableitung, sondern die Transposition symbolisiert. Aus der notwendigen Bedingung

$$\frac{\partial q}{\partial X} \;=\; 0 \;\; (\text{Nullvektor})$$

$$\frac{\partial q}{\partial X} \;=\; 0 \;=\; 2.(\; A'*A \; *X \; - \; A'*Y \;)$$

folgt das Gleichungssystem ("Normalsystem")

$$A' \; * \; A \; * \; X \;=\; A' \; * \; Y \; .$$

Für eine (m,n)-Matrix A ist Typ(A'*A) = (n,n), für eine (m,1)-Spalte Y ist Typ(A'*Y) = (n,1). Wir erhalten ein Gleichungssystem A'*A*X = A'*Y, das n Gleichungen und n-Unbekannte enthält und aus dem <u>unverträglichen</u> Gleichungssystem A * X = Y durch Linksmultiplikation mit A' entsteht. Ist det(A'*A) verschieden von Null, so ergibt die Lösung dieses Gleichungssystems A'*A*X = A'*Y den Vektor X, der im Gauß'schen Sinne den Fehlervektor minimiert. Mit der linksinversen Matrix

$$L \;=\; (A'*A)^{-1} \; * \; A'$$

kann die Lösung X durch

$$X \;=\; L \; * \; Y$$

ausgedrückt werden.

Für das einführend behandelte Beispiel ergibt die Linksmultiplikation des unverträglichen Gleichungssystems

$$\begin{pmatrix} 1 & 0 \\ 0 & 1 \\ 1 & 1 \end{pmatrix} \begin{pmatrix} x_1 \\ x_2 \end{pmatrix} = \begin{pmatrix} 2.31 \\ 4.25 \\ 6.57 \end{pmatrix}$$

mit der tranponierten Koeffizientenmatrix

$$\begin{pmatrix} 1 & 0 & 1 \\ 0 & 1 & 1 \end{pmatrix}$$

die Multiplikationen

$$\begin{pmatrix} 1 & 0 & 1 \\ 0 & 1 & 1 \end{pmatrix} * \begin{pmatrix} 1 & 0 \\ 0 & 1 \\ 1 & 1 \end{pmatrix} * \begin{pmatrix} x_1 \\ x_2 \end{pmatrix} = \begin{pmatrix} 1 & 0 & 1 \\ 0 & 1 & 1 \end{pmatrix} * \begin{pmatrix} 2.31 \\ 4.25 \\ 6.57 \end{pmatrix} ,$$

und damit das "Normalsystem"

$$\begin{pmatrix} 2 & 1 \\ 1 & 2 \end{pmatrix} * \begin{pmatrix} x_1 \\ x_2 \end{pmatrix} = \begin{pmatrix} 8.88 \\ 10.82 \end{pmatrix}$$

mit der Lösung $x_1 = 2.3133$ und $x_2 = 4.2533$. Der Fehlervektor ist dann

$$R = \begin{pmatrix} 2.31 \\ 4.25 \\ 6.57 \end{pmatrix} - \begin{pmatrix} 1 & 0 \\ 0 & 1 \\ 1 & 1 \end{pmatrix} * \begin{pmatrix} 2.3133 \\ 4.2533 \end{pmatrix} = \begin{pmatrix} -1/300 \\ -1/300 \\ +1/300 \end{pmatrix}$$

10.2.1 Programm zur Lösung von überbestimmten Gleichungssystemen

Mit Hilfe von Matrizen-Anweisungen wollen wir nun ein Programm zur Lösung von überbestimmten Gleichungssystemen nach der Methode der kleinsten Fehlerquadrate schreiben.

```
100 rem !-----------------------------------------------------!
110 rem !   Loesung eines ueberbestimmten Gleichungssystems   !
120 rem !        A * X = Y          mit  Typ(A) = (m,n)        !
130 rem !-----------------------------------------------------!
140 dim A(30,5),T(5,30),R(30,1),Y(30,1),G(5,5),H(5,5),X(5,1)

150 read m, n
160 mat T = ZER(n,m)
170 mat G = ZER(n,n)
180 mat H = ZER(n,n)
181 mat R = ZER(m,1)
182 mat A = ZER(m,n)
183 mat Y = ZER(m,1)
```

```
184 mat X = ZER(n,1)

190 mat read A(m,n)
230 mat read Y(m,1)
240 rem !------------------------------------------------------------!
250 rem !    Anwendung der Matrizenoperationen                      !
260 rem !    TRN(A) bewirkt die Transposition und                   !
270 rem !    INV(A) bewirkt die Inversion der Matrix A              !
280 rem !------------------------------------------------------------!
290 mat T = TRN(A)
291 mat G = T*A
300 mat H = INV(G)
301 mat R = T*Y
310 mat X = H*R

312 mat R = ZER(m,1)
315 mat R = A*X
320 mat R = Y - R
321 mat T = ZER(1,m)
325 mat T = TRN(R)
328 mat H = ZER(1,1)
330 mat H = T*R
331 mat T = TRN(Y)
340 l1 = sqr(h(1,1))
341 mat H = T*Y
350 l2 = sqr(h(1,1))
351 f1 = l1/l2
390 mat print X
400 print
410 print "Laenge des Residuenvektors   "; l1
420 print
430 print "relativer Fehler in %        "; int(10000*f1+0.5)/100
470 data 3, 2
490 rem ***    Matrix A zeilenweise ablegen   *****
510 data 1, 0
520 data 0, 1
530 data 1, 1
550 rem ***    rechte Gleichungsseite Y   ********
570 data 2.31
580 data 4.25
590 data 6.57
600 end
```

Für das oben angeführte unverträgliche Gleichungssystem liefert das Programm die Ausgabe

```
        2.31333
        4.25333
        Laenge des Residuenvektors    5.77350e-3
        relativer Fehler in %             .07
```

Bei manchen Rechnern stehen keine Matrizenbefehle zur Verfügung. In diesen Fällen kann zur Lösung von überbestimmten Gleichungssystemen die Verwendung des Programmes empfohlen werden, das im Kapitel "Konjugierte Gradienten" angegeben ist.

10.3 Die Approximationsparabel

Wir nehmen an, daß eine gewisse Anzahl von Punkten gemessen wurden. Typische Meßreihen enthalten oft mehr als 50 Punkte. Obwohl wir annehmen wollen, daß in dem folgenden Beispiel lediglich 4 Punkte $P_1(x_1, y_1)$, $P_2(x_2, y_2)$, $P_3(x_3, y_3)$, $P_4(x_4, y_4)$ gemessen wurden, ist dies keine Einschränkung der Methode. Für eine größere Anzahl von Meßpunkten sind die folgenden Formeln sinngemäß zu erweitern. Wir wollen nun versuchen, diese 4 gemessenen Punkte durch eine Parabel (Abb. 44)

$$y(x) = a + b \cdot x + c \cdot x^2$$

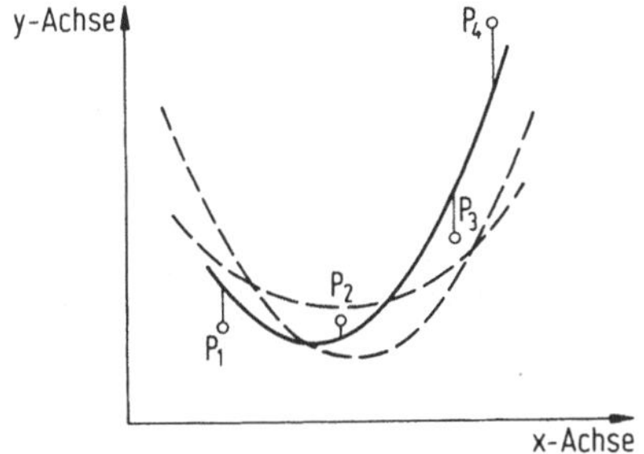

Abb. 44:

Approximationsparabel

zu beschreiben. Wäre die Beschreibung der Meßpunkte ohne Fehler möglich, so würde in der x,y-Ebene die Kurve der Parabel <u>durch</u> alle Punkte gehen. Wegen $y_1 = y(x_1)$, $y_2 = y(x_2)$, ..., $y_4 = y(x_4)$ liefert jeder Punkt eine Gleichung, und wir erhalten

$$\begin{pmatrix} y_1 \\ y_2 \\ y_3 \\ y_4 \end{pmatrix} = \begin{pmatrix} 1 & x_1 & x_1^2 \\ 1 & x_2 & x_2^2 \\ 1 & x_3 & x_3^2 \\ 1 & x_4 & x_4^2 \end{pmatrix} * \begin{pmatrix} a \\ b \\ c \end{pmatrix} \cdot$$

In diesem überbestimmten Gleichungssystem mit 4 Gleichungen sind die 3
Koeffizienten a, b, c unbekannt. Wegen der Meßfehler werden die Gleichungen dieses Gleichungssystem i.a. unverträglich sein. Deshalb wollen
wir die Parabelkoeffizienten a, b, c nach der Methode der kleinsten Fehlerquadrate bestimmen (siehe Kapitel: "überbestimmte Gleichungssysteme").
Hierdurch wird die Summe der Quadrate der y-Abweichungen der Meßpunkte
von der optimalen Parabel zum Minimum. Die gestrichelt dargestellten Para-
beln der **Abb.** 44 weisen gegenüber der durchgezogen gezeichneten Parabel
eine wesentlich größere Fehlerquadratsumme auf.

Obwohl wir in diesem Beispiel eine Parabel betrachten, sind unsere
Überlegungen ohne Schwierigkeiten auf Polynome n-ten Grades übertragbar.
Polynome n-ten Grades mit n > 5 weisen in der Regel eine große Welligkeit auf, deshalb beschränkt man sich in der Praxis i.a. auf approximie-
rende Polynome bis zum 5-ten Grad.

Die Lösung (im Sinne der kleinsten Fehlerquadratsumme) unseres obigen
überbestimmten Gleichungssystems erhalten wir durch Linksmultiplikation
des Gleichungssystems mit der transponierten Koeffizientenmatrix:

$$
\begin{pmatrix} 1 & 1 & 1 & 1 \\ x_1 & x_2 & x_3 & x_4 \\ x_1^2 & x_2^2 & x_3^2 & x_4^2 \end{pmatrix} * \begin{pmatrix} 1 & x_1 & x_1^2 \\ 1 & x_2 & x_2^2 \\ 1 & x_3 & x_3^2 \\ 1 & x_4 & x_4^2 \end{pmatrix} * \begin{pmatrix} a \\ b \\ c \end{pmatrix} = \begin{pmatrix} 1 & 1 & 1 & 1 \\ x_1 & x_2 & x_3 & x_4 \\ x_1^2 & x_2^2 & x_3^2 & x_4^2 \end{pmatrix} * \begin{pmatrix} y_1 \\ y_2 \\ y_3 \\ y_4 \end{pmatrix}
$$

Die Multiplikation ergibt:

$$
\begin{pmatrix} \sum 1 & \sum x_i & \sum x_i^2 \\ \sum x_i & \sum x_i^2 & \sum x_i^3 \\ \sum x_i^2 & \sum x_i^3 & \sum x_i^4 \end{pmatrix} * \begin{pmatrix} a \\ b \\ c \end{pmatrix} = \begin{pmatrix} \sum x_i^0 \cdot y_i \\ \sum x_i^1 \cdot y_i \\ \sum x_i^2 \cdot y_i \end{pmatrix}
$$

Die Summationen sind über i = 1, 2, 3, 4 zu erstrecken. Für n Messpunkte
sind die Summen über i = 1, 2, ..., n zu bilden. Für die 3 Koeffizienten a,
b, c der Approximationsparabel erhalten wir obige 3 Normalgleichungen. Für

ein Approximationspolynom n-ten Grades ergeben sich n Gleichungen. Sie
stellen eine systematische Erweiterung der obigen 3 Normalgleichungen dar.
Die Lösung des Normalgleichungssystems liefert die Polynomkoeffizienten,
die das optimale Polynom (Approximationspolynom) im Sinne der kleinsten
y-Fehlerquadrate bilden.

10.4 Lösung von A * X = Y mit dem Verfahren der konjugierten Gradienten

Bei vielen praktischen Aufgaben sind die zu lösenden Gleichungssysteme
für eine Handrechnung zu umfangreich, und eine maschinelle Berechnung ist
notwendig. Bei der Auswahl eines geeigneten Verfahrens zur Lösung von
linearen Gleichungssystemen sind neben der Universalität des Lösungsalgorithmus (Anwendungsbereich, Genauigkeit) die verfügbaren elektronischen Hilfsmittel (externe Speicheranforderungen, Zeitschranken) wesentlich. Aus den vielen numerischen Verfahren zur Lösung von inhomogenen
Gleichungssystemen A * X = Y sollen nun einige Verfahren gegenüberge-
stellt werden. Die Rechenzeit zur Lösung kleiner und mittelgroßer Gleichungssysteme läßt sich über die Anzahl der erforderlichen Rechenopera-
tionen, dies sind im wesentlichen die Multiplikationen, abschätzen. Bei
großen Gleichungssystemen (mehr als 500 Gleichungen) ist der Computer-
Arbeitsspeicher i.a. nicht ausreichend für die Aufnahme aller Koeffizienten des Gleichungssystems. Die Rechenzeit zur Lösung eines Gleichungssystems wird in diesen Fällen durch die Transferzeiten zur Zwi-
schenspeicherung von Daten auf Hintergrundspeichern (Platten, Bänder
usw.) wesentlich verlängert. Die folgende Tabelle gibt einen groben
Überblick über die Anzahl der Multiplikationen, die zur Lösung von
Gleichungssystemen erforderlich sind.

konjugierte Gradienten Typ(A)=(m,n)	Algorithmus nach Gauß Typ(A)=(n,n)	Cholesky Verfahren (A symm.) Typ(A)=(n,n)	tridiagonale Matrix A
$2m^2(n+1)$ + $3n \cdot m$	$n(n^2+3n-1)/3$	$n(n^2+9n+2)$	$5n-4$

Das im folgenden beschriebene Verfahren der konjugierten Gradienten
zur Lösung von m Gleichungen mit n Unbekannten weist zwar den Nachteil
auf, daß im Vergleich zu anderen Verfahren mehr Multiplikationen erforderlich sind. Spielt der Zeitbedarf zur Lösung eines Gleichungssystems
(Tischrechner) eine untergeordnete Rolle, so ist die Anzahl der Multiplikationen nicht das entscheidende Auswahlkriteriterium.
Vorteilhaft kann zum Verfahren der konjugierten Gradienten vermerkt
werden, daß die Koeffizientenmatrix A nicht überschrieben und eine externe Speicherung einfach einzurichten ist. Außerdem ist das unten angegebene Verfahren der konjugierten Gradienten geeignet, ohne Änderung des
Programmes auch überbestimmte Gleichungssysteme $A * X = Y$ mit $Typ(A) = (m,n)$
zu lösen. Ist $m > n$, so erhalten wir die Lösung X im Sinne der kleinsten Fehlerquadrate. Wie auch der Gaußsche Algorithmus, löst dieses
Verfahren das (n,n)-Gleichungssystem theoretisch nach n Schritten.
Üblicherweise enthält die gefundene Lösung Rundungsfehler, die bei
kleiner Wortlänge des Computers oder schlecht konditionierten Gleichungssystemen $(det(A)$ ist beinahe Null), recht erheblich sein können.
Indem wir den Algorithmus der konjugierten Gradienten über n Schritte
hinaus fortsetzen, ergibt sich automatisch eine Nachiteration. Bei praktischen Aufgaben sind des öfteren geringfügig geänderte Gleichungssysteme (mehrfach) zu lösen. In diesen Fällen kann für die Methode der
konjugierten Gradienten die jeweils zuletzt gefundene, abgespeicherte
Lösung X des Gleichungssystems $A * X = Y$ als Startlösung in dem geänderte Gleichungssystem verwendet werden. In solchen Fällen werden
oft wesentlich weniger als n Schritte für die Lösung von $A * X = Y$
benötigt.

Nun soll der Algorithmus zur Lösung von $A * X = Y$ mit Hilfe der konjugierten Gradienten beschrieben werden. Gegeben sei A, Y mit $Typ(A) = (m,$
$n)$ und $Typ(Y) = (m,1)$. Zunächst sei die Zahl

$$h3 = 1\ e\ 99\ .$$

Wir bilden mit einem beliebigen Startvektor X den Vektor

$$R = A * X - Y$$

und dann den Hilfsvektor

$$(*) \qquad V = A' * R$$

und das Skalarprodukt

$$h4 = V' * V \ .$$

Nun berechnen wir die Vektoren

$$U := -V \ + \ h4.U/h3$$

und

$$S = A * U$$

und das Skalarprodukt

$$h1 = S' * S \ .$$

Ist nun h1 kleiner als eine vorgegebene Fehlerschranke (z.B. 1.10^{-20}), so können wir die Rechnung beenden. Im anderen Falle berechnen wir einen verbesserten Lösungsvektor X aus

$$X := X \ + \ h_4.U/h_1$$

und

$$R := R \ + \ h_4.S/h_1$$

und ersetzen

$$h_3 := h_4 \ .$$

Ist h_3 größer als unsere vorgegebene Fehlerschranke, so beginnen wir den nächsten Schritt bei (*). Man kann zeigen, daß unabhängig von der Wahl des Startvektors die (theoretisch) exakte Lösung nach höchstens n Schritten vorliegt.

10.4.1 Programm zum Verfahren der konjugierten Gradienten

Nach den Bemerkungen des letzten Kapitels ist die programmtechnische Realisierung nun einfach. Das beschriebene Verfahren benötigt zusätzlich zum Speicherplatz für die Matrix A die Vektoren U, V, R, S und Y mit

$$Typ(X) = Typ(U) = Typ(V) = (n,1)$$

$$Typ(Y) = Typ(R) = Typ(S) = (m,1)$$

218

Wegen der Gleichheit der Typen von X, U, V und von Y, R, S ist es sinnvoll, diese Vektoren "neben" und "unter" die (m,n)-Matrix A zu speichern:

Matrixelemente von A mit $Typ(A) = (m,n)$	Y	R	S
$X := X + h4.U/h1$			
$U := -V + h4.U/h3$			
$V = A' * R$			

$R := R + h4.S/h3$

$S = A * U$

Unser Basic-Programm hat dann folgende Form:

```
100 rem !------------------------------------------!
110 rem ! Berechnung der Loesungen X des Gleichungs-!
120 rem ! systems A*X = Y nach der Methode der     !
130 rem ! konjugierten Gradienten. Die Matrix A     !
140 rem ! darf vom Typ(A) = (n1,n2) sein. Das       !
150 rem ! A-feld mit dim A(n1+3,n2+3) enthaelt      !
160 rem ! in A = a(n1,n2) die Koeffizienten des Gl.-!
170 rem ! systems, in der Spalte A( ,n2+1) den      !
180 rem ! Y-Vektor. Die Loesungen X werden in der   !
190 rem ! Zeile A(n1+1, ) gespeichert.              !
200 rem !------------------------------------------!
210 dim A(9,6)
220 read n1, n2
230 for i1=1 to n1
240 for i2=1 to n2
250 read a(i1,i2)
260 next i2
270 read a(i1,n2+1)
280 a(i1,n2+2) = -a(i1,n2+1)
290 next i1

300 rem    (*)
310 h4 = 1e99
320 for i=1 to n1+n2
330 h3 = h4
340 rem !------------------------------------------!
350 rem ! Bilden der (n1+3)-Zeile von A gemaeß      !
360 rem ! V = TRN(A)*R = TRN(A)*A( ,n2+2)           !
370 rem !------------------------------------------!
380 h4 = 0
390 for i2=1 to n2
```

```
400 h1 = 0
410 for i1=1 to n1
420 h1 = h1 + a(i1,i2)*a(i1,n2+2)
430 next i1
440 a(n1+3,i2) = h1
450 h4 = h4 + h1*h1
460 next i2
470 rem !-------------------------------------------!
480 rem ! Bilden von U = -V + (h4/h3)*U = A(n1+1, ) !
490 rem ! -------------------------------------------!
500 h1 = h4/h3
510 for i2=1 to n1
520 a(n1+2,i2) = -a(n1+3,i2) + h1*a(n1+2,i2)
530 next i2
540 rem !-------------------------------------------!
550 rem ! Bilden von S = A*U = A*A(n1+2, )=A( ,n2+3)!
560 rem !-------------------------------------------!
570 h1 = 0
580 for i1=1 to n1
590 h2 = 0
600 for i2=1 to n2
610 h2 = h2 + a(i1,i2)*a(n1+2,i2)
620 next i2
630 a(i1,n2+3) = h2
640 h1 = h1 + h2*h2
650 next i1
655 if h1 < 1e-20 then stop
660 rem !-------------------------------------------!
670 rem ! Bilden von X = X + (h4/h1)*U = A(n1+1, )  !
680 rem !-------------------------------------------!
690 h2 = h4/h1
700 for i2 = 1 to n2
710 a(n1+1,i2) = a(n1+1,i2) + h2*a(n1+2,i2)

720 print a(n1+1,i2),

730 next i2
740 rem !-------------------------------------------!
750 rem ! Bilden von R = R + (h4/h1)*S = A( ,n2+2)  !
760 rem !-------------------------------------------!
770 for i1=1 to n1
780 a(i1,n2+2) = a(i1,n2+2) + h2*a(i1,n2+3)
790 next i1
800 next i
810 rem !-------------------------------------------!
820 rem ! Ablegen der Anzahl n1 der Zeilen und      !
830 rem ! Ablegen der Anzahl n2 der Unbekannten     !
840 rem !-------------------------------------------!
850 data 6, 3
860 rem !-------------------------------------------!
870 rem ! Zeilenweises Ablegen der Koeffizienten    !
880 rem ! des Gleichungssystems einschließlich      !
890 rem ! der rechten Gleichungsseite               !
900 rem !-------------------------------------------!
```

```
910 data  1, 2, 2,   5
920 data  2, 1, 4,   7
930 data  5, 2, 1,   8
940 data  2, 1, 4,   7
950 data  1, 2, 2,   5
960 data -5, 2, 9,   6
970 end
```

Die Ausgabe der Laufergebnisse hat die Form:

```
1.0549      .676216   1.13604    1.11208      .797888
1.01408   1.         1.         1.          1.
1.        1
```

und zeigt, daß das überbestimmte Gleichungssystem

$$
\begin{pmatrix} 1 & 2 & 2 \\ 2 & 1 & 4 \\ 5 & 2 & 1 \\ 1 & 2 & 2 \\ -5 & 2 & 9 \end{pmatrix} * \begin{pmatrix} x_1 \\ x_2 \\ x_3 \end{pmatrix} = \begin{pmatrix} 5 \\ 7 \\ 8 \\ 5 \\ 6 \end{pmatrix}
$$

die Lösung $X = (1\ 1\ 1)'$ im Sinne der kleinsten Fehlerquadrate hat.
Sollen die Zwischenergebnisse nicht ausgegebene werden, so ist die
Zeile 720 zu löschen und hinter der Zeile 800 die Ausgabe der Lösun-
gen x_i, wie z.B.

```
802 for i=1 to n1
804 print "x"; i; " = "; a(n1+1,i)
806 next i
```

einzufügen.

11 Eigenwertprobleme – Eigenwerte und Eigenvektoren

11.1 Einführendes Beispiel

Wir wollen zunächst ein einfaches Beispiel aus der Mechanik betrachten.
Die Verallgemeinerung dieses einführenden Beispieles auf n Massen kann
in der klassischen Physik die Schwingungen der Atomkerne einer atomaren
Kette (Festkörper) um ihre Ruhelage und damit die Temperaturverteilung
und -leitung einer solchen Kette beschreiben.

Wir betrachten 2 Massen (**Abb. 45**), die horizontal beweglich zwischen 3 Federn angeordnet sind. Die Massen m_1, m_2 und die Federkonstanten c_1, c_2, c_3
seien vorgegeben. Wird m_1 um die Strecke x_1 ausgelenkt, so wirkt die 1. Feder mit einer rücktreibenden Kraft

$$p_1 = c_1 \cdot x_1$$

und die 2. Feder mit der rücktreibenden Kraft

$$p_2 = c_2 \cdot (x_2 - x_1)$$

auf die Masse m_1 ein. Auf m_1 wirkt somit eine Gesamtkraft

$$f_1 = -p_1 + p_2$$

$$f_1 = -(c_1 + c_2) \cdot x_1 + c_2 \cdot x_2$$

und auf m_2 wirkt

$$f_2 = -p_3 - p_2$$

$$f_2 = c_2 \cdot x_1 - (c_2 + c_3) \cdot x_2 \; .$$

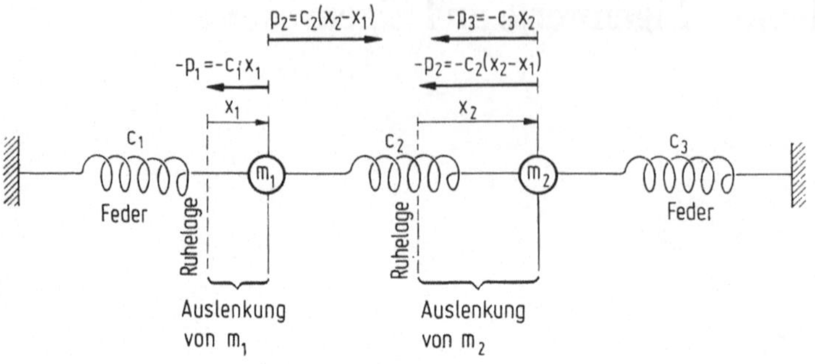

Abb. 45: Schwingungen von 2 elastisch gelagerten Massen um ihre Ruhelage

Mit $f_1 = m_1 \cdot \ddot{x}_1$ und $f_2 = m_2 \cdot \ddot{x}_2$ erhalten wir 2 Bewegungsgleichungen, die in der Matrizenschreibweise durch

$$\begin{pmatrix} f_1 \\ f_2 \end{pmatrix} = \begin{pmatrix} m_1 \cdot \ddot{x}_1 \\ m_2 \cdot \ddot{x}_2 \end{pmatrix} = \begin{pmatrix} -c_1-c_2 & c_2 \\ c_2 & -c_2-c_3 \end{pmatrix} * \begin{pmatrix} x_1 \\ x_2 \end{pmatrix}$$

oder

$$\begin{pmatrix} m_1 & 0 \\ 0 & m_2 \end{pmatrix} * \begin{pmatrix} \ddot{x}_1 \\ \ddot{x}_2 \end{pmatrix} + \begin{pmatrix} c_1+c_2 & -c_2 \\ -c_2 & c_2+c_3 \end{pmatrix} * \begin{pmatrix} x_1 \\ x_2 \end{pmatrix} = \begin{pmatrix} 0 \\ 0 \end{pmatrix}$$

oder

$$M * \ddot{X} + K * X = 0 \quad \text{(Nullvektor)}$$

dargestellt werden können. Die Matrix M heißt **Massenmatrix**, die Matrix K heißt **Steifigkeitsmatrix**. Die Komponenten x_1, x_2 des Vektors X beschreiben die **Auslenkungen** der Massen m_1, m_2 aus der Ruhelage zur Zeit t. Die Punkte über den Buchstaben X symbolisieren die Ableitungen nach der Zeit t. Die 2. Ableitung von X nach t heißt Beschleunigungsvektor.

Ein anderer Weg zur Ableitung der Bewegungsgleichung ergibt sich durch Differentiation der Gesamtenergie

$$ w \;=\; \frac{1}{2}\, \dot{X}{}' * M * \dot{X} \;+\; \frac{1}{2}\, X' * K * X \;, $$

die sich aus Bewegungs- und Federn-Energien zusammensetzt, nach der Zeit t. Wir erhalten:

$$ 0 \;=\; M * \ddot{X} \;+\; K * X $$

Der transponierte Vektor von X ist mit X' bezeichnet.
Wir wollen uns nun mit der Lösung X unseres obigen Beispieles beschäftigen. Setzen wir den Ansatz

$$ X \;=\; A \,.\, \sin(\,\omega.t + \varphi\,) $$

für eine harmonische Auslenkung X aus der Ruhelage, mit unbekanntem Amplitudenvektor $A = (a_1\; a_2)'$, unbekannter Kreisfrequenz ω und unbekannter Phase φ in

$$ M * \ddot{X} \;+\; K * X \;=\; 0 \qquad \text{(Nullvektor)} $$

ein, so ergibt sich wegen

$$ \dot{X} \;=\; \omega \,.\, A \,.\, \cos(\,\omega.t + \varphi\,) $$

$$ \ddot{X} \;=\; -\,\omega^2.\, A \,.\, \sin(\,\omega.t + \varphi\,) \;=\; -\,\omega^2.\, X $$

das homogene, lineare Gleichungssystem

$$ (\,-\,\omega^2.\, M \;+\; K\,) * X \;=\; 0 \;. $$

Dieses Gleichungssystem enthält neben den gegebenen Matrizen M und K den unbekannten Auslenkungsvektor X und die unbekannte (Kreis)-Frequenz ω. Mit den obigen Matrizen M und K ergibt sich

$$ \begin{pmatrix} c_1 + c_2 - m_1.\omega^2 & -c_2 \\[2mm] -c_2 & c_2 + c_3 - m_2.\omega^2 \end{pmatrix} * \begin{pmatrix} x_1 \\[1mm] x_2 \end{pmatrix} \;=\; \begin{pmatrix} 0 \\[1mm] 0 \end{pmatrix} \;. $$

224

Wir könnten formal versuchen, mit den Determinanten d, d_1, d_2 gemäß der Cramerschen Regel die Auslenkungen

$$x_1 = \frac{d_1}{d} \qquad \text{und} \qquad x_2 = \frac{d_2}{d}$$

zu berechnen. Weil die rechte Seite des homogenen Gleichungssystems aus Nullen besteht, sind d_1 und d_2 immer Null. Nichttriviale Auslenkungen x_1 und/oder x_2 können für eine von Null verschiedene Koeffizientendeterminante d nicht vorliegen. Ein homogenes Gleichungssystem kann nur für $d = $ o nichttriviale Lösungen besitzen. Weil wir nur an "tatsächlichen" Auslenkungen aus der Ruhelage interessiert sind, muß die notwendige Bedingung $d = $ o erfüllt sein. Die Berechnung von $d = $ o ergibt

$$d = (c_1 + c_2 - m_1 \cdot \omega^2)(c_2 + c_3 - m_2 \cdot \omega^2) - c_2^2 = 0$$

und ausmultipliziert

$$\omega^4 - 2 \cdot \omega^2 \cdot \frac{c_1 + c_2}{2 \cdot m_1} + \frac{c_2 + c_3}{2 \cdot m_2} + \frac{c_1 \cdot c_2 + c_1 \cdot c_3 + c_2 \cdot c_2}{m_1 \cdot m_2} = 0 \; .$$

Mit den Abkürzungen

$$u = (c_1 + c_2)/2/m_1 + (c_2 + c_3)/2/m_2 \quad \text{und}$$
$$v = (c_1 \cdot c_2 + c_1 \cdot c_3 + c_2 \cdot c_3)/m_1/m_2$$

wird daraus

$$\omega^4 - 2 \cdot \omega^2 \cdot u + v = 0$$

mit den Lösungen

$$\omega_1^2 = u + \sqrt{u^2 - v} = u \cdot (1 + \mathrm{sqr}(1 - v/u/u))$$

$$\omega_2^2 = u - \sqrt{u^2 - v} = u \cdot (1 - \mathrm{sqr}(1 - v/u/u)) \; .$$

Weil es keine negativen (Kreis-) Frequenzen gibt, erhalten wir lediglich die beiden Lösungen

$$\omega_1 = \text{sqr}(u.(1+\text{sqr}(1-u/v/v)))$$

und

$$\omega_2 = \text{sqr}(u.(1-\text{sqr}(1-u/v/v))) \ .$$

Die Frequenzen (Anzahl der Schwingungen je Sekunde) sind dann durch

$$f_1 = \frac{\omega_1}{2\,\pi} \qquad \text{und} \qquad f_2 = \frac{\omega_2}{2\,\pi}$$

gegeben. Diese Frequenzen f_1, f_2 nennen wir <u>Eigenfrequenzen</u> des schwingungsfähigen Massen-Federn-Systems. Damit haben wir gesehen, daß eine nicht triviale Lösung X der Matrizen-Gleichung

$$(K - \omega^2.M) * X = 0$$

nur für bestimmte Frequenzen, die wir Eigenfrequenzen nennen, existieren können. Multiplizieren wir die letzte Gleichung von links mit der inversen Massenmatrix INV(M), die auf den Diagonalelement-Plätzen jeweils den Reziprokwert des entsprechenden Diagonalelementes von M hat, und sonst nur aus Nullen besteht, so erhalten wir

$$(M^{-1} * K - \omega^2.E) * X = 0 \ .$$

Nachdem die Eigenwerte bekannt sind, wollen wir versuchen, die zugehörigen Auslenkungen (<u>Eigenvektoren</u>) zu bestimmen. Zur Ermittlung des 1. Eigenvektors X_1, der zur 1. Eigen-(Kreis-)frequenz ω_1 gehört, gehen wir von dem homogenen Gleichungssystem

$$\begin{pmatrix} c_1+c_2-m_1.\omega^2 & -c_2 \\ -c_2 & c_2+c_3-m_2.\omega^2 \end{pmatrix} * \begin{pmatrix} x_1 \\ x_2 \end{pmatrix} = \begin{pmatrix} 0 \\ 0 \end{pmatrix}$$

aus. Die 1. Gleichung ergibt

$$x_2 = h_1.x_1 \qquad \text{mit} \qquad h_1 = \frac{c_1+c_2-m_1.\omega_1^2}{c_2} \ .$$

Wir wollen diesen Vektor $X_1 = (x_1 \ x_2)'$ in der normierten Form bestimmen, d.h. es soll

$$x_1^2 + x_2^2 = 1$$

gelten. Dann ist wegen $\quad x_1^2 + h_1^2 \cdot x_1^2 = 1 \quad$ der Vektor X_1 durch

$$x_1 = 1/\mathrm{sqr}(1+h_1^2)$$

$$x_2 = h_1 \cdot x_1 = h_1/\mathrm{sqr}(1+h_1^2)$$

gegeben. Analog erhalten wir für die 2. Eigen-(Kreis-)frequenz ω_2 mit

$$h_2 = \frac{c_2 + c_3 - m_2 \cdot \omega_2^2}{c_2}$$

den normierten Eigenvektor X_2 gemäß

$$X_2 = \begin{pmatrix} 1/\mathrm{sqr}(1+h_2^2) \\ h_2/\mathrm{sqr}(1+h_2^2) \end{pmatrix} \, .$$

Die Eigenvektoren sind bis auf einen willkürlichen Faktor eindeutig.
Diese beiden Eigenvektoren X_1, X_2 können zu einer Matrix

$$X = (\; X_1 \quad X_2 \;)$$

zusammengefaßt werden. X_1 und X_2 sind Spaltenvektoren.

11.2 Eigenwertaufgabe

Die einleitenden Bemerkungen des letzten Kapitels zeigen, daß Schwin-
gungsprobleme auf ein homogenes Gleichungssystem

$$(\; K - \omega^2 \cdot M \;) * U = 0$$

führen können. Indem wir die Massenmatrix M in

$$M = L^{\cdot -1} * L^{-1}$$

zerlegen, erhalten wir aus

$$L' * (K - \omega^2.M) * U = 0$$

mit folgenden Erweiterungen und Zusammenfassungen

$$L' * (K - \omega^2.L'^{-1} * L^{-1}) * U = L' * (K*L*L^{-1} - \omega^2.L'^{-1} * L^{-1}) * U$$

$$= (L'*K*L - \omega^2.L' * L'^{-1}) * (L^{-1}*U)$$

das spezielle Eigenwertproblem

$$(L'*K*L - \omega^2.E) * (L^{-1}*U) = 0 \; ,$$

das wir in der Standardform

$$(A - \lambda.E) * X = 0$$

oder

$$A * X = \lambda . X$$

schreiben wollen. Die reelle (n,n)-Matrix A ist bekannt. Unbekannt sind die λ-Werte, die wir **Eigenwerte der Matrix A** nennen, und die zugehörigen Lösungsvektoren X, die **Eigenvektoren der Matrix A** heißen. Das homogene Gleichungssystem

$$(A - \lambda.E) * X = 0$$

kann nur für

$$\det(A - \lambda.E) = 0$$

nichttriviale Lösungen X besitzen. Weil jede Zeile der Matrix

$$(A - \lambda.E) = \begin{pmatrix} a_{11}-\lambda & a_{12} & a_{13} & \cdots & a_{1n} \\ a_{21} & a_{22}-\lambda & a_{23} & \cdots & a_{2n} \\ a_{31} & a_{32} & a_{33}-\lambda & \cdots & a_{3n} \\ . & . & . & \cdots & . \\ . & . & . & \cdots & . \\ a_{n1} & a_{n2} & a_{n3} & \cdots & a_{nn}-\lambda \end{pmatrix}$$

genau ein λ enthält, ergibt die Determinantenentwicklung von

$$\det(\ A-\ \lambda.E\ )\ =\ o$$

ein Polynom n-ten Grades, das wir <u>charakteristisches Polynom</u> der Matrix A nennen. Nach dem Fundamentalsatz der Algebra hat dieses Polynom genau n Lösungen

$$\lambda_1,\quad \lambda_2,\quad \lambda_3,\quad \ldots,\quad \lambda_n\ .$$

Die Menge sämtlicher Eigenwerte der Matrix A heißt <u>Spektrum</u> von A. Haben 2 typgleiche Matrizen das gleiche charakteristische Polynom, so haben beide Matrizen die gleichen Eigenwerte. Sind z.B. A und R (n,n)-Matrizen und existiert R^{-1}, so erhalten wir für die Eigenwerte der Matrix

$$B\ =\ R^{-1}\ *\ A\ *\ R$$

wegen

$$B\ -\ \lambda.E\ =\ R^{-1}\ *\ (\ A\ -\ \lambda.E\ )\ *\ R\ =\ R^{-1}\ *\ A\ *\ R\ -\ \lambda.E$$

$$\det(\ B\ -\ \lambda.E\ )\ =\ \det(\ R^{-1}\ *\ (\ A\ -\ \lambda.E\ )\ *\ R\ )$$

$$\det(\ B\ -\ \lambda.E\ )\ =\ \det(\ R^{-1})\ .\ \det(\ A\ -\ \lambda.E\ )\ .\ \det(\ R\ )$$

das gleiche charakteristische Polynom

$$\det(\ A\ -\ \lambda.E\ )\ =\ \det\ (\ B\ -\ \lambda.E\ )\ ,$$

und damit die gleichen Eigenwerte von A und B. Wegen $\det(R^{-1}).\det(R) = \det(R^{-1}*R) = \det(E) = 1$ gilt dies für eine beliebige reguläre Matrix R. Die Matrix $B = R^{-1} * A * R$ heißt <u>ähnlich</u> zur Matrix A. Ähnliche Matrizen haben die gleichen Eigenwerte. Sind alle Eigenwerte von 2 Matrizen gleich, so sind diese Matrizen ähnlich zueinander. Gelingt es, zu einer vorgegebenen Matrix A, die Matrix R so zu wählen, daß die Matrix

$$B\ =\ R^{-1}\ *\ A\ *\ R$$

zur <u>Diagonalmatrix</u>

$$D \;=\; R^{-1} * A * R \;=\; \begin{pmatrix} d_1 & o & o & . & . & o \\ o & d_2 & o & . & . & o \\ o & o & d_3 & . & . & o \\ . & . & . & . & . & . \\ o & o & o & o & o & d_n \end{pmatrix},$$

wird, so liefert die Entwicklung von $\det(D - \lambda . E) = o$ das charakteristische Polynom in der Produktform

$$(d_1 - \lambda_1)(d_2 - \lambda_2)(d_3 - \lambda_3) \;\ldots\; (d_n - \lambda_n) \;=\; o \;,$$

d.h. die Diagonalelemente von D sind die Eigenwerte von A. Kann eine Matrix A mit Hilfe von R in eine Diagonalmatrix $D = R^{-1} * A * R$ transformiert werden, so ist in D nur die Hauptdiagonale besetzt, und D enthält dort die <u>Eigenwerte</u> $d_1 = \lambda_1$, $d_2 = \lambda_2$, $\ldots$, $d_n = \lambda_n$. Wir sprechen vom <u>Diagonalisieren</u> der Matrix A mit Hilfe von R. Schreiben wir die Ähnlichkeitstransformation

$$R^{-1} * A * R \;=\; D$$

in der Form

$$A * R \;=\; R * D \;,$$

so erkennen wir, daß z.B. die 1. Spalte R_1 von R wegen

$$A * R_1 \;=\; R_1 \cdot \lambda_1$$

$$(A - \lambda_1 . E) * R_1 \;=\; 0$$

den 1. Eigenwert λ_1 erzeugt. Entsprechendes gilt für die anderen Spalten von R. Enthält die Matrix R als Spalten die Eigenvektoren von A, und ist T eine reguläre Transformation, so folgt aus

$$A * R = R * D$$

$$T^{-1} * A * T * (T^{-1} * R) \;=\; (T^{-1} * R) * D$$

$$B * (T^{-1} * R) \;=\; (T^{-1} * R) * D \;,$$

daß die Eigenvektoren S_i der ähnlichen Matrix $B = T^{-1} * A * T$ durch die Transformation $S = T^{-1} * R$ gegeben sind. Enthält R die Eigenvektoren von A, so enthält S als Spalten die Eigenvektoren von $B = T^{-1} * A * T$.

Wir wollen nun das inhomogene Problem

$$(A - \lambda.E) * X = Y$$

betrachten. Der Vektor Y und die Matrix A seien bekannt. Wir interessieren uns für die möglichen λ-Werte und den Lösungsvektor X. Zunächst setzen wir voraus, daß die Eigenvektoren des homogenen Problems $(A - \lambda.E) * X = 0$ die Spalten der regulären Matrix R bilden und die Matrix D Diagonalgestalt besitzt, d.h. es gilt:

$$A * R = R * D .$$

Wir betrachten nun das inhomogene Problem

$$(A - \lambda.E) * X = Y$$

und erweitern

$$(A - \lambda.E) * R * R^{-1} * X = Y$$

$$(R * D - R . \lambda) * R^{-1} * X = Y .$$

Multiplizieren wir nun von links mit der Matrix B, die so gewählt sei, daß $B * R = E$ ist, so gilt

$$(D - \lambda.E) * R^{-1} * X = B * Y .$$

Durch Invertierung der Matrix $(D - \lambda.E)$ erhalten wir als Lösungsvektor des inhomogenen Problems

$$X = R * (D - \lambda.E)^{-1} * B * Y .$$

Die Inverse der Diagonalmatrix $(D - \lambda.E)$ ist eine Diagonalmatrix mit den Diagonalelementen $\dfrac{1}{d_i - \lambda}$. Enthält $R = (R_1, R_2, \ldots, R_n)$ die Spalten R_i und die Matrix B die Zeilen $B_1', B_2', \ldots, B_n'$, so erhalten wir als Lösungsvektor

$$X = \left(\frac{R_1 * B_1'}{d_1 - \lambda} + \frac{R_2 * B_2'}{d_2 - \lambda} + \ldots + \frac{R_n * B_n'}{d_n - \lambda} \right) * Y .$$

Es existieren keine endlichen Lösungsvektoren des inhomogenen Problems, wenn λ gleich einem Eigenwert λ_i des homogenen Problems ist, außer wenn $B_i' * Y = 0$ wird. Dann bleibt aber X um ein beliebiges Vielfaches von R_i unbestimmt.

11.3 Diagonalisierung nach Jacobi

Wir kommen auf das homogene Problem $(A - \lambda.E) * X = 0$ zurück und setzen voraus, daß die gegebene Matrix A <u>symmetrisch</u> ist, d.h. es gilt $A' = A$. Wir wollen nun ein iteratives Verfahren angeben, dessen 1. Iterationsmatrix R_1 durch

$$R_1' * A_1 * R_1 = A_2$$

aus der Anfangsmatrix $A = A_1$ eine Matrix A_2 erzeugt, in der ein Paar symmetrisch liegender Nichtdiagonalelemente Null wird. Bei Handrechnung wählt man die betragsgrößten Nichtdiagonalelemente aus A_1, bei Maschinenrechnung meistens $a_{12} = a_{21}$. Allgemein seien $a_{pq} = a_{qp}$ die betragsgrößten Elemente von A_1. Mit der abgewandelten "Einheitsmatrix"

$$R = \begin{pmatrix} 1 & \text{o} & \cdot & \cdot & \cdot & \cdot & \text{o} & \text{o} & \cdots & \text{o} \\ \text{o} & 1 & \cdot & \cdot & \cdot & \cdot & \cdot & \cdot & \cdots & \text{o} \\ \cdot & \cdot & \cos\varphi & \cdot & \cdot & -\sin\varphi & \cdot & \cdot & \cdots & \text{o} \\ \cdot & \cdot & \cdot & 1 & \cdot & \cdot & \cdot & \cdot & \cdots & \cdot \\ \cdot & \cdot & \cdot & \cdot & 1 & \cdot & \cdot & \cdot & \cdots & \cdot \\ \cdot & \cdot & \sin\varphi & \cdot & \cdot & \cos\varphi & \cdot & \cdot & \cdots & \cdot \\ \cdot & \cdot & \cdot & \cdot & \cdot & \cdot & 1 & \cdot & \cdots & \cdot \\ \text{o} & \cdot & \cdot & \cdot & \cdot & \cdot & \cdot & 1 & \cdots & \cdot \\ \text{o} & \cdot & \cdot & \cdot & \cdot & \cdot & \cdot & \cdot & \cdots & \cdot \\ \text{o} & \text{o} & \text{o} & \text{o} & \text{o} & \text{o} & \text{o} & \text{o} & \cdots & 1 \end{pmatrix} \begin{matrix} \\ \\ \text{p-te Zeile} \\ \\ \\ \text{q-te Zeile} \\ \\ \\ \\ \\ \end{matrix}$$

$$\qquad\quad \underset{\text{Spalte}}{\text{p-te}} \qquad\quad \underset{\text{Spalte}}{\text{q-te}}$$

können wir A_1 transformieren. Den Winkel φ werden wir in der weiter noch zu erläuternden Weise wählen. Hierzu bilden wir das Matrizenprodukt $C = A * R$ (bzw. $A_1 * R$). Abgesehen von der p-ten und q-ten Spalte ist die

Produktmatrix A * R gleich der Matrix A, weil R (abgesehen von der p-ten und q-ten Spalte) der Einheitsmatrix entspricht. Für die p-te bzw. q-te Spalte von C ergibt sich

$$c_{ip} = a_{ip} \cdot \cos\varphi + a_{iq} \cdot \sin\varphi$$

$$c_{iq} = -a_{ip} \cdot \sin\varphi + a_{iq} \cdot \cos\varphi$$

Weil die Determinate det(R) der obigen Matrix gleich 1 ist, ist R eine orthogonale Matrix und es gilt

$$R^{-1} = R' .$$

Nun bilden wir das Produkt B = R' * C und erhalten unter Berücksichtigung der Symmetrie von A

$$b_{ip} = b_{pi} = a_{ip} \cdot \cos\varphi + a_{iq} \cdot \sin\varphi$$

$$b_{iq} = b_{qi} = -a_{ip} \cdot \sin\varphi + a_{iq} \cdot \cos\varphi$$

und

$$b_{pp} = a_{pp} \cdot \cos^2\varphi + a_{pq} \cdot \sin2\varphi + a_{qq} \cdot \sin^2\varphi$$

$$b_{qq} = a_{pp} \cdot \sin^2\varphi - a_{pq} \cdot \sin2\varphi + a_{qq} \cdot \cos^2\varphi$$

$$b_{pq} = b_{qp} = a_{pq} \cdot \cos2\varphi + 0.5(a_{pp} - a_{qq}) \cdot \sin2\varphi$$

Nach der (Ähnlichkeits-) Transformation B = R' * A * R soll das Nichtdiagonalelement b_{pq} = o sein, so daß

$$\tan2\varphi = \frac{2\,a_{pq}}{a_{pp} - a_{qq}}$$

gelten muß, womit der Winkel φ zwischen -45 und 45 Grad liegt. Für maschinelle Rechnung sind dabei die beiden Grenzfälle

$$a_{pq} = 0, \quad \text{d.h.} \quad \varphi = 0^\circ, \quad \cos\varphi = 1, \quad \sin\varphi = 0$$

und

$$a_{pp} = a_{qq}, \quad \text{d.h.} \quad \varphi = 45^\circ, \quad \cos\varphi = 0.707, \quad \sin\varphi = 0.707$$

gesondert zu behandeln. Für numerische Rechnungen ist es günstiger, mit den Abkürzungen

$$t_2 = \tan 2\varphi, \qquad t_1 = \tan\varphi$$

die bekannten trigonometrischen Beziehungen

$$t_1 = \frac{t_2}{1 + \mathrm{sqr}(1 + t_2^2)}, \quad \cos\varphi = \frac{1}{\mathrm{sqr}(1 + t_1^2)}$$

$$\sin\varphi = t_1 \cdot \cos\varphi$$

zu verwenden.

Mit der Beschreibung der obigen Transformation ist der Iterationsanfang

$$A_2 = R_1' * A_1 * R_1$$

$$A_2 = R_1^{-1} * A_1 * R_1$$

gemacht. Allgemein gilt die Iterationsvorschrift

$$A_{n+1} = R_n^{-1} * A_n * R_n, \qquad n = 1, 2, 3, \ldots,$$

und man kann zeigen, daß diese Folge konvergent ist mit

$$\lim_{i \to \infty} A_i = D.$$

Außerdem weisen wir noch einmal darauf hin, daß nach den einführenden Betrachtungen die Eigenwerte bei der Transformation nicht verändert werden, so daß die Diagonalmatrix D, aus $\det(D) = o$ ersichtlich, die Eigenwerte auf den Plätzen der Hauptdiagonalen hat. Nach erfolgter Diagonalisierung von A ist D bekannt. Nun wollen wir die <u>Eigenvektoren</u> X_1, X_2, X_3, ..., X_n bestimmen, die wir zur Matrix $X = (X_1\ X_2\ \ldots\ X_n)$ zusammenfassen. Die n Gleichungssysteme

$$A * X_1 = X_1 \cdot \lambda_1, \quad A * X_2 = X_2 \cdot \lambda_2, \quad \ldots, \quad A * X_n = X_n \cdot \lambda_n$$

234

können wir zusammenfassen zu

$$A * (X_1 \ X_2 \ \ldots \ X_n) = (X_1 \ X_2 \ \ldots \ X_n) \begin{pmatrix} \lambda_1 & o & o & \ldots & o \\ o & \lambda_2 & o & \ldots & o \\ o & o & \lambda_3 & \ldots & o \\ \cdot & \cdot & \cdot & \ldots & \cdot \\ o & o & o & \ldots & \lambda_n \end{pmatrix}$$

oder

$$A * X = X * D .$$

Hieraus folgt (falls X^{-1} existiert)

$$X^{-1} * A * X = D.$$

Unsere Iterationen lassen sich nun als Folge

$$A_2 = R_1^{-1} * A * R_1$$

$$A_3 = R_2^{-1} * R_1^{-1} * A * R_1 * R_2$$

$$\cdot$$
$$\cdot$$

$$A_n = R_n^{-1} * \ldots * R_2^{-1} * R_1^{-1} * A * R_1 * R_2 * \ldots * R_n$$

darstellen, und damit ist

$$D = \lim_{n \to \infty} A_{n+1} = T^{-1} * A * T \quad \text{mit} \quad T = \lim_{n \to \infty} R_1 * R_2 * \ldots * R_n$$

Vergleichen wir

$$D = T^{-1} * A * T \quad \text{mit} \quad D = X^{-1} * A * X,$$

so stellt T offenbar (bis auf einen konstanten Faktor) die Lösungsmatrix für A * X = D * X dar. Diese Lösungsmatrix X erhalten wir durch die Iteration

$$T_1 = E, \quad T_2 = T_1 * R_1, \quad T_3 = T_2 * R_2, \ \ldots, \ T_{n+1} = T_n * R_n .$$

11.3.1 Programm zur Diagonalisierung nach Jacobi

Das folgende Programm berechnet alle Eigenwerte und Eigenvektoren einer reellen, symmetrischen (n,n)-Matrix A nach dem Jacobi-Verfahren. Im wesentlichen folgt das Programm den Ausführungen des vorherigen Kapitels.

```
00100 rem !-----------------------------------------!
00110 rem ! Programm zum Diagonalisieren einer  !
00120 rem ! symmetrischen (n,n)-Matrix A         !
00130 rem ! alle Eigenwerte und Eigenvektoren    !
00140 rem ! werden berechnet (Jacobi-Methode)    !
00150 rem !-----------------------------------------!
00160 dim a(10,10),v(10,10),d(10,1),z(10,1),b(10,1)
00170 read n
00180 for i=1 to n
00190 for j=1 to n
00200 read a(i,j)
00210 v(i,j) = 0
00220 if i<>j then 00240
00230 v(i,j) = 1
00240 next j
00250 b(i,1) = a(i,i)
00260 d(i,1) = a(i,i)
00270 z(i,1) = 0
00280 next i
00290 r7 = 0
00300 for i=1 to 50
00310 s7 = 0
00320 for p=1 to n-1
00330 for q=p+1 to n
00340 s7 = s7 + abs(a(p,q))
00350 next q
00360 next p
00370 if s7=0 then 00980
00380 t7 = 0
00390 if i>3 then 00410
00400 t7 = 0.2*s7/n/n
00410 for p=1 to n-1
00420 for q=p+1 to n
00430 g = 100*abs(a(p,q))
00440 if i<5 then 00490
00450 if g+abs(d(p,1)) <> abs(d(p,1)) then 00490
00460 if g+abs(d(q,1)) <> abs(d(q,1)) then 00490
00470 a(p,q) = 0
00480 goto 00780
00490 if abs(a(p,q)) <= t7 then 00910
00500 h = d(q,1) - d(p,1)
00510 if g+abs(h) <> abs(h) then 00540
00520 t = a(p,q)/h
00530 goto 00580
00540 t6 = 0.5*h/a(p,q)
```

```
00550 t = 1/(abs(t6) + sqr(1+t6*t6))
00560 if t6 >= 0 then 00580
00570 t = -t
00580 c = 1/sqr(1+t*t)
00590 s = t*c
00600 t5 = s/(1+c)
00610 h = t*a(p,q)
00620 z(p,1) = z(p,1) - h
00630 z(q,1) = z(q,1) + h
00640 d(p,1) = d(p,1) - h
00650 d(q,1) = d(q,1) + h
00660 a(p,q) = 0
00670 for j=1 to n
00680 g = v(j,p)
00690 h = v(j,q)
00700 v(j,p) = g - s*(h+g*t5)
00710 v(j,q) = h + s*(g-h*t5)
00720 i1 = i2 = j
00730 j1 = p
00740 j2 = q
00750 if j<p then 00850
00760 j1 = j2 = j
00770 i1 = p
00780 i2 = q
00790 if j>q then 00850
00800 if j=p then 00890
00810 if j=q then 00890
00820 j1 = i2 = j
00830 i1 = p
00840 j2 = q
00850 g = a(i1,j1)
00860 h = a(i2,j2)
00870 a(i1,j1) = g - s*(h+g*t5)
00880 a(i2,j2) = h + s*(g-h*t5)
00890 next j
00900 r7 = r7 + 1
00910 next q
00920 next p
00930 for p=1 to n
00940 b(p,1) = d(p,1) = b(p,1) + z(p,1)
00950 z(p,1) = 0
00960 next p
00970 next i
00980 print "Die Diagonalmatrix mit den Eigenwerten ist:"
00990 print
01000 for i=1 to n
01010 print d(i,1),
01020 next i
01030 print
01040 print
01050 print "die gegebene symmetrische Matrix A ist :"
01060 print
01070 for i=1 to n
01080 for j=1 to n
```

```
01090 print a(i,j),
01100 next j
01110 print
01120 next i
01130 print
01140 print "die Matrix mit den Eigenvektoren ist :"
01150 print
01160 for i=1 to n
01170 for j=1 to n
01180 print v(i,j),
01190 next j
01200 print
01210 next i
01220 print
01230 print "die Anzahl der Iterationen ist :"; r7
01240 data 3
01250 data   1, 58, 62
01260 data  58, 34, -4
01270 data  62, -4,-26
01280 end
```

Dieses Programm gibt die folgenden Werte aus:

die Diagonalmatrix mit den Eigenwerten ist:

-90.   90.   9.

die gegebene symmetrische Matrix A ist :

1	0	0
58	34	0
62	-4	-26.

Die Matrix mit den Eigenvektoren ist :

.666667	.666667	.333333
-.333333	.666667	-.666667
-.666667	.333333	.666667

11.3.2 Charakteristische Polynome spezieller Matrizen

Wir wollen einige ausgewählte Matrizen betrachten und deren charakteristisches Polynom bestimmen. Die Eigenwerte der Matrix sind die Lösungen des charakteristischen Polynoms.

Als erstes Beispiel betrachten wir die (2,2)-Matrix

$$A \;=\; \begin{pmatrix} a & b \\ c & d \end{pmatrix} \;.$$

Es ist

$$A \;-\; \lambda.E \;=\; \begin{pmatrix} a-\lambda & b \\ c & d-\lambda \end{pmatrix}$$

und

$$\det(\; A \;-\; \lambda.E \;) \;=\; (\; a-\lambda \;)(\; d-\lambda \;) \;-\; bc$$

$$=\; \lambda^2 \;-\; \lambda.(a+d) \;-\; (bc-ad) \;.$$

Die Koeffizienten p_1, p_2 dieses charakteristischen Polynoms

$$\det(\; A \;-\; \lambda.E \;) \;=\; \lambda^2 \;-\; \lambda.p_1 \;-\; p_2$$

können wir mit Hilfe der Spuren von A und A^2 gemäß

$$p_1 \;=\; \text{spur}(\; A \;)$$

$$2.p_2 \;=\; \text{spur}(\; A^2 \;) \;-\; \text{spur}(A).\text{spur}(A)$$

ausdrücken. Die Lösung von

$$\det(\; A \;-\; \lambda.E \;) \;=\; 0$$

ergibt die Eigenwerte

$$\lambda_1 \;=\; \frac{p_1}{2} \;.\; \left(1 \;+\; \sqrt{1 \;+\; 4.p_2/p_1/p_1} \right)$$

$$\lambda_2 \;=\; \frac{p_1}{2} \;.\; \left(1 \;-\; \sqrt{1 \;+\; 4.p_2/p_1/p_1} \right) \;,$$

die durch die Spuren von A und A^2 ausgedrückt sind.

Für eine (4,4)-Matrix A erhalten wir z.B. das charakteristische Polynom

$$\det(\; A \;-\; \lambda.E \;) \;=\; \lambda^4 \;-\; p_1.\lambda^3 \;-\; p_2.\lambda^2 \;-\; p_3.\lambda^1 \;-\; p_4 \;.$$

Ist

$$s_1 = \text{spur}(\ A\ )$$

$$s_2 = \text{spur}(\ A^2\ )$$

$$s_3 = \text{spur}(\ A^3\ )$$

$$s_4 = \text{spur}(\ A^4\ )\ ,$$

so erhalten wir die Koeffizienten p_1, p_2, p_3, p_4 des charakteristischen Polynoms durch die <u>Newtonsche Formel</u>

$$\begin{pmatrix} 1 & 0 & 0 & 0 \\ s_1 & 2 & 0 & 0 \\ s_2 & s_1 & 3 & 0 \\ s_3 & s_2 & s_1 & 4 \end{pmatrix} * \begin{pmatrix} p_1 \\ p_2 \\ p_3 \\ p_4 \end{pmatrix} = \begin{pmatrix} s_1 \\ s_2 \\ s_3 \\ s_4 \end{pmatrix} ,$$

die wir auch durch

$$k \cdot p_k = s_k - p_1 \cdot s_{k-1} - p_2 \cdot s_{k-2} - \cdots - p_{k-1} \cdot s_1$$

mit (hier) $k = 1, 2, 3, 4$ ausdrücken können. Die durchgeführten Betrachtungen lassen sich auf eine (n,n)-Matrix A übertragen. Hierzu können wir folgende Überlegung anstellen. Mit Hilfe einer regulären Transformation T sei eine Matrix A auf die (im folgenden erklärte) Frobenius-Form F gebracht.

Wegen

$$\text{spur}(\ F\ ) = \text{spur}(T^{-1} * A * T\ ) = \text{spur}(\ A * T * T^{-1}) = \text{spur}(\ A\ )$$

ist die Spur ähnlicher Matrizen gleich. Weil in F direkt die Polynomkoeffizienten enthalten sind, können wir von den Spuren der Matrizen F, F^2, F^3, usw. ausgehen und die Newtonsche Formel verifizieren.

Als nächstes Beispiel betrachten wir eine <u>Frobenius-Matrix</u> F mit Typ(F) = $(4,4)$. Eine Frobenius-Matrix ist so beschaffen, daß die Koeffizienten

p_1, p_2, p_3, p_4 des charakteristischen Polynoms in der Matrix F abgelesen werden können. Es ist

$$F = \begin{pmatrix} 0 & 0 & 0 & p_4 \\ 1 & 0 & 0 & p_3 \\ 0 & 1 & 0 & p_2 \\ 0 & 0 & 1 & p_1 \end{pmatrix} .$$

Die Berechnung der Determinante

$$\det(F - \lambda.E) = \lambda^4 - \lambda^3.p_1 - \lambda^2.p_2 - \lambda^1.p_3 - p_4$$

zeigt, daß in der letzten Spalte der Frobenius-Matrix die Koeffizienten des charakteristischen Polynoms stehen.

Wir geben nun noch einen Algorithmus nach Faddejew an. Wir gehen von einer (4,4)-Matrix A aus und wollen die adjungierte Matrix ADJ(A - λ.E) betrachten. Die Elemente einer adjungierten Matrix sind durch die zugehörigen Unterdeterminanten (mit Vorzeichen nach der Schachbrettregel) gegeben. Für eine reguläre Matrix C gilt bekanntlich

$$\det(C) . C^{-1} = ADJ(C)$$

oder

$$\det(C) . E = C * ADJ(C) .$$

Nun ersetzen wir C durch (A - λ.E) und erhalten

$$\det(A - \lambda.E).E = (A - \lambda.E) * ADJ(A - \lambda.E) .$$

Ist z.B. A eine (4,4)-Matrix, so ergibt die Entwicklung der Determinante det(A - λ.E) und der adjungierten Matrix ADJ(A - λ.E) nach Potenzen von λ

$$(\lambda^4 - p_1.\lambda^3 - p_2.\lambda^2 - p_3.\lambda^1 - p_4).E = (A-\lambda.E) * (-B_0.\lambda^3 - B_1.\lambda^2 - B_2.\lambda^1 - B_3)$$

Die Matrizen B_0, B_1, B_2, B_3 sind zunächst nicht bekannt und werden durch Ausmultiplizieren der rechten Gleichungsseite

$$= \lambda^4 \cdot B_o$$

$$+ \lambda^3 \cdot (B_1 - A*B_o)$$

$$+ \lambda^2 \cdot (B_2 - A*B_1)$$

$$+ \lambda^1 \cdot (B_3 - A*B_2)$$

$$+ \lambda^0 \cdot (0 - A*B_3)$$

und durch den Koeffizientenvergleich nach Potenzen von λ erhalten:

$$B_o = E$$

$$B_1 = A * B_o - p_1 \cdot E$$

$$B_2 = A * B_1 - p_2 \cdot E$$

$$B_3 = A * B_2 - p_3 \cdot E$$

$$B_4 = A * B_3 - p_4 \cdot E = 0 \quad \text{(Nullmatrix)} .$$

Damit erhalten wir den Algorithmus

$$A_1 = A \quad , \quad p_1 = \text{spur}(A_1) \quad , \quad B_1 = A_1 - p_1 \cdot E$$

$$A_2 = A * B_1 \quad , \quad p_2 = \text{spur}(A_2)/2 \quad , \quad B_2 = A_2 - p_2 \cdot E$$

$$A_3 = A * B_2 \quad , \quad p_3 = \text{spur}(A_3)/3 \quad , \quad B_3 = A_3 - p_3 \cdot E$$

$$A_4 = A * B_3 \quad , \quad p_4 = \text{spur}(A_4)/4 \quad , \quad B_4 = A_4 - p_4 \cdot E = 0 .$$

Dieser Algorithmus liefert nicht nur die Koeffizienten p_1, p_2, p_3, p_4 des charakteristischen Polynoms, sondern z.B. auch die inverse Matrix von A wegen

$$A_4 - p_4 \cdot E = 0$$

$$A * B_3 - p_4 \cdot E = 0$$

und somit nach Multiplikation mit A^{-1} von links

$$A^{-1} = B_3/p_4 .$$

Ist für eine quadratische (4,4)-Matrix A die Zahl p_4 von Null verschieden, so existiert die inverse Matrix INV(A). Der Wert von p_4 ist der Wert von det(A), d.h. es gilt p_4 = det(A). Dieser Algorithmus liefert somit nicht nur die Koeffizienten des charakteristischen Polynoms der Matrix A, sondern ebenfalls die Determinante det(A) und die inverse Matrix INV(A). Der skizzierte Algorithmus läßt sich leicht auf eine (n,n)-Matrix A übertragen.

An einem Zahlenbeispiel wollen wir den Algorithmus für die (3,3)-Matrix A durchführen:

$$A_1 = A = \begin{pmatrix} 3 & 5 & 1 \\ 2 & 4 & 5 \\ 1 & 2 & 2 \end{pmatrix}, \quad p_1 = \text{spur}(A_1)/1 = 9, \quad B_1 = A_1 - p_1 \cdot E = \begin{pmatrix} -6 & 5 & 1 \\ 2 & -5 & 5 \\ 1 & 2 & -7 \end{pmatrix}$$

$$A_2 = A*B_1 = \begin{pmatrix} -7 & -8 & 21 \\ 1 & 0 & -13 \\ 0 & -1 & -3 \end{pmatrix}, \quad p_2 = \text{spur}(A_2)/2 = -5, \quad B_2 = A_2 - p_2 \cdot E = \begin{pmatrix} -2 & -8 & 21 \\ 1 & 5 & -13 \\ 0 & -1 & 2 \end{pmatrix}$$

$$A_3 = A*B_2 = \begin{pmatrix} -1 & 0 & 0 \\ 0 & -1 & 0 \\ 0 & 0 & -1 \end{pmatrix}, \quad p_3 = \text{spur}(A_3)/3 = -1, \quad B_3 = A_3 - p_3 \cdot E = \begin{pmatrix} 0 & 0 & 0 \\ 0 & 0 & 0 \\ 0 & 0 & 0 \end{pmatrix}$$

Das charakteristische Polynom der Matrix A ist

$$\lambda^3 - p_1 \cdot \lambda^2 - p_2 \cdot \lambda^1 - p_3 = 0$$

$$\lambda^3 - 9 \cdot \lambda^2 + 5 \cdot \lambda^1 + 1 = 0 \; .$$

Als inverse Matrix A^{-1} ergibt sich

$$A^{-1} = B_2/p_3 = \begin{pmatrix} 2 & 8 & -21 \\ -1 & -5 & 13 \\ 0 & 1 & -2 \end{pmatrix} \; .$$

11.4 Matrizenfunktionen

Wir gehen von der bekannten $(3,3)$-Matrix X mit den unterscheidbaren
Eigenwerten

$$\lambda_1, \quad \lambda_2, \quad \lambda_3$$

aus und betrachten eine Funktion, wie z.B. $\sin(x)$. Weil die Funktionswerte

$$f_1 = \sin(\lambda_1), \quad f_2 = \sin(\lambda_2), \quad f_3 = \sin(\lambda_3)$$

bekannt sind, können wir durch die Punkte

$$(\lambda_1,\ f_1), \qquad (\lambda_2,\ f_2), \qquad (\lambda_3,\ f_3)$$

ein Interpolationspolynom

$$f(\lambda) = a_0 + a_1 \cdot \lambda + a_2 \cdot \lambda^2$$

legen. Die Koeffizienten a_0, a_1, a_2 können aus dem linearen Gleichungssystem

$$\sin(\lambda_1) = a_0 + a_1 \cdot \lambda_1 + a_2 \cdot \lambda_1^2$$

$$\sin(\lambda_2) = a_0 + a_1 \cdot \lambda_2 + a_2 \cdot \lambda_2^2$$

$$\sin(\lambda_3) = a_0 + a_1 \cdot \lambda_3 + a_2 \cdot \lambda_3^2$$

berechnet werden.

Wir definieren als allgemeine

Matrizenfunktion

jene Matrix $F(X)$,

die sich aus dem

Interpolationspolynom $f(\lambda)$

durch Ersetzen von λ durch X

ergibt.

244

Aus dieser Definition ergibt sich, daß z.B. die Matrizenfunktion $SIN(X)$
der $(3,3)$-Matrix X als Matrizenpolynom

$$SIN(X) = a_0 \cdot E + a_1 \cdot X + a_2 \cdot X^2$$

darstellbar ist. Mit Hilfe der Lagrangeschen Interpolationsformel kann
die Matrizenfunktion $F(X)$ einer $(3,3)$-Matrix mit paarweise verschiedenen
Eigenwerten λ_1, λ_2, λ_3 auch direkt angegeben werden:

$$F(X) = f(\lambda_1) \cdot \frac{X - \lambda_2 \cdot E}{\lambda_1 - \lambda_2} \cdot \frac{X - \lambda_3 \cdot E}{\lambda_1 - \lambda_3}$$

$$+ f(\lambda_2) \cdot \frac{X - \lambda_1 \cdot E}{\lambda_2 - \lambda_1} \cdot \frac{X - \lambda_3 \cdot E}{\lambda_2 - \lambda_3}$$

$$+ f(\lambda_3) \cdot \frac{X - \lambda_1 \cdot E}{\lambda_3 - \lambda_1} \cdot \frac{X - \lambda_2 \cdot E}{\lambda_3 - \lambda_2} \quad .$$

Sind 2 Eigenwerte der Matrix X gleich, z.B. $\lambda_1 = \lambda_2$, so erhalten wir
durch Grenzwertbildung aus der letzten Matrizengleichung

$$F(X) = a_0 \cdot E + a_1 \cdot (X - \lambda_1 \cdot E) + a_2 \cdot (X - \lambda_1 \cdot E)^2$$

mit

$$a_0 = f(\lambda_1)$$

$$a_1 = f'(\lambda_1)$$

$$a_2 = \frac{\dfrac{f(\lambda_3) - f(\lambda_1)}{\lambda_3 - \lambda_1} - f'(\lambda_1)}{\lambda_3 - \lambda_1} \quad .$$

Sind 3 Eigenwerte der Matrix X gleich, d.h. $\lambda_1 = \lambda_2 = \lambda_3$, so erhalten
wir durch Grenzwertbildung die Koeffizienten

$$a_0 = f(\lambda_1)$$

$$a_1 = f'(\lambda_1)/1!$$

$$a_2 = f''(\lambda_1)/2!$$

für die Taylor-Entwicklung

$$F(X) = a_0 \cdot E + a_1 \cdot (X - \lambda_1 \cdot E) + a_2 \cdot (X - \lambda_1 \cdot E)^2 \quad .$$

der Matrizenfunktion $F(X)$. Eine andere Form des Interpolationspolynoms stammt von Newton. Man erhält es auf folgende Weise:

Aus

$$a_0 + a_1 \cdot \lambda_1 + a_2 \cdot \lambda_1^2 = f_1 = f(\lambda_1)$$

$$a_0 + a_1 \cdot \lambda_2 + a_2 \cdot \lambda_2^2 = f_2 = f(\lambda_2)$$

$$a_0 + a_1 \cdot \lambda_3 + a_2 \cdot \lambda_3^2 = f_3 = f(\lambda_3)$$

folgt

$$a_1 \cdot (\lambda_3 - \lambda_1) + a_2 \cdot (\lambda_3^2 - \lambda_1^2) = f_3 - f_1$$

$$a_1 \cdot (\lambda_2 - \lambda_1) + a_1 \cdot (\lambda_2^2 - \lambda_1^2) = f_2 - f_1$$

bzw.

$$a_1 + a_2 \cdot (\lambda_3 + \lambda_1) = \frac{f_3 - f_1}{\lambda_3 - \lambda_1}$$

$$a_1 + a_2 \cdot (\lambda_2 + \lambda_1) = \frac{f_2 - f_1}{\lambda_2 - \lambda_1}$$

und somit

$$a_2 = \frac{1}{\lambda_3 - \lambda_2} \left(\frac{f_3 - f_1}{\lambda_3 - \lambda_1} - \frac{f_2 - f_1}{\lambda_2 - \lambda_1} \right)$$

$$a_2 = \frac{f(\lambda_1)}{(\lambda_1 - \lambda_2)(\lambda_1 - \lambda_3)} + \frac{f(\lambda_2)}{(\lambda_2 - \lambda_1)(\lambda_2 - \lambda_3)} + \frac{f(\lambda_3)}{(\lambda_3 - \lambda_1)(\lambda_3 - \lambda_2)}$$

Damit wird

$$a_1 = \frac{f_2 - f_1}{\lambda_2 - \lambda_1} - \lambda_1 \cdot a_2 - \lambda_2 \cdot a_2$$

$$a_1 = \frac{f(\lambda_1)}{\lambda_1 - \lambda_2} + \frac{f(\lambda_2)}{\lambda_2 - \lambda_1} - \lambda_1 \cdot a_2 - \lambda_2 \cdot a_2$$

und

$$a_0 = f(\lambda_1) - \lambda_1 \left(\frac{f(\lambda_1)}{\lambda_1 - \lambda_2} + \frac{f(\lambda_2)}{\lambda_2 - \lambda_1} \right) + \lambda_1 \cdot \lambda_2 \cdot a_2$$

und das <u>Newtonsche Interpolationspolynom</u> lautet

$$f(\lambda) = f_1 + \left(\frac{f_1}{\lambda_1 - \lambda_2} + \frac{f_2}{\lambda_2 - \lambda_1} \right) (\lambda - \lambda_1)$$

$$+ \left(\frac{f_1}{(\lambda_1 - \lambda_2)(\lambda_1 - \lambda_3)} + \frac{f_2}{(\lambda_2 - \lambda_1)(\lambda_2 - \lambda_3)} + \frac{f_3}{(\lambda_3 - \lambda_1)(\lambda_3 - \lambda_2)} \right) (\lambda - \lambda_1)(\lambda - \lambda_2) \ .$$

Ersetzen wir λ durch die Matrix X und λ_1 bzw. λ_2 durch $\lambda_1 \cdot E$ bzw. $\lambda_2 \cdot E$, so folgt die Matrizenfunktion F(X) einer (3,3)-Matrix X mit den paarweise verschiedenen Eigenwerten λ_1, λ_2, λ_3

$$F(X) = f(\lambda_1) \cdot E$$

$$+ \left(\frac{f(\lambda_1)}{\lambda_1 - \lambda_2} + \frac{f(\lambda_2)}{\lambda_2 - \lambda_1} \right) (X - \lambda_1 \cdot E)$$

$$+ \left(\frac{f(\lambda_1)}{(\lambda_1 - \lambda_2)(\lambda_1 - \lambda_3)} + \frac{f(\lambda_2)}{(\lambda_2 - \lambda_1)(\lambda_2 - \lambda_3)} + \frac{f(\lambda_3)}{(\lambda_3 - \lambda_1)(\lambda_3 - \lambda_2)} \right) (X - \lambda_1 \cdot E) * (X - \lambda_2 \cdot E) \ .$$

11.4.1 Cayleyscher Versor

Als Beispiel für eine Matrizenfunktion wollen wir die __Matrizen__-Exponen-
tialfunktion EXP(X) der Matrix X aufschreiben. Die Matrix $X = i.R$ sei
eine antimetrische Matrix, die die Komponenten des Vektors $A = (a_1\ a_2\ a_3)'$
in der Anordnung

$$X\ =\ i.R\ =\ i.(A\times) = i.\begin{pmatrix} 0 & -a_3 & a_2 \\ a_3 & 0 & -a_1 \\ -a_2 & a_1 & 0 \end{pmatrix}$$

enthält. Die imaginäre Einheit ist mit i bezeichnet. Die Matrix X hat
die Eigenwerte

$$\lambda_1\ =\ -a$$
$$\lambda_2\ =\ 0 \qquad \text{mit} \qquad a^2 = a_1^2 + a_2^2 + a_3^2\ ,$$
$$\lambda_3\ =\ +a$$

wie man durch Lösen des charakteristischen Polynoms

$$0\ =\ \det(\,X - \lambda.E\,)\ =\ \det \begin{pmatrix} -\lambda & -ia_3 & ia_2 \\ ia_3 & -\lambda & -ia_1 \\ -ia_2 & ia_1 & -\lambda \end{pmatrix}$$

$$0\ =\ -\lambda .(\,\lambda^2 - a_1^2 - a_2^2 - a_3^2\,)$$

leicht bestätigt. Jede Matrizenfunktion der Matrix X kann mit der
Lagrangeschen Interpolationsformel durch

$$F(X)\ =\ f(0) . E\ +\ \frac{f(a)-f(-a)}{2.a} . X\ +\ \frac{f(a)-2f(0)+f(-a)}{2.a^2} . X^2$$

oder mit Hilfe der Zerlegung

$$X^2 = a^2.E - A * A'$$

oder ausgeschrieben

$$\begin{pmatrix} a^2 & 0 & 0 \\ 0 & a^2 & 0 \\ 0 & 0 & a^2 \end{pmatrix} - \begin{pmatrix} a_1 \\ a_2 \\ a_3 \end{pmatrix} * \begin{pmatrix} a_1 & a_2 & a_3 \end{pmatrix} = \begin{pmatrix} a_2^2+a_3^2 & -a_1 \cdot a_2 & -a_1 \cdot a_3 \\ -a_1 \cdot a_2 & a_1^2+a_3^2 & -a_2 \cdot a_3 \\ -a_1 \cdot a_3 & -a_2 \cdot a_3 & a_1^2+a_2^2 \end{pmatrix}$$

durch

$$F(X) = \frac{f(a)+f(-a)}{2} \cdot \left(E - \frac{A*A'}{a^2} \right) + \frac{f(a)-f(-a)}{2} \cdot \frac{X}{a} + f(0) \cdot \frac{A*A'}{a^2}$$

dargestellt werden. Verwenden wir nun speziell die e-Funktion und
setzen

$$f(a) = e^a$$

so erhalten wir mit der Abkürzung

$$d = \tanh(a/2)$$

für $\sinh(a)$ und $\cosh(a)$

$$\sinh(a) = \frac{e^a - e^{-a}}{2} = \frac{f(a)-f(-a)}{2} = \frac{2 \cdot \tanh(a/2)}{1 - \tanh^2(a/2)} = \frac{2 \cdot d}{1 - d \cdot d}$$

$$\cosh(a) = \frac{e^a + e^{-a}}{2} = \frac{f(a)+f(-a)}{2} = \frac{1 + \tanh^2(a/2)}{1 - \tanh^2(a/2)} = \frac{1 + d \cdot d}{1 - d \cdot d}$$

und damit die Matrizenfunktion

$$EXP(X) = \frac{1+d^2}{1-d^2} \cdot \left(E - \frac{A*A'}{a^2} \right) + \frac{2.d}{1-d^2} \cdot \frac{X}{a} + \frac{A*A'}{a^2}$$

$$= \frac{1}{1-d^2} \cdot \left((1+d^2).E + 2.d.X/a - 2.d.d.A*A'/a/a \right)$$

Mit Hilfe des Vektors

$$D = d \cdot A/a = d \cdot \begin{pmatrix} a_1/a \\ a_2/a \\ a_3/a \end{pmatrix} = \begin{pmatrix} d_1 \\ d_2 \\ d_3 \end{pmatrix}$$

oder

$$D = \tanh(a/2) \cdot A/a \ ,$$

woraus folgt $\quad d_1^2 + d_2^2 + d_3^2 = d^2 \quad$ und

$$d \cdot X/a = i.d.(A\times)/a = i.(D\times) = i \begin{pmatrix} 0 & -d_3 & d_2 \\ d_3 & 0 & -d_1 \\ -d_2 & d_1 & 0 \end{pmatrix}$$

kann EXP(X) durch

$$EXP(X) = \left((1+d.d).E + 2i.(D\times) - 2.D*D' \right) /(1-d.d)$$

ausgedrückt werden, wobei D * D' durch

$$D * D' = \begin{pmatrix} d_1 \cdot d_1 & d_1 \cdot d_2 & d_1 \cdot d_3 \\ d_1 \cdot d_2 & d_2 \cdot d_2 & d_2 \cdot d_3 \\ d_1 \cdot d_3 & d_2 \cdot d_3 & d_3 \cdot d_3 \end{pmatrix}$$

gegeben ist. Wir erkennen, daß EXP(X) durch den Vektor D ausgedrückt werden kann. Schreiben wir die Matrix EXP(X) explizit auf, so ergibt sich

$$
\text{EXP}(X) \;=\; \frac{1}{1-d\cdot d}
\begin{pmatrix}
1+d_2^2+d_3^2-d_1^2 & -2d_1\cdot d_2-2i\cdot d_3 & -2d_1\cdot d_3+2i\cdot d_2 \\[2mm]
-2d_1\cdot d_2+2i\cdot d_3 & 1+d_1^2+d_3^2-d_2^2 & -2d_2\cdot d_3-2i\cdot d_1 \\[2mm]
-2d_1\cdot d_3-2i\cdot d_2 & -2d_2\cdot d_3+2i\cdot d_1 & 1+d_1^2+d_2^2-d_3^2
\end{pmatrix}\;.
$$

Die Zerlegung

$$
\text{EXP}(X) \;=\; \text{EXP}(iR) \;=\; \text{COS}(R) \;+\; i\cdot\text{SIN}(R)
$$

liefert die Matrizen SIN(R) und COS(R):

$$
\text{COS}(R) \;=\; \frac{1}{1-d\cdot d}
\begin{pmatrix}
1+d_2^2+d_3^2-d_1^2 & -2\cdot d_1\cdot d_2 & -2\cdot d_1\cdot d_3 \\[2mm]
-2\cdot d_1\cdot d_2 & 1+d_1^2+d_3^2-d_2^2 & -2\cdot d_2\cdot d_3 \\[2mm]
-2\cdot d_1\cdot d_3 & -2\cdot d_2\cdot d_3 & 1+d_1^2+d_2^2-d_3^2
\end{pmatrix}
$$

$$
\text{SIN}(R) \;=\; \frac{2}{1-d\cdot d}
\begin{pmatrix}
0 & -d_3 & d_2 \\[2mm]
d_3 & 0 & -d_1 \\[2mm]
-d_2 & d_1 & 0
\end{pmatrix}
\;=\; \frac{2}{1-d\cdot d}\cdot(D\times)
$$

Zur Berechnung von $\text{EXP}(R) = \text{EXP}(-i\cdot X)$ ist das obige X durch $-i\cdot X$, A durch $-i\cdot A$, a durch $-i\cdot a$ und D durch $-i\cdot D$ zu ersetzen.

12 Anwendungen in verschiedenen Wissenschaftsgebieten

12.1 Steifigkeitsmatrix, Starre Platte auf Pfählen

Wir betrachten zunächst nur einen Stab, dessen Anfangspunkt durch den
Ortsvektor $P = (p_1\ p_2\ p_3)'$ und dessen Stabendpunkt durch $Q = (q_1\ q_2\ q_3)'$
gegeben ist. Der Stab (Abb. 46) wird durch den Stabvektor

$$L = Q - P$$

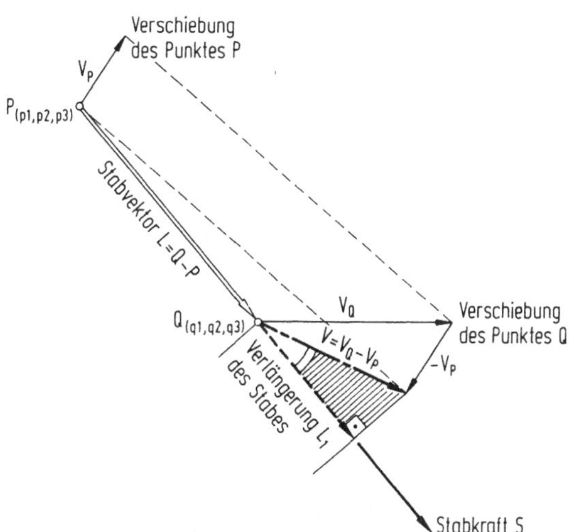

Abb. 46: Elastische Dehnung eines Zugstabes (bzw. Stauchung eines
Druckstabes) durch Stabendpunktverschiebungen

repräsentiert. Ist V_p bzw. V_q eine kleine vektorielle Verschiebung des
Punktes P bzw. Q, so ist

$$V = V_q - V_p$$

die relative Verschiebung der Stabendpunkte gegeneinander. Dieser Vektor V bestimmt den Längenänderungsvektor L_1 des Stabes in L-Richtung. Mit der Stablänge l ist diese Stabrichtung durch den Einheitsvektor L/l gegeben. Aus der **Abb. 46** entnehmen wir die betragsmässige Verlängerung l_1 (Betrag von L_1) des Stabes

$$l_1 = v.\cos(L,V) \; ,$$

die infolge des Skalarproduktes $(L/l)' * V = v.\cos(L,V)$ auch durch

$$l_1 = (L/l)' * V$$

dargestellt werden kann. Damit erhalten wir für die vektorielle Verlängerung des Stabes in L-Richtung

$$L_1 = L/l * l_1$$

$$L_1 = L/l * (L/l)' * V \; ,$$

die einer Stabkraft S in L-Richtung entspricht. Nach dem Hookeschen Gesetz ist diese Stabkraft S durch den Stabverlängerungsvektor L_1 gegeben:

$$S = \frac{e.a}{l} . L_1 \; .$$

Hierbei wird der E-Modul mit e und der Stabquerschnitt mit a bezeichnet. Wir beachten, daß kleine Buchstaben skalare Größen und große Buchstaben die entsprechenden Vektoren kennzeichnen. Setzen wir nun L_1 in das Hookesche Gesetz ein, so erhalten wir den Vektor der Stabkraft zu

$$S = \frac{e.a}{l} . \frac{L * L'}{l . l} * V \; .$$

Diese Formel ist das verallgemeinerte Hookesche Gesetz. Durch Anwendung der Matrix

$$C = \frac{e \cdot a}{1} \cdot \frac{L * L'}{1 \cdot 1} \; ,$$

die wir <u>Steifigkeitsmatrix</u> des Stabes nennen wollen, auf die vektorielle Relativverschiebung V der Stabendpunkte erhalten wir die in Stabrichtung L/1 wirkende <u>Stabkraft</u> S. Die Steifigkeitsmatrix C des Stabes ist eine Verallgemeinerung der Federkonstanten.

Als Beispiel wollen wir die Steifigkeitsmatrix eines Stabes aufschreiben. Die Stabendpunkte seien P = (1 8 -3)'m und Q = (2 6 1)'m. Die Konstante e·a/1/1/1 sei 5 MN/m^3. Wir bilden

$$L = Q - P = \begin{pmatrix} 2 \\ 6 \\ 1 \end{pmatrix} - \begin{pmatrix} 1 \\ 8 \\ -3 \end{pmatrix} = \begin{pmatrix} 1 \\ -2 \\ 4 \end{pmatrix} m$$

und erhalten die Steifigkeitsmatrix

$$C = \frac{e \cdot a}{1 \cdot 1 \cdot 1} \cdot \begin{pmatrix} 1 \\ -2 \\ 4 \end{pmatrix} * (1 \quad -2 \quad 4) = 5 \cdot \begin{pmatrix} 1 & -2 & 4 \\ -2 & 4 & -8 \\ 4 & -8 & 16 \end{pmatrix} MN/m$$

Die Steifigkeitsmatrix ist eine <u>symmetrische Matrix</u>.

Nach dieser Vorbetrachtung, die für einen Stab gilt, sollen nun mehrere Stäbe eine starre Platte (**Abb. 47**) tragen. Die Stabkräfte sowie weitere äußere Kräfte sollen auf die Platte einwirken. Aus den äußeren Kräften (Lasten) bilden wir die resultierende Kraft, die wir mit $F = (f_1\ f_2\ f_3)'$ bezeichnen. Außerdem können auf die Platte äußere Momente einwirken, die durch das resultierende Moment $M = (m_1\ m_2\ m_3)'$ beschrieben werden. Als Momenten-Bezugspunkt werde der Punkt $B = (\ b_1\ b_2\ b_3)'$ gewählt. Die Kraft F bewirkt eine Verschiebung V_b des Punktes B. Das Moment M bewirkt eine Verdrehung V_d der Platte um eine Achse, die durch den Punkt B geht. Weil die Verschiebung V_b und die Verdrehung V_d hinreichend klein vorausgesetzt werden können, ist die <u>gesamte</u> Verschiebung V_p eines Plattenpunktes (Stabanfangspunkt) durch

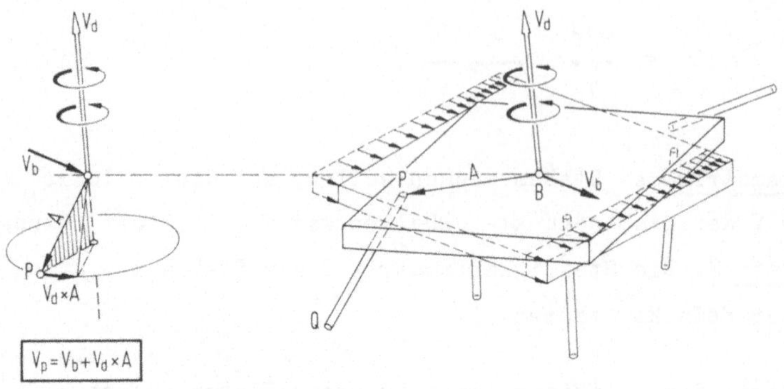

Abb. 47: Stabendpunktverschiebungen infolge einer (kleinen)
Starrkörperdrehung

$$V_p = V_b + V_d \times A$$

mit Hilfe des Vektorproduktes aus V_d und $A = P - B$ ausdrückbar. Hat der
Vektor A die Komponenten a_1, a_2, a_3, so kann das Vektorprodukt auch durch

$$V_p = V_b - \begin{pmatrix} 0 & -a_3 & a_2 \\ a_3 & 0 & -a_1 \\ -a_2 & a_1 & 0 \end{pmatrix} * V_d$$

oder mit $R = (A \times)$ durch

$$V_p = V_b - R * V_d$$

ausgedrückt werden. Setzen wir nun $V_p = V_b - R * V_d$ in das verallgemeinerte Hookesche Gesetz $S = C * V = C * (V_q - V_p)$ ein, so erhalten wir für
die Stabkraft

$$S = C * (V_q - V_p)$$

$$S = C * (V_q - V_b + R * V_d) .$$

Diese Stabkraft F bewirkt bezüglich des Bezugspunktes B ein <u>Plattendreh-</u>
<u>moment</u>

$$M = A \times S$$

$$M = R * S .$$

Zur Ermittlung von M setzten wir das obige S ein und erhalten

$$M = R * C * (V_q - V_b + R * V_d) .$$

Schreiben wir

$$S = -C * V_b + C * R * V_d + C * V_q$$

$$M = -R * C * V_b + R * C * R * V_d + R * C * V_q$$

in der Form einer Hypermatrix-Gleichung, so ergibt sich

$$\begin{pmatrix} S \\ M \end{pmatrix} = \begin{pmatrix} -C & C*R \\ -R*C & R*C*R \end{pmatrix} * \begin{pmatrix} V_b \\ V_d \end{pmatrix} + \begin{pmatrix} C \\ R*C \end{pmatrix} * V_q .$$

Mit $F = (S \ M)' = (s_1 \ s_2 \ s_3 \ m_1 \ m_2 \ m_3)'$ kann ein verallgemeinerter "Kraft-vektor" und mit $W = (V_b \ V_d)'$ ein verallgemeinerter "Verschiebungsvektor" eingeführt werden. Die Komponenten dieser verallgemeinerten Vektoren haben verschiedene Einheiten.

Wir wollen nun die Steifigkeitsmatrix C ersetzen. Berücksichtigen wir, daß für die Transponierte einer Hypermatrix

$$\begin{pmatrix} A \\ B \end{pmatrix}' = (A' \ B')$$

gilt und die antimetrische Matrix R die Eigenschaft

$$R' = -R$$

hat, so erhalten wir

$$\begin{pmatrix} S \\ M \end{pmatrix} = \frac{-e \cdot a}{1.1.1} \left[\begin{pmatrix} L*L' & -L*L'*R \\ R*L*L' & -R*L*L'*R \end{pmatrix} * \begin{pmatrix} V_b \\ V_d \end{pmatrix} - \begin{pmatrix} L*L' \\ R*L*L' \end{pmatrix} * V_q \right]$$

oder

$$\begin{pmatrix} S \\ M \end{pmatrix} = \frac{-e \cdot a}{1.1.1} \left[\begin{pmatrix} L \\ R*L \end{pmatrix} * (L' \quad L'*R') * \begin{pmatrix} V_b \\ V_d \end{pmatrix} - \begin{pmatrix} L \\ R*L \end{pmatrix} * L' * V_q \right]$$

oder

$$\begin{pmatrix} S \\ M \end{pmatrix} = \frac{-e \cdot a}{1.1.1} \cdot \begin{pmatrix} L \\ R*L \end{pmatrix} * \begin{pmatrix} L \\ R*L \end{pmatrix}' * \begin{pmatrix} V_b - V_q \\ V_d \end{pmatrix} .$$

Führen wir den "Stabvektor" $U = \begin{pmatrix} L \\ R*L \end{pmatrix}$ ein, so erkennen wir die Form

einer "Hyper-Steifigkeitsmatrix"

$$K = \frac{-e \cdot a}{1.1.1} \cdot \begin{pmatrix} L \\ R*L \end{pmatrix} * \begin{pmatrix} L \\ R*L \end{pmatrix}' = \frac{-e \cdot a}{1.1.1} \cdot U * U'$$

und können

$$F = K * W$$

mit einem verallgemeinerten Verschiebungsvektor $W = \begin{pmatrix} V_b - V_q \\ V_d \end{pmatrix}$

schreiben. Wegen

$$U = \begin{pmatrix} L \\ R*L \end{pmatrix}$$

können die Komponenten von $U = (u_1 \ u_2 \ u_3 \ u_4 \ u_5 \ u_6)'$
gemäß

$$u_1 = q_1 - p_1 \ , \qquad u_4 = (p_2 - b_2) \cdot (q_3 - p_3) - (p_3 - b_3) \cdot (q_2 - p_2)$$

$$u_2 = q_2 - p_2 \ , \qquad u_5 = (p_3 - b_3) \cdot (q_1 - p_1) - (p_1 - b_1) \cdot (q_3 - p_3)$$

$$u_3 = q_3 - p_3 \ , \qquad u_6 = (p_1 - b_1) \cdot (q_2 - p_2) - (p_2 - b_2) \cdot (q_1 - p_1)$$

und damit die Matrix K durch das Dyadenprodukt U * U' erhalten werden.

12.1.1 Programm für Stabkräfte an einer starren Platte

Nun betrachten wir eine starre Platte (Abb. 48), die durch die resultierende Kraft $F = (f_1 \ f_2 \ f_3)'$ und das resultierende Moment $M = (m_1 \ m_2 \ m_3)'$
im Punkte $B = (b_1 \ b_2 \ b_3)'$ belastet ist. Die Last F ergibt eine Verschiebung V_b und das Moment M eine Verdrehung V_d (Komponenten im Bogenmaß!)
der Platte um eine Achse durch den Punkt B. Das folgende Programm folgt
den Betrachtungen des vorherigen Kapitels. Die Koordinaten des Anfangs-
und Endpunktes gefolgt vom Stabquerschnitt und dem E-Modul der 8 Stäbe
sind bekannt und werden unter "data" (siehe Programmzeile 765 und folgende)
eingegeben. Die Stabkräfte in Verbindung mit der äußeren Kraft und dem
äußeren Moment halten die Platte im Gleichgewicht. Die Steifigkeitsmatrix
jedes Stabes wird berechnet. Wegen

$$F = F_1 + F_2 + F_3 + \ldots + F_8$$

$$F = K_1 * W + K_2 * W + \ldots + K_8 * W$$

$$F = (K_1 + K_2 + \ldots + K_8) * W$$

ist die totale Steifigkeitsmatrix $K_1 + K_2 + \ldots + K_8$ als Summe der einzelnen Steifigkeitsmatrizen zu bilden. Dies geschieht (siehe Programmzeile 230 und folgende) im Feld K. Die Berechnung der Stabsteifigkeits-
matrix K_i wird in einem Unterprogramm (Zeilen 460 bis 700) durchgeführt.
Die Elemente von K_i werden in dem A-Feld zwischengespeichert.

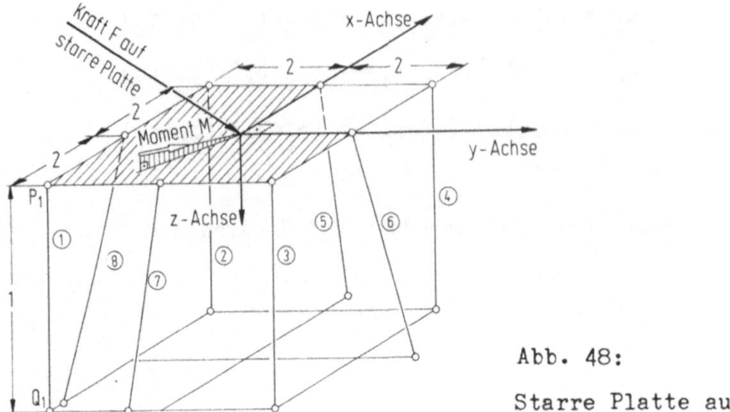

Abb. 48:

Starre Platte auf Pfählen

```
100 rem !----------------------------------------------------!
110 rem ! Programm zur Ermittlung der raeumlichen Pfahl-  !
120 rem ! kraefte einer belasteten starren Platte bei     !
130 rem ! gelenkig angenommener Lagerung der Pfaehle       !
140 rem !----------------------------------------------------!
150 dim  A(6,6), K(6,6), F(6,1), W(6,1), S(6,1), R(1,6)
160 read f(1,1), f(2,1), f(3,1), f(4,1), f(5,1), f(6,1)
170 read b1, b2, b3,  n
180 mat K = ZER
190 i1 = 0
200 i1 = i1 + 1
210 gosub 450
220 rem !----------------------------------------------------!
230 rem ! Aufsummieren aller Geometrie-Einzel-Stab-         !
240 rem ! Matrizen in der Matrix K                          !
250 rem !----------------------------------------------------!
260 mat K = K + A
270 if i1 < n then 200
280 mat A = INV(K)
290 mat W = A * F
300 mat W = (-1)*W
310 restore
320 read f(1,1), f(2,1), f(3,1), f(4,1), f(5,1), f(6,1)
330 read b1, b2, b3,  n
340 print
350 i1 = 0
360 i1 = i1 + 1
370 gosub 450
380 mat S = A * W
390 h1 = sqr(s(1,1)*s(1,1)+s(2,1)*s(2,1)+s(3,1)*s(3,1))
400 h2 = sqr(s(4,1)*s(4,1)+s(5,1)*s(5,1)+s(6,1)*s(6,1))
410 mat print S,
420 print h2, h1
430 if i1 < n then 360
440 goto 900
```

```
450 rem !-------------------------------------------------!
460 rem ! Unterprogramm zur Berechnung der Gesamtmatrix !
470 rem ! für -einen- Pfahl aus der vorgegebenen Stab-  !
480 rem ! geometrie. Der Anfangs- und Endpunkt des      !
490 rem ! stabes ist P(p1 p2 p3) und Q(q1 q2 q3). Der   !
500 rem ! Stabquerschnitt ist mit a1 und der E-modul    !
510 rem ! des Stabes ist mit e1 bezeichnet              !
520 rem !-------------------------------------------------!
530 read p1, p2, p3, q1, q2, q3, a1, e1
540 s(1,1) = q1-p1
550 r(1,1) = q1-p1
560 s(2,1) = q2-p2
570 r(1,2) = q2-p2
580 s(3,1) = q3-p3
590 r(1,3) = q3-p3
600 s(4,1) = (p2-b2)*r(1,3)-(p3-b3)*r(1,2)
610 r(1,4) = s(4,1)
620 s(5,1) = (p3-b3)*r(1,1)-(p1-b1)*r(1,3)
630 r(1,5) = s(5,1)
640 s(6,1) = (p1-b1)*r(1,2)-(p2-b2)*r(1,1)
650 r(1,6) = s(6,1)
660 mat A = S * R
670 l0 = sqr(r(1,1)*r(1,1)+r(1,2)*r(1,2)+r(1,3)*r(1,3))
680 h1 = e1/l0*a1/l0/l0
690 mat A = (h1)*A
700 return
710 rem !-------------------------------------------------!
720 rem ! Kraft- und Moment-Komponenten, Koordinaten des!
730 rem ! Bezugspunktes, Anzahl der Stäbe                !
740 rem ! f1, f2, f3,   m1, m2, m3,   b1, b2, b3,  n   !
750 rem !-------------------------------------------------!
760 data  25, 25, 35.35,  40, 20, 10,   0,  0,  0,  8
770 rem !-------------------------------------------------!
780 rem ! Koordinaten des Stabanfangs- und -Endpunktes, !
790 rem ! der Stabquerschnitt a1 und der E-modul e1      !
800 rem !   p1,  p2,  p3,    q1,   q2,   q3,    a1,  e1  !
810 rem !-------------------------------------------------!
820 data    -2,  -2,  0,    -2,   -2,   1, 0.010, 2.1e7
830 data     2,  -2,  0,     2,   -2,   1, 0.010, 2.1e7
840 data    -2,   2,  0,    -2,    2,   1, 0.010, 2.1e7
850 data     2,   2,  0,     2,    2,   1, 0.010, 2.1e7
860 data     2,   0,  0, 2.577,    0,   1, 0.015, 2.1e7
870 data     0,   2,  0,     0,    3,   1, 0.012, 2.1e7
880 data    -2,   0,  0,    -2,-0.577,  1, 0.015, 2.1e7
890 data     0,  -2,  0,-1.732,   -2,   1, 0.012, 2.1e7
900 end
```

Der 1. Stab hat einen Anfangspunkt P1(-2,-2,0) und einen Endpunkt Q1(-2,-2,1).
Der Stabquerschnitt a ist z. B. 0.01 und der e-Modul 2.1e7. In dieser
Reihenfolge sind die Stabdaten für alle 8 Stäbe im Programm einzugeben
(siehe Zeile 820 und folgende). Nachdem das Gleichungssystem K * W = F
(Zeilen 280 und 290) gelöst ist, sind die Verschiebungskomponenten w(1,1),

w(2,1), w(3,1) und Verdrehungskomponenten w(4,1), w(5,1), w(6,1) der starren
Platte bekannt. Durch die restore-Anweisung (Zeile 310) wird der Zeiger
für den nächsten zu lesenden data-Wert auf das 1. data-Element positioniert.
Danach werden die Daten erneut gelesen (Zeile 320 und folgende), die "Stabkräfte" S mit bekanntem W (Zeile 380) berechnet und ausgegeben (Zeile 410).
Im Speicher h1 (Zeile 390) wird der Betrag der i_1-ten Stabkraft und in h2
(Zeile 400) der Betrag des durch diese Stabkraft verursachten Platten-
momentes (bezüglich B) zwischengespeichert und nachfolgend (Zeile 420)
ausgegeben. Die Ausgabe des Programms enthält die folgenden Daten:

Komponenten der Stabkraft Komponenten des Stabmomentes			Betrag des Momentes	Betrag der Stabkraft
0	0	-17.0311		
34.0621	-34.0621	0		
			48.1711	17.0311
0	0	5.29997		
-10.5999	-10.5999	0		
			14.9906	5.29997
0	0	-14.7797		
-29.5594	-29.5594	0		
			41.8032	14.7797
0	0	7.55134		
15.1027	-15.1027	0		
			21.3584	7.55134
-11.9928	0	-20.7848		
0	41.5697	0		
			41.5697	23.9966
0	-16.9928	-16.9928		
-33.9857	0	0		
			33.9857	24.0315
0	-8.00715	13.8772		
0	27.7544	16.0143		
			32.0432	16.0216
-13.0072	0	7.5099		
-15.0198	0	-26.0143		
			30.0389	15.0195

12.2 Räumliches Kraftnetz

Obwohl die folgenden Überlegungen an einem Federnsystem mit 3 konzentrierten Massen m_1, m_2 und m_3 (Abb. 49) durchgeführt werden, können die Ergebnisse ohne wesentliche Abänderungen auch auf andere Graphen (z.B. Fachwerkkonstruktionen) übertragen werden. Auch ist die Einschränkung auf 3 Massen nicht notwendig, sondern nur aus Gründen der besseren Übersicht sinnvoll. Die Ruhelagen der Massen (Endpunkte der Federn) sind räumlich angeordnet. Z.B. legen die Komponenten des Ortsvektors P_1 die Ruhelage der Masse m_1 fest. Zunächst wollen wir lediglich eine Feder betrachten, deren Endpunkte um die kleinen vektoriellen Verschiebungen V_1 bzw. V_2 verschoben seien. Bezeichnen wir die verallgemeinerte "Federkonstante" (Steifigkeitsmatrix) zwischen den Endpunkten P_1 und P_2 mit C_{12}, so erhalten wir (siehe Kapitel über die Steifigkeitsmatrix) nach der Auslenkung der Feder aus der Ruhelage die rücktreibende Kraft

$$F_{12} = C_{12} * (V_2 - V_1) \quad .$$

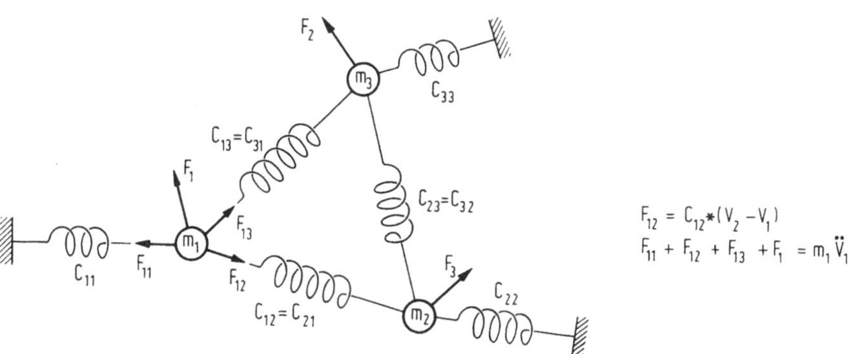

Abb. 49: Räumliches Federnsystem mit 3 Massen

Wir bemerken, daß große Buchstaben trotz Indizierung einen Vektor oder eine Matrix kennzeichnen. Die Steifigkeitsmatrix

$$C_{12} = c_{12} \cdot \frac{L_{12} * L'_{12}}{l_{12} \cdot l_{12}}$$

enthält neben der skalaren Federkonstanten c_{12}, die nach dem Hookeschen Gesetz durch $c_{12} = e_{12} \cdot a_{12}/l_{12}$ gegeben ist, noch die Dyade

$$\frac{L_{12} * L_{12}'}{l_{12} \cdot l_{12}} \quad ,$$

wobei l_{12} (Abstand zwischen P_1 und P_2) der Betrag von L_{12} ist. Aus Symmetriegründen ist $C_{12} = C_{21}$. Wir haben gesehen, daß die Federkonstante C_{12} wegen $L_{12} = P_2 - P_1$ durch die Koordinaten der Ortsvektoren und damit die rücktreibende Kraft F_{12} der Feder zwischen den Punkten P_1 und P_2 durch C_{12} und die Endpunktauslenkungen V_1 und V_2 dargestellt werden kann. Natürlich ist eine gleichartige Darstellung auch z.B. für die Federkraft F_{13} der Feder zwischen P_1 und P_3 möglich.

Ist nun die Masse m_1 mit einer Feder (Steifigkeitsmatrix C_{11}) befestigt (gelagert), so ist die Verschiebung V_o des Lagerungspunktes bekannt und gleich dem Nullvektor O, und es gilt

$$F_{11} = C_{11} * (O - V_1)$$

$$F_{11} = - C_{11} * V_1 \; .$$

Wir wollen nun das Newtonsche Grundgesetz ("Kraft gleich Masse mal Beschleunigung") für die Masse m_1 aufschreiben, wobei F_1 eine weitere, bisher noch nicht erwähnte (äußere) und an m_1 angreifende Kraft sei:

$$F_{11} + F_{12} + F_{13} + F_1 = m_1 * \ddot{V}_1$$

Die linke Seite dieser Gleichung enthält alle an m_1 angreifenden Federkräfte F_{11}, F_{12}, F_{13} und die äußere Kraft F_1. Nun setzen wir

$$F_{12} = C_{12} * (V_2 - V_1)$$

$$F_{13} = C_{13} * (V_3 - V_1)$$

$$F_{11} = -C_{11} * V_1$$

ein und erhalten

$$m_1 * \ddot{V}_1 + (C_{11}+C_{12}+C_{13}) * V_1 - C_{12} * V_2 - C_{13} * V_3 = F_1 \, .$$

Verfahren wir mit den beiden anderen Massen m_2 und m_3 in gleicher Weise, so erhalten wir 2 weitere, analog aufgebaute Vektor-Gleichungen. Mit Hilfe von Hypermatrizen hat das Gleichungssystem dann die Form

$$\begin{pmatrix} m_1 \cdot E & 0 & 0 \\ 0 & m_2 \cdot E & 0 \\ 0 & 0 & m_3 \cdot E \end{pmatrix} \begin{pmatrix} \ddot{V}_1 \\ \ddot{V}_2 \\ \ddot{V}_3 \end{pmatrix} + \begin{pmatrix} (C_{11}+C_{12}+C_{13}) & -C_{12} & -C_{13} \\ -C_{21} & (C_{21}+C_{22}+C_{23}) & -C_{23} \\ -C_{31} & -C_{32} & (C_{31}+C_{32}+C_{33}) \end{pmatrix} \begin{pmatrix} V_1 \\ V_2 \\ V_3 \end{pmatrix} = \begin{pmatrix} F_1 \\ F_2 \\ F_3 \end{pmatrix}$$

Die 1. Matrix enthält die Massen m_1, m_2, m_3. Diese Massenmatrix bezeichnen wir nun abkürzend mit M. Die Matrix

$$K = \begin{pmatrix} (C_{11}+C_{12}+C_{13}) & -C_{12} & -C_{13} \\ -C_{21} & (C_{21}+C_{22}+C_{23}) & -C_{23} \\ -C_{31} & -C_{32} & (C_{31}+C_{32}+C_{33}) \end{pmatrix}$$

bezeichnen wir als <u>globale Steifigkeitsmatrix</u> des Federn-Massensystems. Fassen wir die äußeren Kräfte im Vektor $F' = (F_1' \ F_2' \ F_3')$ und die Auslenkungsvektoren im Vektor $V' = (V_1' \ V_2' \ V_3')$ und die Beschleunigungsvektoren der Massen m_1, m_2, m_3 im Vektor

$$\ddot{V} = \begin{pmatrix} \ddot{V}_1 \\ \ddot{V}_2 \\ \ddot{V}_3 \end{pmatrix}$$

zusammen, so erhalten wir für die "Kraftgleichung" die Kurzform

$$M * \ddot{V} + K * V = F \, .$$

In unserem Beispiel haben die Vektoren $\ddot{V}$, $\dot{V}$, F neun Komponenten.
Die Matrizen K und M sind vom Typ (9,9). Wenn wir den Aufbau der globalen Steifigkeitsmatrix K beachten, so kann leicht die Verallgemeinerung für ein räumliches Kraftnetz mit n Massen aufgeschrieben werden. Neue Gesichtspunkte ergeben sich hierbei nicht. Die letztgenannte "Kraftgleichung" können wir auch durch Differentiation des Energiesatzes ("kinetische Energie + Federenergie = Arbeit der äußeren Kräfte")

$$\frac{1}{2}\ \dot{V}' * M * \dot{V}\ +\ \frac{1}{2}\ V' * K * V\ =\ V' * F$$

nach der Zeit t herleiten. Hierbei werden Ableitungen durch Punkte über dem Auslenkungsvektor V gekennzeichnet. Sind die Auslenkungen der Knoten durch elastische Kräfte beschreibbar, so erhalten wir das oben beschriebene Modell des räumlichen Kraftnetzes, das in vielen Bereichen (Atomphysik, Kernphysik, Fachwerke usw.) angewendet wird. Das "Zusammenbauen" der globalen Steifigkeitsmatrix aus einzelnen Steifigkeitsmatrizen in der oben genannten Art entspricht der Methode der "finiten Elemente".

12.2.1   Programm zum räumlichen Kraftnetz

Als räumliches Kraftnetz wollen wir ein Fachwerk betrachten und hierfür ein Programm schreiben, das die Stabkräfte berechnet, wenn die Knotenpunktkoordinaten und die äußeren Knotenkräfte bekannt sind. Nach den Bemerkungen im Kapitel "Steifigkeitsmatrix" kann die Steifigkeitsmatrix eines Stabes aus den vorgegebenen Endpunkten des Stabes, dem E-Modul und dem Stabquerschnitt aufgebaut werden. Nach der Berechnung einer Steifigkeitsmatrix wird diese in die globale Steifigkeitsmatrix eingebaut und das statische globale Gleichungssystem gelöst. Bei n Knoten hat dieses Gleichungssystem im räumlichen Fall 3n unbekannte Komponenten der Knotenpunktsverschiebungen der Stabendpunkte. Nach der Lösung des globalen Gleichungssystems sind alle Verschiebungsvektoren der Knoten bekannt. Bei bekannten Verschiebungen, z.B. sei V_2 und V_1 bekannt, können nun alle Stabkräfte, z.B.

$$F_{12}\ =\ C_{12} * (\ V_2 - V_1\ )\ \text{usw.}$$

berechnet werden. Unser Programm hat die folgende Form:

```
100 rem !----------------------------------------------!
110 rem ! Programm zur Berechnung von raeumlichen oder  !
120 rem ! ebenen Fachwerken (auch statisch unbestimmte) !
130 rem ! nach der Methode der finiten Elemente          !
140 rem !----------------------------------------------!
150 dim K(8,8), F(8,1), V(8,1), U(8)
160 dim C(3,3), P(3,1), Q(1,3), S(3,1), R(1,3)
170 rem !----------------------------------------------!
180 rem ! Lesen der Knotenzahl n und der Dimension n1.  !
190 rem ! Die Zahl n1 ist 3 für raeumliche und 2 fuer   !
200 rem ! ebene Fachwerke                                !
210 rem !----------------------------------------------!
220 margin 120
230 read n, n1
240 h9 = n*n1
250 for i=1 to h9
260 for j=1 to h9
270 k(i,j) = 0
280 next j
290 f(i,1) = 0
300 v(i,1) = 0
310 next i
320 rem !----------------------------------------------!
330 rem ! Lesen der Knotennummern i und j eines vorhan- !
340 rem ! denen Fachwerkstabes                           !
350 rem !----------------------------------------------!
360 read i
370 if i<1 then 590
380 read j

390 gosub 1480

400 rem !----------------------------------------------!
410 rem ! Besetzen der globalen Steifigkeitsmatrix K    !
420 rem !----------------------------------------------!
430 i4 = n1*(i-1)
440 j4 = n1*(j-1)

450 for i1=1 to n1
460 i2 = i1+i4
470 i3 = i1+j4
480 for j1=1 to n1
490 j2 = j1+j4
500 j3 = j1+i4
510 if i=j then 550
520 k(j2,i2) = -c(i1,j1)
530 k(i2,j2) = -c(i1,j1)
540 k(i2,j3) = k(i2,j3) + c(i1,j1)
550 k(i3,j2) = k(i3,j2) + c(i1,j1)
560 next j1
570 next i1
```

```
580 goto 360
590 read i
600 if i < 1 then 730
610 rem !-------------------------------------------------!
620 rem ! Lesen der Komponenten der aeußeren Knotenlasten !
630 rem !-------------------------------------------------!
640 for i1=1 to n1
650 i2 = i1 + n1*(i-1)
660 read f(i2,1)
670 next i1
680 rem Hier kann   mat print K, F    stehen
690 goto 590
700 rem !-------------------------------------------------!
710 rem ! Berechnen aller Knotenverschiebungen V         !
720 rem !-------------------------------------------------!

730 gosub 1730

740 restore
750 print
760 printusing  1370,n
770 printusing  1380
780 print
790 if n1 < 3 then 820
800 printusing  1440
810 goto 830
820 printusing  1430
830 read   n, n1
840 read i
850 if i<1 then   1210
860 read j
870 gosub 1480
880 rem !-------------------------------------------------!
890 rem ! Berechnen der Stabkraefte F = C.*(Vj-Vi)        !
900 rem !-------------------------------------------------!
910 i4 = n1*(i-1)
920 j4 = n1*(j-1)
930 h = 0

940 for i1=1 to n1
950 h2 = 0
960 for j1=1 to n1
970 i2 = j1+i4
980 j2 = j1+j4
990 h1 = v(j2,1)
1000 if i<>j then 1020
1010 h1 = 0
1020 h2 = h2 + c(i1,j1) * ( h1-v(i2,1) )
1030 next j1
1040 s(i1,1) = h2
1050 h = h + h2*r(1,i1)
1060 next i1
1070 rem !-------------------------------------------------!
1080 rem ! Ausgeben der Stabkraefte S                      !
1090 rem !-------------------------------------------------!
```

```
1100 print
1110 printusing  1450, i; j;
1120 for i1=1 to n1
1130 printusing  1460, p(i1,1);
1140 next i1
1150 for i1=1 to n1
1160 printusing  1460, q(1,i1);
1170 next i1
1180 printusing  1470, a1*e1;
1190 printusing  1460, h/10
1200 goto 840
1210 print
1220 printusing 1390
1230 printusing 1400
1240 print
1250 if n1 < 3 then 1280
1260 printusing 1420
1270 goto 1290
1280 printusing  1410
1290 read i
1300 if i < 1 then 2380
1310 read h1, h2
1320 print
1330 printusing  1450, i;
1340 printusing  1460, h1;
1350 printusing  1460, h2;
1360 goto 1290
1370 :  Berechnung eines Fachwerkes mit £££ Knoten
1380 :  =========================================
1390 :  Knotenlasten
1400 :  ============
1410 :    i        fx(i)      fy(i)
1420 :    i        fx(i)      fy(i)      fz(i)
1430 :    i  j    x(i)      y(i)      x(j)      y(j)     a1*e1  Kraft
1440 :    i  j   x(i)  y(i)  z(i)  x(j)  y(j)  z(j)  a1*e1 Kraft
1450 :  £££ £££
1460 :  £££££.£££
1470 :   £.£££*
1480 rem !--------------------------------------------------!
1490 rem ! Unterprogramm zur Berechnung der Steifigkeits- !
1500 rem ! matrix C eines Stabes                           !
1510 rem !--------------------------------------------------!
1520 for i1=1 to n1
1530 read p(i1,1)
1540 next i1
1550 for j1=1 to n1
1560 read q(1,j1)
1570 next j1

1580 h = 0
1590 read a1, e1
1600 for j1=1 to n1
1610 r(1,j1) = q(1,j1) - p(j1,1)
```

```
1620 s(j1,1) = q(1,j1) - p(j1,1)
1630 h = h + r(1,j1)*r(1,j1)
1640 next j1
1650 l0 = sqr(h)
1660 h = e1/l0*a1/l0/l0
1670 for i1=1 to n1
1680 for j1=1 to n1
1690 c(i1,j1) = h*s(i1,1)*r(1,j1)
1700 next j1
1710 next i1
1720 return
1730 rem !--------------------------------------------------!
1740 rem ! Unterprogramm zur iterativen Loesung des         !
1750 rem ! Gleichungssystems  K * V = F                     !
1760 rem !--------------------------------------------------!
1770 h9 = n*n1
1780 for j=1 to  h9
1790 h = 0
1800 for i=1 to h9
1810 h = h + k(i,j)*k(i,j)
1820 next i
1830 u(j) = h/1.66
1840 next j
1850 for i1=1 to 1000
1860 h=0
1870 for j=1 to h9
1880 h2 = 0
1890 h1 = v(j,1)
1900 for i=1 to h9
1910 h3 = 0
1920 for j1=1 to h9
1930 h3 = h3 + k(i,j1)*v(j1,1)
1940 next j1
1950 h2 = h2 + k(i,j)*(f(i,1)-h3)
1960 next i
1970 v(j,1) = v(j,1) + h2/u(j)
1980 if abs(v(j,1)-h1) < h then 2000
1990 h = abs(v(j,1)-h1)
2000 next j
2010 h1 = i1
2020 if h < 1e-10 then 2050
2030 next i1
2040 print "Nach"; h1; " Iterationen keine Konvergenz"
2050 return
2060 rem !--------------------------------------------------!
2070 rem ! n, n1                                            !
2080 rem !--------------------------------------------------!
2090 data  4, 2
2100 rem !--------------------------------------------------!
2110 rem ! Ablegen der Knotennummern i und j, die im Be-    !
2120 rem ! reich von 1,...,n liegen sowie der jeweiligen    !
2130 rem ! Koordinaten der Stabanfangs- und Stabendpunkte   !
2140 rem ! i,  j,    xi, yi,    xj,    yj,         a1,   e1!
2150 rem !--------------------------------------------------!
```

```
2160 data   1,  2,      0,  0,      8,      0,      0.192,  2e7
2170 data   1,  3,      0,  0,      8,      6,      0.250,  2e7
2180 data   2,  3,      8,  0,      8,      6,      0.066,  2e7
2190 data   4,  2,     16,  6,      8,      0,      0.250,  2e7
2200 data   3,  4,      8,  6,     16,      6,      0.192,  2e7
2210 data   1,  1,      0,  0,      0,   -0.1,     10    ,  2e7
2220 data   1,  1,      0,  0,   -0.1,      0,     10    ,  2e7
2230 data   4,  4,     16,  6,     16,    5.9,     10    ,  2e7
2240 rem !-----------------------------------------------!
2250 rem ! Die Zahl Null beendet die Stabdaten           !
2260 rem !-----------------------------------------------!
2270 data     0
2280 rem !-----------------------------------------------!
2290 rem ! Knotennummer i und nachfolgend alle Kompo-    !
2300 rem ! nenten der aeußeren angreifenden Kraft F      !
2310 rem !-----------------------------------------------!
2320 data    3,   8,   0
2330 rem !-----------------------------------------------!
2340 rem ! Die Zahl Null beendet die Daten fuer die      !
2350 rem ! äußeren Kraefte                               !
2360 rem !-----------------------------------------------!
2370 data     0
2380 end
```

Die Lösung des globalen Gleichungssystems K * V = F geschieht (ab Zeile 1770 und folgende) iterativ nach dem Verfahren, das im Kapitel: "Relaxation" beschrieben wurde. In der Zeile 2090 ist für $n1 = 2$ eingegeben, d.h. es liegt ein ebenes Fachwerk vor (Abb. 50). Ab Zeile 2160 folgen die Stabdaten der Knotennummern i, j, die Koordinaten der Knoten x_i, y_i, x_j, y_j sowie der Stabquerschnitt a_1 und der E-Modul e_1 des Stabes. Die Ausgabe des Programmes hat nun folgende Gestalt:

```
BERECHNUNG EINES FACHWERKES MIT   4 KNOTEN
==========================================
```

I	J	X(I)	Y(I)	X(J)	Y(J)	A1*E1	KRAFT
1	2	.00	.00	8.00	.00	3840000.00	4.00
1	3	.00	.00	8.00	6.00	5000000.00	5.00
2	3	8.00	.00	8.00	6.00	1320000.00	-3.00
4	2	16.00	6.00	8.00	.00	5000000.00	5.00
3	4	8.00	6.00	16.00	6.00	3840000.00	-4.00
1	1	.00	.00	.00	-.10	200000000.00	3.00
1	1	.00	.00	-.10	.00	200000000.00	8.00
4	4	16.00	6.00	16.00	5.90	200000000.00	-3.00

KNOTENLASTEN
============

```
I     FX(I)    FY(I)

3     8.00     0.00
```


Abb. 50: Beispiel für ein ebenes Fachwerk

12.3 Das SKS-finite-Element

Im Kapitel über die Steifigkeitsmatrix wurde die räumliche Stabkraft

$$S = \frac{e \cdot a}{1} \cdot \frac{L * L'}{1 \cdot 1} * (V_q - V_p)$$

mit Hilfe des Stab-E-Moduls e, des Stabquerschnittes a, der Stablänge 1, dem Stabvektor $L = Q - P$ und den Stabendpunktverschiebungen V_q und V_p dargestellt. Wir betrachten nun 2 starre Körper (Abkürzung SK = Starrkörper), die durch <u>einen</u> jeweils gelenkig angeschlossenen Stab miteinander verbunden seien. Der Bezugspunkt für äußere, an SK_1 angreifende Kräfte und Momente sei B_1 (Abb. 51). Der Hebelarm H_1 für den Stab, der im Punkte P gelenkig an SK_1 befestigt ist, ist durch

$$H_1 = P - B_1 = \begin{pmatrix} x \\ y \\ z \end{pmatrix}$$

gegeben. Eine kleine Verschiebung V_{b1} von SK_1 sowie eine Verdrehung V_{d1} bezüglich einer Achse durch B1 ergibt einen Stab-Endpunkt-Verschiebungs-

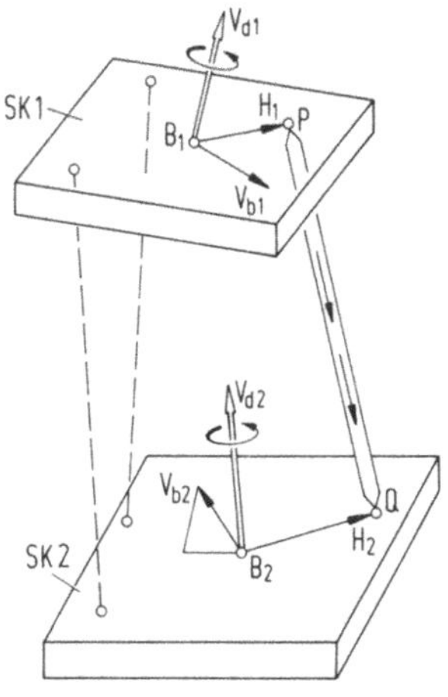

Abb. 51:

Endlich viele Verbindungsstäbe

zwischen zwei Starrkörpern

vektor V_p des Punktes P

$$V_p = V_{b1} + V_{d1} \times H_1 \; ;$$

oder, mit

$$R_1 = (H_1 \times) = \begin{pmatrix} o & -z & y \\ z & o & -x \\ -y & x & o \end{pmatrix}$$

ausgedrückt, erhalten wir

$$V_p = V_{b1} - R_1 * V_{d1} \; .$$

Die (3,3)-Matrix R_1 wird aus den Komponenten des Hebelarmes H_1 gebildet, der vom SK_1-Bezugspunkt B_1 zum Stabangriffspunkt P des Stabes weist. Die Stabkraft S im Punkte P verursacht bezüglich des Punktes B_1 ein Drehmoment

$$M_1 = H_1 \times S = R_1 * S \; .$$

Setzen wir nun

$$V_p = V_{p1} = V_{b1} - R_1 * V_{d1}$$

$$V_q = V_{p2} = V_{b2} - R_2 * V_{d2}$$

in

$$S = \frac{e \cdot a}{1 \cdot 1 \cdot 1} \cdot L * L' * (V_q - V_p)$$

und

$$M_1 = R_1 * S = \frac{e \cdot a}{1 \cdot 1 \cdot 1} \cdot R_1 * L * L' * (V_q - V_p)$$

ein, so ergibt sich

$$\begin{pmatrix} S \\ M_1 \end{pmatrix} = - \frac{e \cdot a}{1 \cdot 1 \cdot 1} \begin{pmatrix} L \\ R_1 * L \end{pmatrix} * \begin{pmatrix} L \\ R_1 * L \end{pmatrix} * \begin{pmatrix} V_{b1} \\ V_{d1} \end{pmatrix} + \frac{e \cdot a}{1 \cdot 1 \cdot 1} \begin{pmatrix} L \\ R_1 * L \end{pmatrix} * \begin{pmatrix} L \\ R_2 * L \end{pmatrix}' * \begin{pmatrix} V_{b2} \\ V_{d2} \end{pmatrix}$$

Mit den Abkürzungen

$$L_1 = \begin{pmatrix} L \\ R_1 * L \end{pmatrix}, \quad L_2 = \begin{pmatrix} L \\ R_2 * L \end{pmatrix}, \quad W_1 = \begin{pmatrix} V_{b1} \\ V_{d1} \end{pmatrix}, \quad W_2 = \begin{pmatrix} V_{b2} \\ V_{d2} \end{pmatrix}, \quad F = \begin{pmatrix} S \\ M_1 \end{pmatrix}$$

und $c = e \cdot a / 1 / 1 / 1$ erhalten wir das $(6,6)$-Gleichungssystem

$$F = -c \cdot L_1 * L_1' * W_1 + c \cdot L_1 * L_2' * W_2 .$$

Dieses Gleichungssystem drückt den, die Kraft und das Moment enthalten-
den Vektor F durch die Stabgrößen L_1, L_2, a, 1, e und die SK-Verschie-
bungen und -Verdrehungen, enthalten in W_1 und W_2, aus. Der Vektor F hat
6 Komponenten und enthält die Stabkraft S des Stabes zwischen SK_1 und SK_2
sowie das Moment M_1 von SK_1 bezüglich des SK_1-Bezugspunktes B_1 infolge
der Stabkraft S.

Bisher wurde lediglich ein Stab betrachtet. Sind die SK_1 und SK_2 durch
mehr als einen Stab miteinander verbunden, so entspricht z.B. dem i-ten
Stab mit $c_i = e_i \cdot a_i / 1_i / 1_i / 1_i$ die "Kraftgleichung"

$$F_{1;i} = -c_i \cdot L_{1;i} * L_{1;i}' * W_1 + c_i \cdot L_{1;i} * L_{2;i}' * W_2 .$$

oder

$$F_{1;i} = - C_{1,1;i} * W_1 + C_{1,2;i} * W_2$$

Die Zahl i entspricht der Nummer des Stabes, die Zahl 1 bezieht sich auf
SK_1 und die Zahl 2 auf SK_2. Sind n Stäbe zwischen SK_1 und SK_2 angeordnet, so ergibt die Summierung über alle n Verbindungsstäbe eine resultierende Wirkung auf SK_1 von

$$F_1^{12} = \sum_{i=1}^{n} F_{1;i}^{12} \ .$$

Die hochgestellten Zahlen 1 und 2 bringen zum Ausdruck, daß lediglich
die Verbindung zwischen SK_1 und SK_2 gemeint ist. Die Summation über i
ergibt

$$F_1^{12} = - K_{11}^{12} * W_1 + K_{12}^{12} * W_2$$

mit

$$K_{11}^{12} = \sum_{i=1}^{n} c_i \cdot L_{1;i} * L_{1;i}'$$

und

$$K_{12}^{12} = \sum_{i=1}^{n} c_i \cdot L_{1;i} * L_{2;i}' \ .$$

Wir erinnern daran, daß die unteren Zahlen 12 auf das dyadische Produkt

$$\begin{pmatrix} L \\ R_1 * L \end{pmatrix}_i * \begin{pmatrix} L \\ R_2 * L \end{pmatrix}_i'$$

hinweisen. Bisher wurden lediglich die beiden Körper SK_1 und SK_2 betrachtet und über die Wirkung aller Verbindungsstäbe summiert. Nun werden
wir z.B. 3 Starrkörper (Abb. 52) betrachten, die untereinander mit einer
beliebigen Anzahl von Stäben verbunden sind. Außerdem kann jeder Körper
durch eine beliebige Anzahl von Stäben gelagert sein. Betrachten wir
z.B. SK_1, so ergeben die Wirkungen aller anderen Körper auf SK_1 die folgenden 6 Gleichgewichtsgleichungen

$$F_1 + F_1^{10} + F_1^{12} + F_1^{13} = 0 \, ,$$

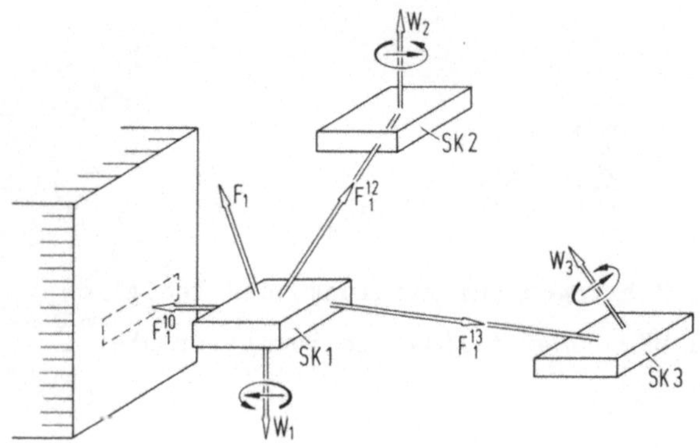

Abb. 52: Zusammenbau von SKS-Elementen

wobei F_1 eine äußere, resultierende und in B_1 angreifende "Kraft" (Kraft und Moment) enthält. Setzen wir

$$F_1^{10} = - K_{11}^{10} * W_1$$

$$F_1^{12} = - K_{11}^{12} * W_1 + K_{12}^{12} * W_2$$

$$F_1^{13} = - K_{11}^{13} * W_1 + K_{13}^{13} * W_3$$

ein, so ergibt sich analog aus den Gleichgewichtsgleichungen für

$$\text{SK1:} \qquad - F_1^{10} - F_1^{12} - F_1^{13} = F_1$$

$$\text{SK2:} \qquad - F_2^{20} - F_2^{21} - F_2^{23} = F_2$$

$$\text{SK3:} \qquad - F_3^{30} - F_3^{31} - F_3^{32} = F_3$$

das Gleichungssystem

$$\begin{pmatrix} K_{11}^{10}+K_{11}^{12}+K_{11}^{13} & -K_{12}^{12} & -K_{13}^{13} \\ -K_{21}^{21} & K_{22}^{20}+K_{22}^{21}+K_{22}^{23} & -K_{23}^{23} \\ -K_{31}^{31} & -K_{32}^{32} & K_{33}^{30}+K_{33}^{31}+K_{33}^{32} \end{pmatrix} * \begin{pmatrix} W_1 \\ W_2 \\ W_3 \end{pmatrix} = \begin{pmatrix} F_1 \\ F_2 \\ F_3 \end{pmatrix}$$

für die 18 Unbekannten, die in

$$W_1 = \begin{pmatrix} V_{b1} \\ V_{d1} \end{pmatrix} \,, \quad W_2 = \begin{pmatrix} V_{b2} \\ V_{d2} \end{pmatrix}, \quad W_3 = \begin{pmatrix} V_{b3} \\ V_{d3} \end{pmatrix}$$

enthalten sind. Dieses Gleichungssystem hat wieder den Aufbau: (globale)
Hypersteifigkeitsmatrix multipliziert mit dem verallgemeinerten Verschiebungsvektor ist gleich dem verallgemeinerten "Kraftvektor". Ist dieses Gleichungssystem gelöst, so sind die Verschiebungen und Verdrehungen
jedes Körpers bekannt. Mit den Formeln am Anfang dieses Kapitels können
dann alle Stabkräfte berechnet werden. Natürlich ist der Aufbau dieser
globale Hyper-Steifigkeitsmatrix, die aus (6,6)-er Steifigkeitsmatrizen
aufgebaut wird, nicht auf 3 Starrkörper beschränkt, sondern kann für
mehr Starrkörper sinngemäß erweitert werden.

12.4 Simplex-Algorithmus

Aus dem Gebiet des Operation Research (Verfahrensforschung) ist die
lineare Optimierung wegen ihrer Einfachheit eine häufig angewendete
Methode. Ihr Einsatz erstreckt sich u.a. auf ökonomische Untersuchungen,
Transport- und Verteilungsprobleme, auf Mischungsaufgaben, die Ermittlung des kürzesten Weges oder des maximalen Flusses eines Netzwerkes und
auf Zuschnittprobleme zur Minimierung des Abfalles.

Bei unserer Einführung beschränken wir uns auf das Simplexverfahren.
Obgleich diese Betrachtungen an einem einfachen Beispiel gezeigt werden, ist eine Verallgemeinerung leicht möglich. Bei den folgenden

Erläuterungen werden wir inverse Matrizen verwenden, die explizit angebbar sind. Als Vorbetrachtung wollen wir deshalb zunächst eine (4,4)-Matrix B betrachten, die dadurch entsteht, daß die 3. Spalte der (4,4)-Einheitsmatrix E durch den Spaltenvektor $(b_1 \ b_2 \ b_3 \ b_4)'$ ersetzt wird. Die inverse Matrix von

$$B = \begin{pmatrix} 1 & o & b_1 & o \\ o & 1 & b_2 & o \\ o & o & b_3 & o \\ o & o & b_4 & 1 \end{pmatrix}$$

ist

$$B^{-1} = \begin{pmatrix} 1 & o & -b_1/b_3 & o \\ o & 1 & -b_2/b_3 & o \\ o & o & +1/b_3 & o \\ o & o & -b_4/b_3 & 1 \end{pmatrix}.$$

Dies kann leicht gemäß $B * B^{-1} = B^{-1} * B = E$ bestätigt werden. Unterscheidet sich also eine Matrix B lediglich in einer Spalte von der Einheitsmatrix E, so kann die Inverse von B unmittelbar angeschrieben werden.

Dem Charakter des Buches folgend, wollen wir nun den Simplex-Algorithmus an einem stark vereinfachten Beispiel aufzeigen. Eine Firma stelle Fernsehgeräte und Rundfunkgeräte her. Bei der augenblicklichen Marktlage kann

$$\text{je Rundfunkgerät ein Gewinn von } 10 \text{ DM } \text{ und}$$

$$\text{je Fernsehgerät ein Gewinn von } 20 \text{ DM}$$

angenommen werden. Werden täglich

$$x_1 \quad \text{Stück Rundfunkgeräte und}$$

$$x_2 \quad \text{Stück Fernsehgeräte}$$

verkauft, so kann ein täglicher Gewinn (in DM) von

$$y = y(x_1, x_2) = 10 \cdot x_1 + 20 \cdot x_2$$

erwartet werden. Unser Ziel wird es sein, die Stückzahlen x_1, x_2 so zu wählen, daß der Gewinn y maximal wird. Weil negative Stückzahlen keinen Sinn ergeben, setzen wir voraus, daß x_1 und x_2 <u>nicht negativ</u> sein sollen. Die Gewinnfunktion $y = y(x_1, x_2)$ heißt auch <u>Zielfunktion</u>.

Ohne jegliche Beschränkung der Stückzahlen könnte der Gewinn durch Erhöhung der Produktion beliebig vergrößert werden. Dies trifft nicht zu. Die Zahl der produzierten Geräte wird durch <u>einschränkende Bedingungen</u> (Restriktionen) begrenzt. Ist z.B. die Kapazität der Montageabteilung für eine tägliche Fertigung von höchstens 4.5 Rundfunkgeräten oder von 18 Fernsehgeräten ausgelegt, so gilt, wenn wir Zeitverluste durch Fertigungsumrüstungen vernachlässigen,

$$x_1/4.5 + x_2/18 \leq 1 \qquad \begin{array}{l}(\text{ 1 entspricht der} \\ \text{vollen Fertigungs-} \\ \text{kapazität)}\end{array}$$

oder

$$4 \cdot x_1 + 1 \cdot x_2 \leq 18 \; .$$

Eine weitere Einschränkung sei durch die Belieferung und Bevorratung der notwendigen Einzelteile gegeben. Lassen die Lieferverträge für Kleinteile nur eine tägliche Produktion von 12 Rundfunk- oder 4 Fernsehgeräten zu, so gilt

$$x_1/12 + x_2/4 \leq 1$$

oder

$$1 \cdot x_1 + 3 \cdot x_2 \leq 12 \; .$$

Aus langfristigen Marktbeobachtungen sei bekannt, daß die Summe der täglich verkauften Rundfunk- und Fernsehgeräte nicht größer als 6 ist, d.h. es gilt

$$x_1 + x_2 \leq 6 \; .$$

Zusammenfassend können wir sagen, daß bei unserem Beispiel die Aufgabe darin besteht, zulässige Werte x_1, x_2 so zu finden, daß unter den

Restriktionen

$$4 \cdot x_1 + 1 \cdot x_2 \leq 18$$

$$1 \cdot x_1 + 3 \cdot x_2 \leq 12$$

$$1 \cdot x_1 + 1 \cdot x_2 \leq 6$$

der Gewinn (Zielfunktion)

$$y(x_1, x_2) = 10 \cdot x_1 + 20 \cdot x_2$$

maximal wird.

Damit wir nicht mit Ungleichungen rechnen müssen, wenden wir einen Trick an. Wir addieren z.B. auf der linken Seite der (Restriktions-) Ungleichung

$$4 \cdot x_1 + 1 \cdot x_2 \leq 18$$

einen nicht negativen (unbekannten) Wert $x_3 \geq o$ und schreiben die Ungleichung nun als Gleichung

$$4 \cdot x_1 + 1 \cdot x_2 + 1 \cdot x_3 = 18 \; .$$

Hier hat x_3 die Bedeutung eines Scheinerzeugnisses, das die Fertigungskapazität voll auszulasten hilft, jedoch in Wirklichkeit nicht hergestellt wird, also auch nicht verkauft werden kann. In der gleichen Weise verfahren wir mit den anderen Ungleichungen. Aus dem "Kleiner-Gleich"-Zeichen wird dann durch die Einführung von x_3, x_4, x_5 ein "Gleich"-Zeichen. Die Variablen x_3, x_4, x_5 heißen auch "Schlupfvariablen".

In der Matrizenschreibweise haben diese Gleichungen nun die folgende Form

$$\begin{pmatrix} 4 & 1 & 1 & o & o & o \\ 1 & 3 & o & 1 & o & o \\ 1 & 1 & o & o & 1 & o \\ -10 & -20 & o & o & o & 1 \end{pmatrix} * \begin{pmatrix} x_1 \\ x_2 \\ x_3 \\ x_4 \\ x_5 \\ y \end{pmatrix} = \begin{pmatrix} 18 \\ 12 \\ 6 \\ o \end{pmatrix}$$

Eine zulässige Lösung erhalten wir mit $x_1 = x_2 = o$, nämlich:

$$x_3 = 18, \qquad x_4 = 12, \qquad x_5 = 6, \qquad y = o \ .$$

Die Zielfunktion $\quad -10.x_1 - 20.x_2 + 0.x_3 + 0.x_4 + 0.x_5 + 1.y = o \quad$ haben wir als 4. Gleichung angefügt. Die Scheinerzeugnisse bringen natürlich keinen Gewinn, sind daher mit Null zu multiplizieren, weshalb ja auch $y = o$ folgte. Wir denken uns nun dieses Gleichungssystem ausgeschrieben, vertauschen die 2. und 4. Spalte und erhalten:

$$
\left(\begin{array}{cc|cccc}
4 & o & 1 & 1 & o & o \\
1 & 1 & o & 3 & o & o \\
1 & o & o & 1 & 1 & o \\
-10 & o & o & -20 & o & 1
\end{array}\right)
*
\begin{pmatrix} x_1 \\ x_4 \\ x_3 \\ x_2 \\ x_5 \\ y \end{pmatrix}
=
\begin{pmatrix} 18 \\ 12 \\ 6 \\ o \end{pmatrix}
$$

$$\underbrace{}_{B}$$

Warum die 2. mit der 4. Spalte vertauscht wird, soll erst weiter unten erläutert und begründet werden. Zunächst wollen wir also nur rein formal vorgehen. Nach unseren Vorbemerkungen ist die Inverse B^{-1} von B durch

$$
B = \begin{pmatrix}
1 & 1 & o & o \\
o & 3 & o & o \\
o & 1 & 1 & o \\
o & -20 & o & 1
\end{pmatrix}, \qquad
B^{-1} = \begin{pmatrix}
1 & -1/3 & o & o \\
o & 1/3 & o & o \\
o & -1/3 & 1 & o \\
o & 20/3 & o & 1
\end{pmatrix}
$$

gegeben. Die Matrix B ist ein Teil des obigen Gleichungssystems und unterscheidet sich lediglich in der 2. Spalte von der (4,4)-Einheitsmatrix. Wir multiplizieren das Gleichungssystem mit der Inversen INV(B)

$$
\begin{pmatrix}
1 & -1/3 & o & o \\
o & 1/3 & o & o \\
o & -1/3 & 1 & o \\
o & 20/3 & o & 1
\end{pmatrix}
*
\begin{pmatrix}
4 & o & 1 & 1 & o & o \\
1 & 1 & o & 3 & o & o \\
1 & o & o & 1 & 1 & o \\
-10 & o & o & -20 & o & 1
\end{pmatrix}
*
\begin{pmatrix} x_1 \\ x_4 \\ x_3 \\ x_2 \\ x_5 \\ y \end{pmatrix}
=
\begin{pmatrix}
1 & -1/3 & o & o \\
o & 1/3 & o & o \\
o & -1/3 & 1 & o \\
o & 20/3 & o & 1
\end{pmatrix}
\begin{pmatrix} 18 \\ 12 \\ 6 \\ o \end{pmatrix}
$$

und erhalten nach der Matrizenmultiplikation

$$\begin{pmatrix} 11/3 & -1/3 & 1 & 0 & 0 & 0 \\ 1/3 & 1/3 & 0 & 1 & 0 & 0 \\ 2/3 & -1/3 & 0 & 0 & 1 & 0 \\ -10/3 & 20/3 & 0 & 0 & 0 & 1 \end{pmatrix} * \begin{pmatrix} x_1 \\ x_4 \\ x_3 \\ x_2 \\ x_5 \\ y \end{pmatrix} = \begin{pmatrix} 14 \\ 4 \\ 2 \\ 80 \end{pmatrix}$$

Der Vergleich mit dem ursprünglichen Simplex-Gleichungssystem zeigt, daß es i.a. bei Existenz der o.g. inversen Matrix möglich ist, einen Austauschschritt, bestehend aus der Vertauschung der 2. und 4. Spalte und den zugehörigen Variablen und der Multiplikation des Simplex-Gleichungssystems mit der inversen Matrix INV(B) durchzuführen. Einen solchen Austauschschritt können wir wiederholen. Die zur 1. und 2. Spalte der Koeffizientenmatrix gehörenden Variablen nennen wir Nichtbasisvariable (denen grundsätzlich der Wert Null zugewiesen wird), zu den folgenden 4 Spalten gehören die Basisvariablen.

Ein Austauschschritt besteht somit in der

Vertauschung einer

Basis(variablen)spalte mit einer Nichtbasis(variablen)spalte

und der Multiplikation

des Simplex-Gleichungssystems mit

der oben angeführten inversen Matrix.

Danach wird die bisherige Nichtbasisvariable zur Basisvariablen erklärt und umgekehrt. Bei einem solchen Austauschschritt wollen wir unser Ziel, die Gewinnfunktion zu maximieren, nicht vergessen. Die letzte Zeile

$$-10/3 \cdot x_1 + 20/3 \cdot x_4 + y = 80$$

unseres Simplex-Gleichungssystems zeigt, daß für die zulässige Lösung

$x_1 = x_4 = o$ der Gewinn bereits auf $y = 80$ DM angestiegen ist. Der Gewinn steht auf der rechten Gleichungsseite an unterster Stelle.

Wir wollen den schon durchgeführten Austauschschritt noch einmal betrachten, um die Frage zu klären, warum wir gerade die 2. und 4. Spalte ausgetauscht haben. Wir gingen von dem Gleichungssystem

$$\begin{pmatrix} 4 & 1 & 1 & o & o & o \\ 1 & 3 & o & 1 & o & o \\ 1 & 1 & o & o & 1 & o \\ -10 & -20 & o & o & o & 1 \end{pmatrix} * \begin{pmatrix} x_1 \\ x_2 \\ x_3 \\ x_4 \\ x_5 \\ y \end{pmatrix} = \begin{pmatrix} 18 \\ 12 \\ 6 \\ o \end{pmatrix}$$

aus, und erkennen, daß nur <u>negative Koeffizienten</u> in der Gewinnfunktion

$$-10 \cdot x_1 - 20 \cdot x_2 + o \cdot x_3 + o \cdot x_4 + o \cdot x_5 + y = o$$

bei zulässigen positiven x_1, x_2, x_3, x_4, x_5 den Gewinn (hier o) vergrößern können. In der 2. Spalte $(1\ 3\ 1\ -20)'$ des Gleichungssystems steht der <u>kleinste negative Koeffizient</u> (und zwar -20) der Gewinnfunktion, der zugleich der <u>betragsgrößte</u> ist und daher für positive x_2 den größtmöglichen Gewinnzuwachs liefert.

Welchen Maximalwert darf nun x_2 annehmen ?

Zur Beantwortung dieser Frage betrachten wir die 2. Spalte und die rechte Seite des Gleichungssystems und bilden die positiven und definierten Quotienten:

$$\begin{pmatrix} 1 \\ 3 \\ 1 \\ -20 \end{pmatrix}, \quad \begin{pmatrix} 18 \\ 12 \\ 6 \\ 0 \end{pmatrix}$$

$\longrightarrow$ 18/1 = 18   führt auf x_3

$\longrightarrow$ 12/3 = 4   führt auf x_4

$\longrightarrow$ 6/1 = 6   führt auf x_5 .

Diese Werte sind für x_2 zulässig unter den Bedingungen:

Wenn $x_2 = 18$ in die 1. Zeile eingesetzt wird, muß $x_1 = x_3 = o$ sein.

Wenn $x_2 = 4$ in die 2. Zeile eingesetzt wird, muß $x_1 = x_4 = o$ sein.

Wenn $x_2 = 6$ in die 3. Zeile eingesetzt wird, muß $x_1 = x_5 = o$ sein.

Würden wir jedoch $x_2 = 18$ in die 2. oder 3. Zeile einsetzen, müßten x_1 oder x_4 bzw. x_5 negativ werden, was nicht zulässig ist. Daher ist $x_2 = 4$ die schärfste einschränkende Bedingung, und somit lautet unser Ergebnis

$$x_2 = \min(18,\ 4,\ 6) = 4\ .$$

Damit verbunden ist $x_1 = x_4 = o$, während x_3 und x_4 Werte $\geq o$ haben. x_2 nimmt hier sein Minimum im __zweiten__ Quotienten an, was zur Folge hat daß die __zweite__ Basisvariable (hier x_4) Null gesetzt werden muß. Sie wird daher zur neuen Nichtbasisvariablen erklärt und x_2 wird Basisvariable. Dieser Austausch wurde von uns bereits durchgeführt und ergab

$$\begin{pmatrix} 11/3 & -1/3 & 1 & o & o & o \\ 1/3 & 1/3 & o & 1 & o & o \\ 2/3 & -1/3 & o & o & 1 & o \\ -10/3 & 20/3 & o & o & o & 1 \end{pmatrix} * \begin{pmatrix} x_1 \\ x_4 \\ x_3 \\ x_2 \\ x_5 \\ y \end{pmatrix} = \begin{pmatrix} 14 \\ 4 \\ 2 \\ 80 \end{pmatrix}$$

Die Zahl $-10/3$ ist die negativste Zahl der Zielfunktion. Deshalb wird im nächsten Austauschschritt die 1. Spalte $(11/3\ \ 1/3\ \ 2/3\ \ -10/3)'$ ausgetauscht. Als Basisvariable ("Schlupfvariable") ist wegen

$$\begin{pmatrix} 11/3 \\ 1/3 \\ 2/3 \\ -10/3 \end{pmatrix},\quad \begin{pmatrix} 14 \\ 4 \\ 2 \\ 80 \end{pmatrix}$$

$\longrightarrow\quad 14/(11/3) = 3.82\quad$ (führt auf x_3)

$\longrightarrow\quad 4/(1/3) = 12\quad$ (führt auf x_2)

$\longrightarrow\quad 2/(2/3) = 3\quad$ (führt auf x_5)

$$\min(3.82,\ 12,\ 3) = 3$$

x_5 zu verwenden. Die Multiplikation mit der entsprechenden inversen Matrix ergibt

$$\begin{pmatrix} 1 & o & -11/2 & o \\ o & 1 & -1/2 & o \\ o & o & 3/2 & o \\ o & o & 10/2 & 1 \end{pmatrix} * \begin{pmatrix} o & -1/3 & 1 & o & 11/3 & o \\ o & 1/3 & o & 1 & 1/3 & o \\ 1 & -1/3 & o & o & 2/3 & o \\ o & 20/3 & o & o & -10/3 & 1 \end{pmatrix} * \begin{pmatrix} x_5 \\ x_4 \\ x_3 \\ x_2 \\ x_1 \\ y \end{pmatrix} = \begin{pmatrix} 1 & o & -11/2 & o \\ o & 1 & -1/2 & o \\ o & o & 3/2 & o \\ o & o & 10/2 & 1 \end{pmatrix} * \begin{pmatrix} 14 \\ 4 \\ 2 \\ 80 \end{pmatrix}$$

$$\begin{pmatrix} -11/2 & 3/2 & 1 & o & o & o \\ -1/2 & 1/2 & o & 1 & o & o \\ 3/2 & -1/2 & o & o & 1 & o \\ 10/2 & 10/2 & o & o & o & 1 \end{pmatrix} * \begin{pmatrix} x_5 \\ x_4 \\ x_3 \\ x_2 \\ x_1 \\ y \end{pmatrix} = \begin{pmatrix} 3 \\ 3 \\ 3 \\ 90 \end{pmatrix}$$

Hieraus ersehen wir, daß die zulässige Basislösung

$$x_5 = o$$

$$x_4 = o$$

einen maximalen Gewinn von

$$y = 90 - 5 \cdot x_5 - 5 \cdot x_4$$

$$y = 90$$

ergibt. Positive Werte für x_4 und x_5 würden den Gewinn verkleinern. Mit $x_4 = x_5 = o$ ergeben die ersten 3 Gleichungen

$$x_3 = 3$$

$$x_2 = 3$$

$$x_1 = 3 .$$

Die optimale Lösung unserer eingangs gestellten Aufgabe lautet also $x_1 = 3$, $x_2 = 3$ und $y = 90$ oder: Die tägliche Herstellung von je 3 Fernseh- und Rundfunkgeräten ergibt den maximalen Gewinn von 90.- DM.

12.4.1 Programm zum Simplexalgorithmus

Damit wir das Bildungsgesetz für einen Austauschschritt erkennen, gehen wir von den 4 linearen Gleichungen

$$x_3 + a_{11} \cdot x_1 + a_{12} \cdot x_2 = a_{13}$$

$$x_4 + a_{21} \cdot x_1 + a_{22} \cdot x_2 = a_{23}$$

$$x_5 + a_{31} \cdot x_1 + a_{32} \cdot x_2 = a_{33}$$

$$y + a_{41} \cdot x_1 + a_{42} \cdot x_2 = a_{43}$$

aus. Diese 4 Gleichungen in allgemeiner Schreibweise entsprechen dem Simplex-Gleichungssystem des letzten Kapitels. Die Nicht-Basis-Variablen (Schlupfvariablen) sind x_3, x_4, x_5. Dieses Gleichungssystem schreiben wir in der vereinfachten Schreibweise

	1	x_1	x_2	rechte Seite
x_3		a_{11}	a_{12}	a_{13}
x_4		a_{21}	a_{22}	a_{23}
x_5		a_{31}	a_{32}	a_{33}
y		a_{41}	a_{42}	a_{43}

einer erweiterten Matrix auf. Ist nun z.B. der Koeffizient a_{31} von Null verschieden, so können wir die 3. Gleichung

$$x_5 + a_{31} \cdot x_1 + a_{32} \cdot x_2 = a_{33}$$

nach x_1 auflösen

$$x_1 = (-x_5 - a_{32} \cdot x_2 + a_{33})/a_{31}$$

und x_1 nun in allen anderen Gleichungen (1., 2., 4. Gleichung) des Gleichungssystems ersetzen. Dann erhalten wir in der vereinfachten Schreibweise

1	x_5	x_2	rechte Seite
x_3	$-a_{11}/a_{31}$	$a_{12} - a_{32} \cdot a_{11}/a_{31}$	$a_{13} - a_{33} \cdot a_{11}/a_{31}$
x_4	$-a_{21}/a_{31}$	$a_{22} - a_{32} \cdot a_{21}/a_{31}$	$a_{23} - a_{33} \cdot a_{21}/a_{31}$
x_1	$1/a_{31}$	a_{32}/a_{31}	a_{33}/a_{31}
y	$-a_{41}/a_{31}$	$a_{42} - a_{32} \cdot a_{41}/a_{31}$	$a_{43} - a_{33} \cdot a_{41}/a_{31}$

Wir erkennen, daß x_1 formal gegen x_5 ausgetauscht ist. Die Elemente des Koeffizientenschemas nach dem Austauschschritt können offensichtlich nach den folgenden Regeln berechnet werden, wobei zur Berechnung der Elemente des "neuen" Koeffizientenschemas von den Elementen des "alten" Schemas ausgegangen wird:

1. Das <u>Pivot-Element</u> (hier a_{31}) geht in den reziproken Wert (hier $1/a_{31}$) über.

2. Die übrigen Elemente der <u>Pivot-Zeile</u> werden durch das Pivot-Element (hier a_{31}) dividiert.

3. Die übrigen Elemente der <u>Pivot-Spalte</u> werden durch das negative Pivot-Element (hier $-a_{31}$) dividiert.

4. Die verbleibenden Elemente des Schemas werden nach der <u>Rechteckregel</u> berechnet. Z.B. ist

$$
\begin{matrix}
a_{11} & \cdots\cdots & a_{12} \\
\cdot & & \cdot \\
\cdot & & \cdot \\
\cdot & & \cdot \\
a_{31} & \cdots\cdots & a_{32}
\end{matrix}
\qquad \longrightarrow \qquad
a_{12} := a_{12} - a_{32} \cdot a_{11}/a_{31}
$$

Das zu berechnende Element a_{12} bildet mit dem Pivot-Element a_{31} und dem Element a_{11} der Pivot-Spalte und dem Element a_{32} der Pivot-Zeile ein Rechteck.

Ist $a(i1,j1)$ das Pivot-Element, so gilt allgemein:

$$a(i,j) := a(i,j) - a(i,j1) \cdot a(i1,j)/a(i1,j1)$$

Der Aufbau des Basic-Programmes geschieht nun wie folgt. Zunächst wird die o-te Zeile der Matrix A mit den Nummern der Basisvariablen und die o-te Spalte von A mit den Nummern der Nicht-Basis-Variablen besetzt. Dann werden die Elemente der Matrix A zeilenweise gelesen. Die letzte Zeile von A enthält die Koeffizienten der Zielfunktion. In den Programmzeilen 180 bis 230 wird der Spaltenindex $j1$ des <u>negativsten Elementes</u> der Zielfunktion ermittelt. In den Programmzeilen 270 bis 330 wird der Zeilenindex $i1$ mit dem <u>kleinsten Formfaktor</u> ermittelt. Mit $i1$, $j1$ ist das Pivot-Element $a(i1,j1)$ bekannt und ein Austauschschritt wird durchgeführt, wobei die 4 oben angeführten Regeln für einen Austauschschritt angewendet werden. In den Zeilen 380 bis 450 wird Schritt 4, in den Zeilen 460 bis 490 Schritt 2 und in den Zeilen 500 bis 520 der Schritt 3 auf das Koeffizientenschema angewendet.

```
 10 dim a(10,10)
 30 read m, n
 40 m1 = m + 1
 50 n1 = n + 1

 60 for j=0 to n
 70 a(0,j) = j
 80 next j

 90 for i=1 to m1
100 a(i,0) = n + i
110 for j=1 to n1
120 read a(i,j)
130 next j
140 next i

145 gosub 5000
150 for k=1 to 20
160 h = 0
170 j1 = 0

180 for j=1 to n
190 h1 = a(m1,j)
200 if h1 > h then 230
210 h = h1
220 j1 = j
230 next j

240 if j1 = 0 then 1000
250 h= 1e30
260 i1 = 0
```

```
270 for i=1 to m
280 if a(i,j1)  <=  0 then 330
290 h1 = a(i,n1)/a(i,j1)
300 if h1 > h then 330
310 h = h1
320 i1 = i
330 next i

340 if i1 = 0 then print "keine Loesung"
350 h = a(0,j1)
360 a(0,j1) = a(i1,0)
370 a(i1,0) = h

380 h = 1/a(i1,j1)
390 for i=1 to m1
400 if i = i1 then 450
410 for j=1 to n1
420 if j=j1 then 440
430 a(i,j) = a(i,j) - a(i,j1)*a(i1,j)*h
440 next j
450 next i

460 a(i1,j1) = -a(i1,j1)
470 for j=1 to n1
480 a(i1,j) = a(i1,j)*h
490 next j

500 for i=1 to m1
510 a(i,j1) = -a(i,j1)*h
520 next i

530 gosub 5000
540 next k
550 stop
    1000 print "die Zielfunktion ist :"
    1010 print "y = "; a(m1,n1);

    1020 for j=1 to n
    1030 print "   "; -a(m1,j); "*x"; a(0,j);
    1040 next j

    1050 print
    1060 print
    1070 print "die Nicht-Basis-Variablen sind:"

    1080 for i=1 to m
    1090 print "x"; a(i,0); " = "; a(i,n1)
    1100 next i

    1110 stop

1160 rem !-------------------------------------------------------------!
1170 rem ! Anz. m der Restriktionen, Anz. n der Basisvariablen!
1180 rem !-------------------------------------------------------------!
```

```
1200 data  3, 2
1210 rem !--------------------------------------------------!
1220 rem ! zeilenweises Ablegen der Koeffizienten der Restrik-!
1230 rem ! tions-un-gleichungen, gefolgt von der r.S.        !
1240 rem !--------------------------------------------------!
1250 data  4, 1,  18
1260 data  1, 3,  12
1270 data  1, 1,   6
1280 rem !--------------------------------------------------!
1290 rem ! Koeffizienten der Zielfunktion gefolgt von Null    !
1300 rem !--------------------------------------------------!
1310 data   -10,  -20,  0

4970 rem !--------------------------------------------------!
4980 rem ! Unterprogramm zur Ausgabe der Simplex-Tabelle !
4990 rem !--------------------------------------------------!
5000 for i=0 to m1
5030 for j=0 to n1
5040 print a(i,j);
5050 next j
5060 print
5070 next i

5080 print
5090 print
5100 return
```

Abgesehen von der Form der Ausgabe werden beim Programmlauf die folgenden Werte ausgegeben:

0	1	2	0
3	4.	1.	18.
4	1.	3.	12.
5	1.	1.	6.
6	-10.	-20.	0.

0	1	4	0
3	3.66667	-0.333333	14.
2	0.333333	0.333333	4.
5	0.666667	-0.333333	2.
6	-3.33333	6.66667	80.

0	5	4	0
3	-5.5	1.5	3.
2	-0.5	0.5	3.
1	1.5	-0.5	3.
6	5.	5.	90.

die Zielfunktion ist :

$$y = 90 - 5 \cdot x_5 - 5 \cdot x_4$$

die Nicht-Basis-Variablen sind:

$$x_3 = 3$$
$$x_2 = 3$$
$$x_1 = 3$$

12.5 Graphen und Matrizen

Bei der Modellbildung in der Ökonomie und Technik sind Graphen zur ver-
einfachenden Abstraktion der Realität nicht mehr wegzudenken. Die weit-
gehende Abstraktion erfordert oft die Betrachtung von gleichartigen Ob-
jekten und deren Wechselwirkungen. Als Beispiele sollen

ein Strassennetz mit Kreuzungen und Fahrbahnen

ein Flugliniennetz mit Flughäfen und Fluglinien

ein Wasserleitungsnetz mit Zapfstellen und Rohren

eine elektrische Schaltung mit Knotenpunkten und Leitungen

die Strukturformel eines chemischen Stoffes mit Atomen und
chemischen Bindungen

genannt werden. Die zugehörigen Modelle veranschaulichen wir durch einen
gerichteten Graphen (Abb. 53). Dabei werden die Objekte durch Knotenpunkte dargestellt. Die (transitiven) Verbindungslinien zwischen den
Knoten heißen Pfeile oder Bögen. Eine hintereinander auszuführende Folge
von Pfeilen nennen wir einen Weg und einen in sich geschlossenen Weg
einen Kreis.

Bestimmte Zusammenhänge von gerichteten Graphen lassen sich übersichtlich durch Matrizen beschreiben. Bekanntlich sind Matrizen der Automa-
tenrechnung besonders gut zugänglich. Obwohl wir die folgenden Überle-

gungen wegen der besseren Übersicht an einem Beispiel durchführen wollen, sind viele Aussagen leicht zu verallgemeinern und können dem Leser überlassen werden.

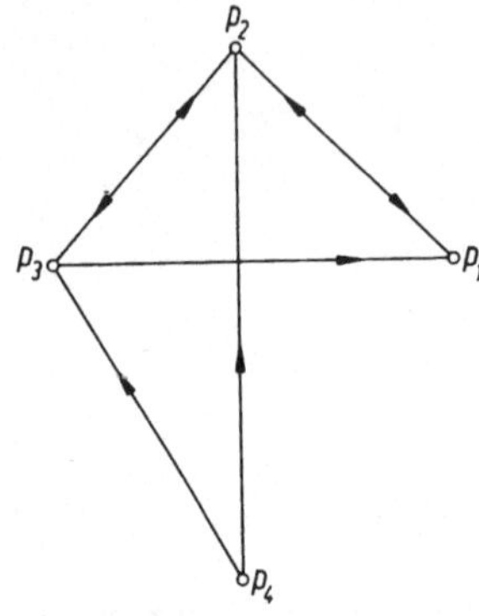

Abb. 53:

Graph mit 4 Knoten

Wir wollen die Knoten der **Abb.** 53 fortlaufend numerieren. Parallele Pfeile zwischen 2 Knoten seien nicht vorhanden (schlichter Graph). Interessieren wir uns lediglich dafür, ob zwischen 2 Knoten ein Pfeil existiert, so können wir die <u>Adjazenzmatrix</u> verwenden. Das Wort "adjazent" bedeutet "anliegend". Für die **Abb.** 53 ist die Adjazenzmatrix A durch

A =	zum Knoten			
	1	2	3	4
vom Knoten 1	o	1	o	o
vom Knoten 2	1	o	1	o
vom Knoten 3	1	1	o	o
vom Knoten 4	o	1	1	o

gegeben. Die Elemente dieser Matrix sind 1, falls ein zugehöriger Pfeil die Knoten verbindet. Existiert kein zugehöriger Pfeil, so ist das Matrixelement o. Für die Abb. 53 ist z.B. $a_{31} = 1$, weil ein Pfeil <u>vom</u> Knoten p_3 <u>zum</u> Knoten p_1 zeigt. Dagegen ist $a_{14} = o$, weil kein direkter

Pfeil von p_1 nach p_4 zeigt. Die 4. Zeile von A gibt an, daß vom Knoten p_4 Pfeile zum Knoten p_2 und zum Knoten p_3 zeigen. Die 4. Spalte von A enthält nur Nullen. Dies bedeutet, daß kein Pfeil auf den Knoten 4 zeigt. Weil vom Knotenpunkt p_4 nur Pfeile weggehen wird der Knoten p_4 auch <u>Quelle</u> genannt. Existiert in A eine Nullzeile, so ist eine <u>Senke</u> vorhanden. Die symmetrische Matrix

$$\begin{pmatrix} 0 & 1 & 0 & 0 \\ 1 & 0 & 1 & 0 \\ 0 & 1 & 0 & 0 \\ 0 & 0 & 0 & 0 \end{pmatrix},$$

die den symmetrischen Teil der Adjazenzmatrix

$$A = \begin{pmatrix} 0 & 1 & 0 & 0 \\ 1 & 0 & 1 & 0 \\ 1 & 1 & 0 & 0 \\ 0 & 1 & 1 & 0 \end{pmatrix}$$

enthält, gibt die umkehrbaren Verbindungen zwischen 2 Knoten an. Umkehrbare Verbindungen können in beiden Richtungen "befahren" werden. Wir bilden nun A^2 und erhalten

$$A^2 = \begin{pmatrix} 1 & 0 & 1 & 0 \\ 1 & 2 & 0 & 0 \\ 1 & 1 & 1 & 0 \\ 2 & 1 & 1 & 0 \end{pmatrix}.$$

Das Element $a_{41} = 2$ dieser Produktmatrix gibt an, daß es <u>2 Wege</u> gibt, die von p_4 nach p_1 führen. Weil wir dieses Element der Produktmatrix A^2 entnommen haben, sind diese beiden Wege 2-stufig, und zwar

$$p_4 \longrightarrow p_2 \longrightarrow p_1$$

$$p_4 \longrightarrow p_3 \longrightarrow p_1 .$$

Die anderen Elemente von A^2 geben ebenfalls die Anzahl der 2-stufigen Wege zwischen den entsprechenden Knoten an. Wir bilden nun A^3 und erhalten

$$A^3 = \begin{pmatrix} 1 & 2 & 0 & 0 \\ 2 & 1 & 2 & 0 \\ 2 & 2 & 1 & 0 \\ 2 & 3 & 1 & 0 \end{pmatrix} .$$

Das Element $a_{41} = 2$ von A^3 gibt an, daß es 2 Wege gibt, die 3-stufig sind, und von p_4 nach p_1 führen. Diese Wege sind (siehe Abb. 53)

$$p_4 \longrightarrow p_3 \longrightarrow p_2 \longrightarrow p_1$$

$$p_4 \longrightarrow p_2 \longrightarrow p_3 \longrightarrow p_1 .$$

Von Null verschiedene Diagonalelemente geben an, daß durch den entsprechenden Knoten mindestens ein <u>Kreis</u> geht. Das Diagonalelement $a_{22} = 1$ von A^3 deutet auf den Kreis

$$p_2 \longrightarrow p_3 \longrightarrow p_1 \longrightarrow p_2$$

hin.

Die Elemente der k-ten Potenz

der Adjazenzmatrix A

geben die Anzahl der

k-stufigen Wege an.

Die o-te Potenz der Adjazenzmatrix ist die Einheitsmatrix E, die die Anzahl der o-stufigen Wege angibt. Interessieren wir uns für die gesamte Anzahl der o-, 1-, 2- oder 3-stufigen Wege, um z.B. von p_4 nach p_2 zu gelangen, so bilden wir die Matrix

$$B_3 = E + A + A^2 + A^3$$

$$B_3 = \begin{pmatrix} 3 & 3 & 1 & o \\ 4 & 4 & 3 & o \\ 4 & 4 & 3 & o \\ 4 & 5 & 3 & 1 \end{pmatrix}.$$

Das Element $b_{42} = 5$ der Matrix B_3 gibt an, daß es 5 verschiedene (höchstens 3 stufige) Wege gibt, um von p_4 nach p_2 zu gelangen. Diese Wege sind

$$p_4 \longrightarrow p_2$$
$$p_4 \longrightarrow p_3 \longrightarrow p_2$$
$$p_4 \longrightarrow p_3 \longrightarrow p_1 \longrightarrow p_2$$
$$p_4 \longrightarrow p_2 \longrightarrow p_1 \longrightarrow p_2$$
$$p_4 \longrightarrow p_2 \longrightarrow p_3 \longrightarrow p_2 \quad .$$

Bei vielen Untersuchungen wird es weniger interessieren, wieviele Wege zwischen den Knoten vorhanden sind, sondern ob von einem Knoten aus ein anderer Knoten auf irgend einem Weg überhaupt erreichbar ist. Deshalb ersetzen wir in der Matrix B_3 alle von o verschiedenen Elemente durch 1. Diese Matrix bezeichnen wir dann mit C_3. Es ist

$$B_1 = \begin{pmatrix} 1 & 1 & o & o \\ 1 & 1 & 1 & o \\ 1 & 1 & 1 & o \\ o & 1 & 1 & 1 \end{pmatrix}, \quad C_1 = \begin{pmatrix} 1 & 1 & o & o \\ 1 & 1 & 1 & o \\ 1 & 1 & 1 & o \\ o & 1 & 1 & 1 \end{pmatrix}$$

$$B_2 = \begin{pmatrix} 2 & 1 & 1 & o \\ 2 & 3 & 1 & o \\ 2 & 2 & 2 & o \\ 2 & 2 & 2 & 1 \end{pmatrix}, \quad C_2 = \begin{pmatrix} 1 & 1 & 1 & o \\ 1 & 1 & 1 & o \\ 1 & 1 & 1 & o \\ 1 & 1 & 1 & 1 \end{pmatrix}$$

$$B_3 = \begin{pmatrix} 3 & 3 & 1 & 0 \\ 4 & 4 & 3 & 0 \\ 4 & 4 & 3 & 0 \\ 4 & 5 & 3 & 1 \end{pmatrix}, \qquad C_3 = \begin{pmatrix} 1 & 1 & 1 & 0 \\ 1 & 1 & 1 & 0 \\ 1 & 1 & 1 & 0 \\ 1 & 1 & 1 & 1 \end{pmatrix}$$

Betrachten wir C_1, C_2, C_3, ..., so erkennen wir, daß sich die Matrizen C_3, C_4, ... gegenüber C_2 nicht mehr verändern. Diese gleichbleibende Matrix

$$C = \begin{pmatrix} 1 & 1 & 1 & 0 \\ 1 & 1 & 1 & 0 \\ 1 & 1 & 1 & 0 \\ 1 & 1 & 1 & 1 \end{pmatrix}$$

nennen wir <u>Erreichbarkeitsmatrix</u>. Die Elemente von C geben an, ob ein Knoten von einem anderen Knoten aus über mindestens einen Pfeil erreichbar ist. Ist m die Anzahl der Pfeile eines Graphen, so kann man zeigen, daß nach höchstens m Schritten (C_1, C_2, ..., C_m) die Erreichbarkeitsmatrix C vorliegt. Die symmetrische Matrix

$$S = \begin{pmatrix} 1 & 1 & 1 & 0 \\ 1 & 1 & 1 & 0 \\ 1 & 1 & 1 & 0 \\ 0 & 0 & 0 & 1 \end{pmatrix},$$

die den symmetrischen Teil der Matrix

$$C = \begin{pmatrix} 1 & 1 & 1 & 0 \\ 1 & 1 & 1 & 0 \\ 1 & 1 & 1 & 0 \\ 1 & 1 & 1 & 1 \end{pmatrix}$$

enthält, zeigt die umkehrbar erreichbaren Knoten an. Z.B. ist wegen s_{31} = 1 der Knoten p_3 vom Knoten p_1 aus (und umgekehrt) erreichbar. Dagegen ist wegen s_{41} = o der Weg von p_4 nach p_1 nicht in beiden Richtungen "begehbar".

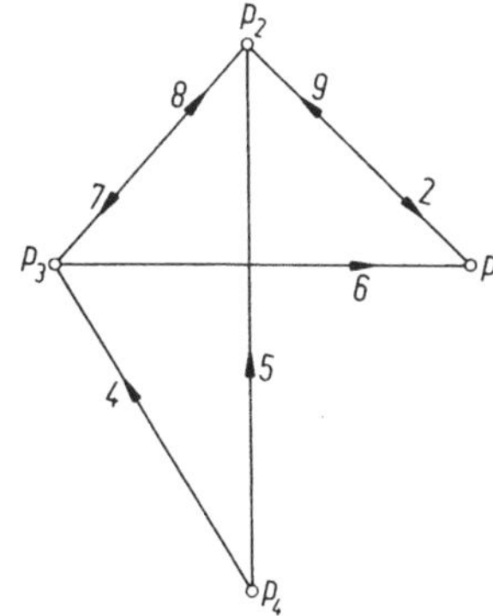

Abb. 54:

Bewerteter Graph mit 4 Knoten

Bei praktischen Problemstellungen ist es oft zweckmäßig, jedem Bogen (Pfeil) eines Graphen eine reelle Zahl zuzuordnen (Abb. 55). Liegt z.B. ein Transportnetz vor, so kann an jedem Pfeil die Kilometerentfernung der benachbarten Orte angeschrieben werden. In anderen Fällen werden an die Pfeile z.B. die entstehenden Transportkosten oder die benötigte Zeit angeschrieben.

In einem **bewerteten** Graphen

ist jedem Bogen

eine reelle Zahl

zugeordnet.

In unserem Beispiel sollen die Zahlen an den Pfeilen der **Abb.** 54 die Transportkosten für den jeweiligen Weg darstellen. Die **Kostenmatrix** K für die Abb. 54 ist dann

$$K = \quad \text{nach}$$

	P_1	P_2	P_3	P_4
Kosten von p_1	o	9	.	.
Kosten von p_2	2	o	7	.
Kosten von p_3	6	8	o	.
Kosten von p_4	.	5	4	o

Unendlich hohe Transportkosten haben wir durch einen Punkt gekennzeichnet. Wir wollen nun eine auf Hasse zurückgehende Verknüpfungsvorschrift
für zwei (n,n)-Matrizen A, B einführen. Die Elemente von A, B seien
reelle Zahlen, wobei auch die "Zahl" Unendlich zugelassen sei. Wir
erklären dann die Matrix

$$C \;=\; A \otimes B$$

durch die Verknüpfungsvorschrift

$$c_{ij} \;=\; \min_{1 \leq k \leq n} \left(a_{ik} + b_{kj} \right) .$$

Weil diese Vorschrift eine gewisse Ähnlichkeit mit der Matrizenmultiplikation A * B hat, verwenden wir das Verknüpfungszeichen $\otimes$. Durch
mehrfache Anwendung dieser Verknüpfungsvorschrift auf die Kostenmatrix K
können "Potenzen" von K gebildet werden. Es ist

$$K^{(2)} = K \otimes K = \begin{pmatrix} o & 9 & 16 & . \\ 2 & o & 7 & . \\ 6 & 8 & o & . \\ 7 & 5 & 4 & o \end{pmatrix} .$$

Z.B. gibt das Element $k_{41} = 7$ der Matrix $K^{(2)}$ an, daß es einen, höchstens
2-stufigen Weg von P_4 nach P_1 gibt, der die minimalen Kosten von 7 hat.
Bilden wir in ähnlicher Weise die "Potenzen" $K^{(3)} = K \otimes K \otimes K$, $K^{(4)}$, ...,
so erkennen wir, daß sich $K^{(3)}$ und alle folgenden Matrizen $K^{(4)}$, $K^{(5)}$, ...

nicht von $K^{(2)}$ unterscheiden. Diese gleichbleibende Matrix nennen wir Kostenentfernungsmatrix

$$F = \begin{pmatrix} o & 9 & 16 & \cdot \\ 2 & o & 7 & \cdot \\ 6 & 8 & o & \cdot \\ 7 & 5 & 4 & o \end{pmatrix} .$$

Z.B. gibt das Element $f_{13} = 16$ an, wie groß die minimale Kostensumme auf irgend einem Weg von p_1 nach p_3 ist. Der Punkt an der Stelle des Elementes f_{14} deutet darauf hin, daß die Transportkosten von p_1 nach p_4 unendlich groß sind, d.h. ein Transport von p_1 nach p_4 unmöglich ist.

Literaturverzeichnis

Abramowitz/Stegun   Handbook of Mathematical Functions
Dover Publications 1972

Aitken,A.C.   Determinanten und Matrizen
B.I.-Hochschultaschenbücher 1969

Ayres,F.   Matrizen
Mc Graw-Hill Book Company 1978

Bader/Fröhlich   Mathematik für Oekonomen
Verlag Die Wirtschaft Berlin 1970

Baumann,W.   Numerische Mathematik
Verlag Handwerk und Technik 1973

Becker/Dreyer/   Numerische Mathematik für Ingenieure
Haacke/Nabert   Teubner Verlag 1977

Bennett,W.R.   Scientific and engineering problem-
solving with the computer
Prentice-Hall 1976

Böhm/Gose   Einführung in die Methoden der
numerischen Mathematik
Vieweg 1977

Chobot,K.   Matrizenrechnung in der Baumechanik
Springer-Verlag 1970

Eltermann,H.   Grundlagen der praktischen Matrizenrechnung
B.I.-Hochschultaschenbücher 1969

Faddejew/Faddejewa   Numerische Methoden der linearen
Algebra
Oldenburg-Verlag 1979

Gallagher,R.H.	Finite-Element-Analysis Springer-Verlag 1976
Gantmacher,F.R.	Matrizenrechnung (Band 1, 2) VEB Deutscher Verlag der Wissenschaften 1970
Jordan-Engeln/Reuter	Formelsammlung zur numerischen Mathematik mit Fortran-Programmen B.I.-Hochschultaschenbücher 1976
Kemeny/Kurtz	Basic Programming John Wiley 1967
Lagally, M.	Vorlesungen über Vektor-Rechnung Akademische Verlagsgesellschaft Leipzig 1944
Lipschutz, S.	Lineare Algebra Mc Graw-Hill Book Company 1977
Ludwig, R.	Methoden der Fehler- und Ausgleichs- rechnung, Vieweg-Verlag 1969
Madelung, E.	Die mathematischen Hilfsmittel des Physikers Springer-Verlag 1964
Ralston/Wilf	Mathematische Methoden für Digitalrechner I und II Oldenburg-Verlag 1972/79
Rorres/Anton	Applications of Linear Algebra John Wiley 1977
Schwarz/Rutishauser /Stiefel	Numerik symmetrischer Matrizen Teubner-Verlag 1972
Stiefel, E.	Einführung in die numerische Mathematik Teubner Studienbücher 1976
Stoer, J.	Einführung in die Numerische Mathematik I Springer-Verlag 1979
Törnig	Numerische Mathematik für Ingenieure und Physiker (Band 1, 2) Springer-Verlag 1979
Waller/Krings	Matrizenmethoden in der Maschinen- und Bauwerksdynamik B.I.-Wissenschaftsverlag 1975

Wilkinson/Reinsch   Linear Algebra
                       Springer-Verlag 1971

Zienkiewicz,O.C.   Methoden der finiten Elemente
                       Hanser-Verlag 1975

Zurmühl, R.   Matrizen und ihre technischen
                       Anwendungen
                       Springer-Verlag 1964

Sachverzeichnis